BEIHEFTE
ZUR
ZEITSCHRIFT
FÜR
ROMANISCHE PHILOLOGIE
BEGRÜNDET VON PROF. DR. GUSTAV GRÖBER †

FORTGEFÜHRT UND HERAUSGEGEBEN
VON
DR. WALTHER VON WARTBURG
PROFESSOR AN DER UNIVERSITÄT BASEL

94. HEFT

AUGUST BUCK

ITALIENISCHE DICHTUNGSLEHREN

VOM MITTELALTER BIS ZUM AUSGANG DER RENAISSANCE

MAX NIEMEYER VERLAG / TÜBINGEN 1952

ITALIENISCHE DICHTUNGSLEHREN

VOM MITTELALTER BIS ZUM AUSGANG DER RENAISSANCE

VON

AUGUST BUCK

MAX NIEMEYER VERLAG / TÜBINGEN 1952

Herstellung: Graphische Kunstanstalt Jos. C. Huber KG., Diessen vor München

Inhalt

Vorwort [1]

Dichtungslehre [2] bedeutet im folgenden die gedankliche Auseinandersetzung des Dichters mit dem Problem der Dichtung im allgemeinen und mit seinem eigenen Schaffen im besonderen. Eine solche Selbstauslegung des Dichters kann sowohl in Form einer besonderen theoretischen Abhandlung erfolgen als auch in seinem dichterischen Werk enthalten sein. Demnach ist die Dichtungslehre zu trennen von der Literarästhetik, sowie von der normativen Poetik und der literarischen Kritik. Diese Trennung kann nicht absolut sein, da der Dichter von den zeitgenössischen literarästhetischen Theorien, bzw. deren Anwendung in Poetik und literarischer Kritik jeweils mehr oder weniger stark abhängig ist.

Die kritische Erhellung von Dichtung und dichterischem Schaffen in der Dichtungslehre gibt einerseits Aufschluß über die Funktion, die der Dichter sich und seinem Werk in der menschlichen Gemeinschaft zuschreibt, andererseits die Möglichkeit zu einem vertieften Verständnis der Dichtung aus der Spannung zwischen „poetica in potentia" und „poetica in actu". Auf Grund einer so fruchtbaren Problemstellung dürfte der Geschichte der Dichtungslehren eine selbständige Bedeutung im Rahmen der wissenschaftlichen Erforschung der Literaturgeschichte zukommen.

Unter den europäischen Literaturen zeichnet sich die italienische durch ein besonders stark entwickeltes Formgefühl aus. In ihm wurzelt die Neigung zur kritischen Reflexion über das dichterische Schaffen, welche die italienische Literatur seit ihren Anfängen begleitet und in Italien ein ungewöhnlich reiches literarästhetisches Schrifttum hat entstehen lassen. Aus dem nie völlig erloschenen Bewußtsein der Kontinuität des römischen Kulturerbes erwuchs die Frage nach dem Verhältnis zur antiken Literatur und damit das Problem der „Imitatio". Nachdem das mittelalterliche Italien die Lösung dieses Problems mit Hilfe der Übernahme der mittellateinischen Rhetorik in die Volkssprache gesucht und gefunden hatte, stellte sich das Problem

[1] Die vorliegende Untersuchung ist die zweite neu bearbeitete Auflage eines 1944 bei der Deutschen Verlags-Anstalt Stuttgart verlegten Bandes der „Italienischen Studien" des Petrarca-Hauses, der vor seinem Erscheinen durch Kriegseinwirkung vernichtet wurde.

[2] Der Begriff der Dichtungslehre berührt sich mit dem von E. R. Curtius verwendeten Begriff der Dichtungstheorie (Europäische Literatur und lateinisches Mittelalter. Bern 1948, 464), ohne sich jedoch mit ihm völlig zu decken.

ein zweites Mal zu Beginn der Renaissance. Die neue Begegnung mit der antiken Literatur zeitigte im Vulgärhumanismus eine neue Theorie der „Imitatio“, die dann in Verbindung mit der Interpretation der aristotelischen Poetik zum klassizistischen Regelkodex erweitert wurde. Mit der Ausbildung dieses Systems ist die schöpferische Phase der italienischen Literarästhetik zunächst abgeschlossen. Ihr verdankt die europäische Literatur die Ausprägung der ästhetischen Grundbegriffe, die für mehr als zwei Jahrhunderte den literarischen Geschmack bestimmte, bis sich von der Mitte des 18. Jahrhunderts ab mit der Vorromantik neue literarästhetische Wertmaßstäbe durchzusetzen begannen.[3]

An dieser hier nur in großen Zügen skizzierten Geschichte der italienischen Literarästhetik vom Mittelalter bis zum Ausgang der Renaissance haben die Dichter einen entscheidenden Anteil, m. a. W. sie ist weitgehend mit der Geschichte der Dichtungslehren identisch. Die Dichter dieser Epoche entwickeln in ihren poetischen Theorien die Ideen, welche die Auffassung vom Wesen der Dichtung und der Funktion des Dichters bestimmen.

Die Argumente, deren sie sich zur Rechtfertigung des Eigenwertes der Poesie bedienen, entstammen zwar zum überwiegenden Teil der literarischen Tradition der Antike und des lateinischen Mittelalters, werden jedoch bei Dante von dem Ethos einer überragenden Dichterpersönlichkeit durchdrungen und seit Beginn der Renaissance erfüllt von einem neuen Geist, der von der menschenbildenden Kraft des künstlerisch geformten Wortes überzeugt ist und das Leben von der kunstvollen Rede her gestalten will. Während für Dante die Poesie die ihr gestellte Aufgabe in erster Linie kraft der ihr zugeschriebenen Erkenntnisfunktion löst, beginnen sich die Dichter der Renaissance in erhöhtem Maße der Bedeutung des ästhetischen Moments in der Poesie bewußt zu werden. Sowohl vom Studium der platonischen Philosophie als auch von der Interpretation der aristotelischen Philosophie gehen Anregungen dazu aus, die herkömmliche Bindung der Poesie an die Rhetorik zu lockern und die Eigenart des dichterischen Schaffensvorgangs zu ergründen.

Die hier einsetzende Entwicklung wird jedoch überdeckt von dem Bedürfnis nach einer Normgebung für das dichterische Schaffen, wie sie das klassizistische Regelsystem bot. Erst die Kritik an diesem System bereitet den Boden, auf dem sich nach dem Ausgang der Renaissance in den Dichtungslehren des 17. und 18. Jahrhunderts die Wendung zur modernen Ästhetik vollzieht.

---

[3] Es kann hier nur darauf hingewiesen werden und muß im einzelnen späterer Behandlung vorbehalten bleiben, daß Italien von sich aus zu den gleichen ästhetischen Begriffen wie die englische und deutsche Vorromantik gelangte, ohne daß allerdings diese autochthone Entwicklung sich zunächst ausgewirkt hätte. Erst die moderne italienische Literarästhetik hat an die im Settecento geäußerten Gedankengänge angeknüpft, indem sie Benedetto Croce in seinem System fruchtbar gemacht hat.

I. Die Anfänge der italienischen Literatur

1. Der späte Beginn der volkssprachlichen Dichtung in Italien

Für die Entwicklung der mittelalterlichen italienischen Dichtung und damit zugleich der entsprechenden Dichtungslehren ist der späte Beginn der volkssprachlichen Literatur in Italien von entscheidender Wichtigkeit gewesen. Obgleich die ältesten erhaltenen italienischen Sprachdenkmäler aus dem 10. Jahrhundert stammen, tritt die italienische Literatur erst seit Anfang des 13. Jahrhunderts in Erscheinung, mithin zu einem Zeitpunkt, an dem die benachbarte französische und provenzalische Literatur bereits ihre Hochblüte erreicht hatte und auch Spanien, England und Deutschland auf eine reiche literarische Produktion in der Volkssprache zurückblicken konnten.

Die Frage nach der Ursache dieses späten Auftretens der italienischen Literatur ist von der Forschung immer wieder gestellt und verschieden beantwortet worden.[4] Auf Grund der Vielzahl der meist wohl begründeten Antworten gewinnt man die Überzeugung, daß eine befriedigende Lösung des Problems nur möglich ist, wenn man den Vorgang aus dem Zusammenwirken mehrerer Faktoren erklärt, die durch die kulturgeschichtliche Sonderstellung Italiens im Mittelalter [5] gegeben sind. Die Eigenart der politischen und sozialen Struktur des mittelalterlichen Italien verhinderte sowohl die Entfaltung einer nationalen Heldenepik als auch die Ausbildung einer selbständigen ritterlich-höfischen Dichtung. Der aufklärerische vorwiegend aufs Praktische gerichtete Geist der maßgebenden Kulturträger, d. h. in erster Linie der Bürger der italienischen Kommunen, erwies sich in der Dichtung wenig fruchtbar, umso mehr jedoch in der Jurisprudenz und in der Medizin.

Daher hat das mittelalterliche Italien auch keine bedeutende lateinische Literatur hervorgebracht,[6] eine Tatsache, die das Argument widerlegt, der

---

[4] Vgl. die entsprechenden Literatur-Übersichten von A. Monteverdi, in Un cinquantennio di studi sulla letteratura italiana (1886—1936). Saggi ... dedicati a V. Rossi. Firenze 1937, I, 74f.; und von A. Roncaglia, in Questioni e correnti di storia letteraria. Milano 1949, 111 f.

[5] Soweit diese Sonderstellung durch das römische Erbe bedingt ist (vgl. F. Schneider, Rom und Romgedanke im Mittelalter. Die geistigen Grundlagen der Renaissance. München 1926), ist die antike Überlieferung, wenn auch nur mittelbar, eine der Ursachen für den späten Beginn der italienischen Literatur.

[6] „Intanto se, dopo questa nostra lunga e minuziosa rassegna, ci rivolgiamo a contemplare in un unico sguardo complessivo tutta la letteratura che l'Italia espresse

späte Beginn der italienischen Literatur sei auf die Konkurrenz eines entsprechenden lateinischen Schrifttums zurückzuführen. Außerdem beweist ja auch die literarische Entwicklung im mittelalterlichen Frankreich, daß lateinische und volkssprachliche Dichtung ungestört nebeneinander blühen konnten. Wenn man weiterhin behauptet hat, einem dem mittelalterlichen Italiener in besonderem Maße eigene Verehrung der Literatur des alten Rom und seiner Sprache habe ihn die Volkssprache als minderwertig verachten lassen und ihn länger als die Angehörigen anderer Nationen von ihrem literarischen Gebrauch abgehalten, so muß demgegenüber darauf hingewiesen werden, daß zwar das Bewußtsein einer engen Verbundenheit mit der römischen Kultur im mittelalterlichen Italien nie völlig erloschen war und durch mannigfaltige Erinnerungen an die Antike stets neue Nahrung erhielt, sich jedoch nicht in erster Linie in dem Verhältnis zur römischen Literatur, sondern auf anderen Gebieten des geistigen Lebens wie im Studium und der Rezeption des römischen Rechtes, in der Geschichtsschreibung, in den bildenden Künsten und in der Pflege, bzw. Wiederaufnahme bestimmter römischer Überlieferungen äußerte.[7] In Bezug auf das Studium der „auctores" konnte sich Italien mit Frankreich nicht messen, ebensowenig wie mit seinem Anteil an der Ausarbeitung der mittellateinischen Rhetorik. Die mittelalterlichen französischen Schulen waren in dieser Hinsicht den italienischen überlegen und wurden ihnen darin bis zu gewissem Grade beispielgebend.

Das alles bedeutet jedoch keineswegs, daß die italienische Literatur unabhängig von der literarischen Tradition der Antike entstanden wäre, etwa als spontaner Ausdruck der neu aufgekommenen städtischen Kultur, wie sie sich seit dem 12. Jahrhundert, z. T. unter dem Einfluß gegen Rom gerichteter häretischer Strömungen, entwickelt hatte. Im Gegensatz zu der Romantik, welche die volkssprachlichen Literaturen des Mittelalters weitgehend als gleichsam ex nihilo entstandene Schöpfungen des dichtenden Volksgeistes, bzw. von aus dem ungebildeten Volk hervorgegangenen Dichtern angesehen hatte, hat sich jetzt allgemein die Auffassung durchgesetzt,[8] daß zwischen

---

dal suo seno nei secoli che precedettero il duecento, si rafforza nella nostra mente il giudizio . . . che ne rileva la povertà, l'esilità artistica." (F. Novati, A. Monteverdi, Le Origini. Milano (1926), 646). Zum gleichen Ergebnis kommt E. R. Curtius: „Überhaupt ist die lateinische Produktion des italienischen Mittelalters dürftig, verglichen mit der Frankreichs, Englands, Deutschlands." (Neuere Arbeiten über den Humanismus, in Humanisme et Renaissance 10 (1948), 186, Anm. 4). Diese Feststellungen behalten ihre Gültigkeit auch gegenüber dem von G. Chiri unternommenen Versuch, das Bestehen einer zusammenhängenden episch-historischen Dichtung in der lateinischen Literatur des italienischen Mittelalters nachzuweisen (vgl. G. Chiri, La poesia epico-storica latina dell'Italia medievale. Modena 1939).

[7] Vgl. F. Novati, L'influenza del pensiero latino sopra la civiltà italiana del medioevo. Milano 1899.

[8] Vgl. A. Schiaffini, Tradizione e poesia nella prosa d'arte italiana dalla latinità medievale a G. Boccaccio. Genova 1934, 2a ed. riv. Bologna 1943; L. Russo, La storiografia moderna e le letterature romanze (Le origini della civiltà e della lingua italiana), in Helicon 1 (1938), 103—118; A. Viscardi, Le Origini. Milano 1939. Die

den volkssprachlichen Literaturen und der aus der Antike stammenden vom „lateinischen Mittelalter“ [9] übernommenen literarischen Tradition ein enger Zusammenhang besteht und daher der volkssprachliche ebenso wie der lateinische Dichter des Mittelalters dem Gesetz der mittellateinischen Rhetorik unterworfen ist. Auf diese Weise wird ein in seinem ganzen Reichtum bei weitem noch nicht vollständig erforschter Schatz clichéartiger Formeln, Bilder und Darstellungsweisen in die volkssprachlichen Literaturen des Mittelalters übernommen und lebt in ihnen fort bis in die Zeit der Renaissance und des Barock.

Während die italienische Literatur diese Beziehungen zum lateinischen Mittelalter mit der Mehrzahl der europäischen Literaturen gemeinsam hat, unterscheidet sie sich von ihnen durch ihr besonders enges Verhältnis zur französischen und provenzalischen Literatur. Die italienische Dichtung entsteht im Schatten der beiden hoch entwickelten romanischen Nachbarliteraturen, die, in einer für den Italiener leicht erlernbaren Sprache abgefaßt, in Italien bereits Eingang gefunden hatten, ehe man dort daran dachte, in der Muttersprache zu dichten.

Als Beweis für die Verbreitung des Französischen wird gewöhnlich die Begründung angeführt, die Brunetto Latini am Anfang seines Hauptwerkes für dessen Abfassung in französischer Sprache gegeben hat: „que la parleure est plus delitable et plus commune a tous langages“.[10] Ganz ähnlich äußert sich Martino da Canale: „la langue française cort parmi le monde“ [11] und schreibt Dante von der Verwendung des Französischen als Literatursprache: „Allegat ergo pro se lingua oil quod propter sui faciliorem ac delectabiliorem vulgaritatem quicquid redactum sive inventum est ad vulgare prosaicum, suum est“.[12]

Mit der französischen Sprache war auch die französische Literatur nach Italien gekommen. Die französischen Pilger, die nach Rom zogen, die französischen Spielleute, Kaufleute und Soldaten, die aus anderen Beweggründen über die Alpenpässe nach Italien kamen, die Normannen, die sich in Süditalien niederließen, sie alle vermittelten den Italienern die Kenntnis der wichtigsten Werke der französischen Literatur.[13] Aber diese Werke wurden nicht alle in gleichem Maße in Italien heimisch.

Bedeutung der mittellateinischen Tradition für die Gesamtentwicklung der europäischen Literaturen hat zum ersten Mal E. R. Curtius in umfassenden, in seinem monumentalen Werk „Europäische Literatur und lateinisches Mittelalter“ (a. a. O.) gipfelnden Untersuchungen dargestellt.

[9] Curtius a. a. O., 35.

[10] Li Livres dou Tresor I, I, 7. Ed. crit. par F. J. Carmody. Univ. of California Press 1948, 18.

[11] Zit. nach L. Foscolo Benedetto, Il „Roman de la Rose“ e la letteratura italiana. Halle 1919, 90 f.

[12] De vulgari eloquentia I, X, 2 (zit. wird nach Le Opere di Dante. Testo critico della Società Dantesca Italiana. Firenze 1921).

[13] Eine eingehende Darstellung des französischen Einflusses auf die italienische Literatur gibt G. Bertoni, Il Duecento. 3a ed. Milano 1939.

Da in Italien der Ritterstand bei weitem nicht die gleiche soziale und kulturelle Bedeutung hatte wie im übrigen Abendland, fehlte die wichtigste Voraussetzung für das Aufkommen einer ritterlichen Dichtung größeren Umfangs. Wenn auch die Gestalten der „Chansons de geste" in der Phantasie der unteren Volksschichten lebendig blieben und die höfischen Romane des bretonischen und des klassischen Sagenkreises eine beliebte Unterhaltungslektüre der oberen Klassen bildeten, so erwuchs doch auf Grund der Aufnahme dieses Teils der französischen Literatur unmittelbar keine bedeutsame eigene literarische Schöpfung. Die rohen franko-venezianischen und franko-lombardischen Epen des 13. und 14. Jahrhunderts sind für die Dichtungsgeschichte nur insofern von Interesse, als sie den Beginn einer literarischen Überlieferung darstellen, die, freilich in Geist und Form völlig gewandelt, ihren krönenden Abschluß in den Werken eines Boiardo und eines Ariost findet.

Gleichfalls nur stoffgeschichtliche Bedeutung hat der höfische Roman auch für die italienische Novellistik. Zusammen mit dem „fablel" bildet er eine der wichtigsten Quellen der frühen italienischen Novellensammlungen, besonders der „Novelle antiche" („Novellino"): „Keine andere literatur hat der älteren italienischen novelle so viele stoffe geliefert wie die französische" [14]. Diese Art des französischen Einflusses läßt sich in der italienischen Novelle bis zu Boccaccio und noch über ihn hinaus verfolgen. Auch in diesem Fall wird der entlehnte Stoff zu einem von den Quellen wesensverschiedenen neuen Kunstwerk gestaltet.

Diejenige Form der französischen Dichtung, die der Mentalität des italienischen Bürgertums am nächsten lag, ist die allegorisch-didaktische. Intellektualistische Begriffsspielerei und praktische Belehrung in der Dichtung entsprachen der seit dem 12. Jahrhundert sich immer mehr im Bürgertum verbreitenden Neigung zu gelehrten Studien und ihrer Nutzanwendung im täglichen Leben der Kommune. Daher wird die französische allegorisch-didaktische Dichtung in der Atmosphäre einer geistigen Wahlverwandtschaft übernommen und schlägt viel festere Wurzeln. Aus ihnen erwächst Italiens größtes mittelalterliches Epos: Dantes „Divina Commedia".

Eine noch stärkere Einwirkung als von der französischen Literatur geht von der provenzalischen Lyrik [15] aus. Teils von einer unbestimmten Wanderlust getrieben, teils von der Entwicklung der politischen Verhältnisse in der Provence dazu gezwungen, kam eine stattliche Anzahl von Trobadors nach Italien und fand vor allem an den oberitalienischen Fürstenhöfen gastliche

[14] R. Besthorn, Ursprung und Eigenart der älteren italienischen Novelle. Halle 1935, 160.

[15] Ein eventueller Einfluß der französischen Lyrik auf die früheste italienische Dichtung in Süditalien, wie ihn Bertoni a. a. O., 40 ff. vermutet, läßt sich nicht mehr eindeutig nachweisen, da er von dem provenzalischen Einfluß praktisch nur schwer zu trennen ist. Einen ausgezeichneten Überblick über das Problem der Beziehungen zwischen der Trobador-Dichtung und Italien gibt A. Viscardi, La poesia trobadorica e l'Italia, in Letterature comparate. Milano (1948), 1—39.

Aufnahme. Denn das Interesse für die provenzalische Liebeslyrik war in Italien besonders rege: „Nous savons . . . que la curiosité sur les choses provençales fut éveillée dans ce pays plus tôt qu'ailleurs“ [16]. Daher war auch die Kenntnis des Provenzalischen derart verbreitet, daß in Norditalien eine eigene Dichtung in provenzalischer Sprache entstehen konnte. Der bekannteste aus diesem Kreis provenzalisch dichtender Italiener ist Sordello di Goito, dem Dante in der „Divina Commedia“ ein unvergängliches Denkmal gesetzt hat.[17] Die Gedankenwelt und die Formen der provenzalischen Lyrik finden aber auch gleichzeitig im Süden der Halbinsel Eingang und bilden dort die Grundlage für die erste umfangreichere Gruppe lyrischer Dichtungen in italienischer Sprache, die man in Anlehnung an Dante [18] unter dem Namen der „Scuola Siciliana“ zusammenzufassen pflegt.

Als die hohe Schule kunstvoller Dichtung bleibt die provenzalische Lyrik bis in die Zeit Petrarcas vorbildlich. Der wegen des besonders gekünstelten Baus seiner Verse und Strophen berühmte Trobador Arnaut Daniel wird von Dante als der beste volkssprachliche Dichter gefeiert [19] und nimmt in Petrarcas Triumphzug der liebenden Dichter einen hervorragenden Platz ein.[20] Dementsprechend stark ist auch die Wirkung der Kunstlehre der Trobadors auf die italienischen Dichtungslehren bis zum Humanismus. Das nach einer Pause von rund einem Jahrhundert erneut einsetzende Interesse für die Trobadordichtung, wie es sich zu Beginn des 16. Jahrhunderts in den gelehrten Studien einer Gruppe humanistischer Dichter äußert, dürfte nicht ohne Einfluß auf Bembos Haltung gegenüber der Volkssprache gewesen sein.[21]

2. *Die Theorie der frühen italienischen Kunstprosa*

Als zusammen mit der literarischen Verwendung des Italienischen das Bedürfnis entsteht, für diese Verwendung gewisse Regeln aufzustellen, greift man auf die zu festem Bildungsbesitz gewordenen literarischen Traditionen zurück: die mittellateinische Rhetorik bestimmt die Theorie der frühen italienischen Kunstprosa; die Dichtungslehre der provenzalischen Trobadors die Theorie der frühen italienischen Lyrik.

[16] A. Jeanroy, La Poésie lyrique des Troubadours. Paris 1934, I, 105. So auch K. Voßler: „Den größten Erfolg aber hatten die südfranzösischen Meister in Italien. Dorthin wurden sie immer wieder eingeladen, dort wurden sie bewundert, nachgeahmt, abgeschrieben und variiert in ihrer eigenen Sprache“ (Die Dichtung der Trobadors und ihre europäische Wirkung, in Aus der romanischen Welt. Leipzig (1940), I, 25.

[17] Purgatorio VI—VIII.

[18] De Vulg. Eloq. I, XII, 2.

[19] Purg. XXVI, 118—119.

[20] Trionfo d'Amore IV, 40—42, ed. C. Calcaterra. Torino (1927), 52.

[21] Vgl. E. Kohler, Le provençalisme de P. Bembo et l'élaboration des „Prose della volgar lingua“, in Mélanges Hauvette. Paris 1934, 235—258.

Die Theorie der italienischen Kunstprosa entsteht unter dem Einfluß des Teiles der mittellateinischen Rhetorik, an dessen Entwicklung Italien einen eigenen Anteil hatte: der Brieflehre. Seit dem 11. Jahrhundert hatte man die aus der Antike überlieferten rhetorischen Vorschriften systematisch in der „Ars dictandi" oder „Ars dictaminis" auf den Briefstil zu übertragen begonnen. Dabei betrachtet die „Ars dictandi" den Brief, so wie das Mittelalter jede literarische Ausdrucksform, gleichviel ob Prosa oder Poesie, betrachtete: nämlich als Kunstrede, deren Gestalt durch den der Rhetorik eigentümlichen Begriff des „Ornatus", des Redeschmucks, bestimmt wird. In diesem Sinn hatte bereits Cassiodor die Kunstrede im Vorwort zu der größten mittelalterlichen Sammlung von Brief- und Urkundenmustern charakterisiert: „Loqui nobis communiter datum est: solus ornatus est qui discernit indoctos".[22] Die „ars dictandi" ist demnach die Lehre von der kunstvollen Rede und umfaßt — entsprechend dem Anwendungsbereich des „Ornatus" — in der Theorie sowohl die Poesie als auch die Prosa, m. a. W. sie ist Poetik und Rhetorik zugleich, worin die sich bereits im Altertum anbahnende [23] und in der mittelalterlichen Lateinschule vollendende [24] Verschmelzung von Poetik und Rhetorik zum Ausdruck kommt.

Die wichtigsten Quellen, auf welche die mittelalterliche Rhetorik und damit auch die „ars dictandi" zurückgeht, sind die pseudociceronianische Herenniusrhetorik, Ciceros Abhandlungen „De inventione" und „De oratore", Quintilians „Institutio oratoria" [25] und die „Ars poetica" des Horaz. Aus dieser Tradition entwickelt sich eine umfassende nach zahlreichen sich z. T. überschneidenden Distinktionen und Definitionen gegliederte Stillehre. Am weitesten verbreitet ist die aus der Antike überlieferte Einteilung in „stilus gravis oder grandiloquus, mediocris und humilis", wobei man unter dem Einfluß der Briefsteller die Wahl des Stils jeweils von dem sozialen Stand der behandelten Person (bzw. des Briefempfängers [26]) oder dem Rang des behandelten Gegenstandes abhängig machte.[27] Neben diese Gliederung

---

[22] Epist. variae, Praef. Ed. Mommsen. M. G. Auctores antiquissimi XII. Berlin 1894.

[23] Vgl. E. Norden, Die antike Kunstprosa. Leipzig und Berlin 1909.

[24] E. R. Curtius, Dichtung und Rhetorik im Mittelalter, in Deutsche Vierteljahrschr. f. Lit. wiss. und Geistesgesch. 16 (1938), 435—475 und Europäische Literatur und lateinisches Mittelalter a.a.O.

[25] Die „Institutio oratoria" ist „le manuel par excellence des hautes études de rhétorique" (G. Paré, A. Brunet, P. Tremblay, La Renaissance du XIIe siècle. Les écoles et l'enseignement. Paris 1933, 157). E. R. Curtius erblickt in Quintilian „eine der wichtigsten Grundlagen der mittelalterlichen Poetik" (Mittelalterliche Literaturtheorien, in Z. f. roman. Philologie 62 [1942], 424).

[26] So bei Cassiodor, vgl. A. Viscardi, Le Origini a. a. O., 271.

[27] „Sunt igitur tres styli, humilis, mediocris, grandiloquus. Et tales recipiunt appellationes styli ratione personarum vel rerum de quibus fit tractatus. Quando enim de generalibus personis vel rebus tractatur, tunc est stylus grandiloquus; quando de humilibus, humilis; quando de mediocribus, mediocris." (Galfridus de Vinosalvo,

tritt [28] die Unterscheidung von „ornatus difficilis" (charakterisiert durch die „tropi", d. h. die verschiedenen Figuren des uneigentlichen, bildlichen Gebrauch des Wortes wie Synekdoche, Allegorie, Metapher, Metonymie u. a.) und „ornatus facilis" (charakterisiert durch die Verwendung der „colores rhetorici", d. h. aller Wortspiele und Konstruktionen, die den Stil wirkungsvoller machen, und die „determinatio", d. h. die Ergänzung eines Wortes durch mehrere gleichkonstruierte Bestimmungen).[29] In einem dritten Einteilungsschema [30] werden auf Grund bestimmter Stilmuster vier Typen unterschieden: der „stilus gregorianus (romanus), tullianus, hilarianus, ysidorianus". Der „stilus gregorianus" (romanus), der von der päpstlichen Kanzlei ausgearbeitet worden und daher für die italienische Brieflehre besonders wichtig war, beruhte auf der Theorie der „cursus", d. h. der rhythmischen Satzschlüsse, wobei man nach den verschiedenen Rhythmen „cursus planus, tardus und velox" unterschied. Der „stilus tullianus", der durch die „dictionum et sententiarum coloratio", d. h. durch die verschiedenen Redefiguren („figurae sententiarum et figurae verborum") charakterisiert wird, leitet seinen Namen von Cicero als dem Verfasser der „Rhetorica vetus" (De inventione) und dem angeblichen Autor der „Rhetorica nova" (Rhetorica ad Herennium) ab, in denen besagte Figuren aufgeführt und definiert werden. Der „stilus hilarianus" erhebt den Hilarius von Poitiers zugeschriebenen Hymnus „Primo dierum omnium — quo mundus extat conditus " zum verbindlichen Stilmuster. Den „stilus ysidorianus" kennzeichnet der Parallelismus der Satzglieder, die mehrfache Wiederholung des gleichen Wortes und die Verwendung des Reimes; Stilmittel, derer sich Isidor von Sevilla in den „Soliloquia" bedient hatte.

Von den fünf Teilen der antiken Rhetorik gewinnt im Bereich der „ars dictaminis" neben der „elocutio" als der die stilistischen Regeln umfassenden Lehre vom Ausdruck die „inventio" als die Lehre von der Auffindung des Stoffes eine besondere Bedeutung. Aus ihr entwickelt sich ein bestimmtes Kompositionsschema des Briefes. In fast allen „artes dictandi" werden fünf Hauptteile des Briefes unterschieden und definiert: salutatio, captatio benevolentiae oder exordium oder prooemium, narratio, petitio, conclusio.[31] Da man in steigendem Maße besonderen Wert auf schöne Begrüßungsformeln legte, wuchs die Bedeutung der „salutatio" dementsprechend, so daß diese

---

Documentum de modo et arte dictandi et versificandi II, 3, in E. Faral, Les arts poétiques du XIIe et du XIIIe siècle. Paris 1924, 312).

[28] Der Anlaß für diese neue stilistische Scheidung dürfte die „Zerschlagung der drei Stilarten durch die Forderung ihrer Mischung gewesen sein". (L. Arbusow, Colores Rhetorici. Göttingen 1948, 17).

[29] Z. B. bei Galfridus de Vinosalvo, Eberhardus Alemannus, Johannes de Garlandia, vgl. E. Faral a. a. O., 89 ff.

[30] Vgl. Johannes de Garlandia, Poetria. Ed. G. Mari, in Romanische Forschungen 13 (1902), 883—965.

[31] Vgl. H. Bresslau, Handbuch der Urkundenlehre für Deutschland und Italien. 2. Aufl. Leipzig 1915, II, 1, 252.

später bei den Provenzalen sogar als Bezeichnung für den poetischen Brief in seiner Gesamtheit (salutz) verwendet werden konnte.[32]

Die in ihren Grundzügen durch „elocutio" und „inventio" bestimmte „ars dictandi" als Anleitung zur Abfassung von Briefen, bestehend aus einer Zusammenstellung der zu beobachtenden Regeln verbunden mit entsprechenden Mustern, tritt an die Stelle der vorher benutzten Vorlagen, der sogenannten Formulare.[33] Der Verfasser der ersten aus der zweiten Hälfte des 11. Jahrhunderts stammenden „Ars dictandi" ist ein Mönch von Montecassino namens Alberich.[34] Im Laufe des 12. Jahrhunderts wurde dann die Kunst des Briefstils an verschiedenen Orten gepflegt und weiter entwickelt: in Frankreich in den Schulen von Tours und Orléans, wobei besonders die am Ausgang des 12. Jahrhunderts entstandene „Ars dictandi Aurelianensis" hohes Ansehen genoß; in Italien in der päpstlichen Kanzlei[35] und in den ober- und mittelitalienischen Kommunen, besonders in Bologna.[36] Dort vollzieht sich die für Italien charakteristische Verbindung der „ars dictandi" mit der „ars notaria", ein Vorgang, mit dem die Ausbildung der eigentlichen italienischen Brieflehre beginnt.

Die „ars notaria" war analog zur „ars dictandi" entstanden. Da der Aufgabenkreis der städtischen Notare mit der Machtzunahme der italienischen Kommunen ständig gewachsen war, hatten sich die überlieferten Formulare zur Abfassung der Notariatsinstrumente als unzulänglich erwiesen, und an ihre Stelle waren die „artes notariae" getreten, die außer den Formularen für Verträge, Testamente, prozessualische Handlungen, Erneuerung von Urkunden auch theoretischen Betrachtungen enthielten. Die Geburtsstätte der „ars notaria" war die Rechtsschule von Bologna, deren berühmtester Lehrer Irnerius mit seinem „Formularium tabellionum" wohl das erste — uns nicht mehr erhaltene — dieser neuen Formularbücher verfaßt hatte.

[32] Vgl. D. Scheludko, Beiträge zur Entstehungsgeschichte der altprovenzalischen Lyrik, in Archivum Romanicum 15 (1931), 168.

[33] Eine der wichtigsten Sammlungen solcher Formulare ist der „Liber diurnus pontificum romanorum", der die Briefmuster der Kurie enthält.

[34] Vgl. L. Rockinger, Über die „ars dictandi" und die „summae dictaminum" in Italien, vorzugsweise in der Lombardei, vom Ausgang des 11. bis in die zweite Hälfte des 13. Jahrhunderts, in S. B. der Münchener Akademie der Wiss., histor. Kl. 1861, I, 98—151; dazu die von Novati-Monteverdi, Origini a. a. O., 414 ff. gemachten Einschränkungen.

[35] Der kuriale Stil, der zum ersten Mal in der „ars dictandi" des Albertus de Morra (nachmals Papst Gregor VIII.) kodifiziert wurde, fand auch in der Schule von Capua eine Pflegestätte, von wo ihn Petrus de Vinea in die kaiserliche Kanzlei übertrug. Als Protonotar und Logothet Friedrichs II. beherrschte er die „ars dictandi" in vollendeter Meisterschaft, so daß die von ihm verfaßten Briefe noch jahrhundertelang den europäischen Kanzleien als Musterstücke dienten. Vgl. F. D. Capua, Lo stile della Curia romana e il „cursus" nelle epistole di Pier della Vigna e nei documenti della cancelleria sveva, in Giornale italiano di filologia 2 (1949), 97 ff.

[36] Vgl. C. A. Haskins, The Early «Artes Dictandi» in Italy, in Studies in Mediaeval Culture. Oxford 1929, 170—192.

Aber es genügte nicht, nur die juristischen Kenntnisse der Notare zu vermehren, sondern es erschien notwendig, auch die sprachliche Form der Notariatsinstrumente zu verbessern. Wie groß die sprachliche Verwilderung auf diesem Gebiete war, zeigt die Tatsache, daß es bis ins 11. Jahrhundert so gut wie keine italienischen Notariatsurkunden gibt, die in fehlerfreiem Latein geschrieben sind, ja daß die italienischen Notare sogar nicht einmal imstande waren, das Latein „auch nur abschriftlich korrekt wiederzugeben".[37] Abhilfe war nur möglich, wenn der Rechtsunterricht durch eine angemessene sprachlich-rhetorische Schulung ergänzt wurde. Schon im 12. Jahrhundert beginnen die Notare die Grammatik eifriger als vorher zu studieren, so daß in einer zeitgenössischen Quelle bereits „advocatus" mit „grammaticus" gleichgesetzt werden kann.[38] Große Bologneser Rechtslehrer wie Placentin und Azo verlangen, daß ihre Schüler in den „artes liberales", unter denen Grammatik und Rhetorik eine führende Rolle spielen, gründlich unterrichtet sind,[39] eine Forderung, der dann die Statuten der Bologneser Notare Rechnung tragen, wenn sie für die Erlangung der Approbation zum Notar eine Prüfung vorschreiben, durch welche die Bewerber nachweisen sollen „qualiter sciant scribere et qualiter legere scripturas, quas fecerint, litteraliter et vulgariter, et qualiter latinare et dictare".[40]

Dementsprechend enthält die 1256 verfaßte „Summa artis notariae" des Bologneser Notars Rolandinus Passageri, das bedeutendste und einflußreichste Werk dieser Gattung, neben den herkömmlichen drei Teilen, die den juristischen Problemen gewidmet sind, einen vierten Teil, der die Regeln des kunstgerechten Ausdrucks lehrt.[41] Schon vorher aber war von seiten der „Ars dictandi" aus dem Verlangen des Notariatsstandes nach vertiefter Bildung entsprochen worden, indem in der Brieflehre die aus dem Rechtsleben erwachsenden Bedürfnisse besondere Berücksichtigung fanden. Bezeichnend dafür ist das Werk des Magisters Boncompagno da Signa, mit dem der Aufschwung der italienischen Brieflehre am Beginn des 13. Jahrhunderts einsetzt.[42] Neben mehr allgemein gehaltenen Abhandlungen über die „Ars dictandi" steht eine Gruppe von Arbeiten, die eine Art Leitfaden zur Abfassung von Privilegia, Confirmationes, Statuta Generalia und Testamenta darstellen und beweisen, welchen Wert Boncompagno auf die praktische Ausübung der „Ars dictandi" im Bereich des Notariats legt. Auch an anderer Stelle werden

---

[37] H. Bresslau, Handbuch a. a. O., 348.

[38] E. Mayer, Bemerkungen zur frühmittelalterlichen, insbesondere italienischen, Verfassungsgeschichte. Leipzig 1912, 24.

[39] G. Zaccagnini, La vita dei maestri e degli scolari nello Studio di Bologna. Genf 1926, 96.

[40] Statuti di Bologna. Ed. L. Frati. Bologna 1869, 185 ff.

[41] Vgl. F. Novati, Il notaio nella vita e nella letteratura italiana delle origini, in Freschi e minii del dugento. Milano 1908, 304.

[42] Vgl. C. Sutter, Aus Leben und Schriften des Magisters Boncompagno. Freiburg i. B. 1894.

Privilegium, Confirmatio und Testamentum ausdrücklich als zum Epistolarstil gehörig angeführt.[43]

Der Umstand, daß vielfach die „Ars notaria" und die „Ars dictandi" von ein und demselben Lehrer gelehrt werden, trug dazu bei, die Verbindung zwischen den beiden Bereichen noch enger werden zu lassen.[44] Auf Grund dieses Bildungssystems gewinnt der grammatisch, d. h. literarisch geschulte Notar neben seinem politischen Einfluß auch eine führende Stellung im kulturellen Leben der italienischen Kommune, die in dem schöpferischen Anteil des Juristenstandes an der frühen italienischen Literatur zum Ausdruck kommt. In einer Canzone, in der Dino Compagni die schätzenswerten Eigenschaften der einzelnen Berufe schildert, gibt er folgendes charakteristische Bild des Notars:

Se buon pregio vole aver Notaro
In leal fama procacci sè vivere,
Ed in chiaro rogare e'n bello scrivere
E d'imbreviar sue scritte non si'avaro:
In gramatica pugni assai, sia conto,
E'n porre eccezïon buon contratista,
E diletti d'usar fra buon'legista,
E'n domandare acorto, savio e pronto;
Saver dittare
E buon volgare,
Leger, volgarizar, grande i'dan pregio
E di maturità ver brivilegio
E contro'l dritto non scritte mutare.[45]

Mit der Ausbildung dieser kulturtragenden Schicht beschreitet Italien eigene Wege zu einem Zeitpunkt, als mit dem Aufblühen seiner Städte die kulturelle Entwicklung beginnt, in deren Verlauf Italien die bis dahin von Frankreich innegehabte geistige Vormachtstellung übernimmt. Unter diesem Gesichtspunkt erscheint es bedeutsam, daß sich der erwähnte Boncompagno mit aller Entschiedenheit gegen die Schule von Orléans und das von ihr vertretene aus dem Studium der „auctores" erwachsene Stilideal, „falsa et supersticiosa Aurelianensis doctrina" [46] wendet. Im Gegensatz zu dem kolorierten Stil der „Ars dictandi Aurelianensis" fordert Boncompagno eine schlichte Ausdrucksweise, einen „stilus humilis", nach dem Vorbild der Propheten, Apostel, Evangelisten und der „sancti patres" Gregorius, Ambrosius, Leo Magnus, Johannes Osaureum.[47] Er glaubt sich dabei auf die römische Kurie und die kaiserliche Kanzlei berufen zu können, die beide diesen Stil gepflegt hätten: „Hanc doctrinam hodie romana ecclesia imitatur et omnes dictatores imperatorum et regum".[48] Wie weit das zutrifft, mag dahingestellt bleiben; wichtig ist, daß in dieser Kritik an der hoch angesehenen Grammatikerschule von

[43] Sutter, a. a. O., 52.
[44] Novati, Il notaio . . . a. a. O., 306.
[45] zit. nach Novati, Il notaio . . . a. a. O., 320.
[46] Sutter a. a. O., 38, Anm. 2.
[47] Tractatus virtutum, zit. nach Sutter a. a. O., 61.
[48] Ibid.

Orléans wie auch an anderen Stellen von Boncompagnos Schriften „ein nationales Element“ [49] spürbar wird, das auf den Wandel der geistigen Situation hindeutet.

Im Zeichen des neuen Geistes, der in den italienischen Kommunen lebt, tut dann ein anderer Lehrer der Rhetorik in Bologna ein paar Jahre später den folgenschweren Schritt vom Latein zur Volkssprache. Als Guido Faba (Fava),[50] dessen Schriften einen „sehr erheblichen Einfluß ... nicht bloß auf Italien, sondern auch auf Deutschland und Frankreich“ gehabt haben,[51] in seinen zwischen 1239 und 1250 veröffentlichten Traktat „Gemma purpurea“ [52] eine Sammlung von fünfzehn Briefmustern im Bologneser Dialekt einflicht,[53] begründet er die italienische Kunstprosa.

Der Übergang vom Latein zum Italienischen, der damit auf Grund der praktischen Bedürfnisse des kommunalen Lebens vollzogen wird, — ein Jahrzehnt später fordern die schon erwähnten Statuten der Bologneser Notare bereits den Befähigungsnachweis für die kunstgerechte Handhabung der Volkssprache — war in gewisser Weise vorbereitet durch die hauptsächlich im Schulunterricht verwendeten zweisprachigen Grammatiken.[54] In diesen werden die lateinischen Beispiele von der Volkssprache her gebildet, d. h. erst im Italienischen gedacht und dann ins Lateinische übersetzt, wodurch eine enge Beziehung zwischen Lateinisch und Italienisch hergestellt wurde. So gab es gleichsam eine Grenzsphäre, in der sich die beiden Sprachen begegneten und eine Übertragung der gelehrten Tradition auf das „vulgare“ mühelos vonstatten gehen konnte. Dabei handelt es sich zunächst allerdings nur um mehr oder weniger formelhafte Wendungen, die nach den Regeln der „ars dictandi“ konstruiert werden, bzw. nach den von Guido Faba aufgestellten lateinischen Briefmustern; so ist z. B. der sechste Brief die gekürzte volkssprachliche Fassung eines lateinischen Briefes aus seiner „Summa dictaminis“.[55] In einer anderen Sammlung von 92 Musterstücken, betitelt „Par-

---

[49] Magister Boncompagno, Rota Veneris. Hsg. v. F. Baethgen. Rom 1927, Einleitung, 6.

[50] Vgl. E. Kantorowicz, An Autobiography of Guido Faba, in Mediaeval and Renaissance Studies (Warburg Institute) 1 (1941—43), 253—280.

[51] H. Bresslau, Handbuch a.a.O., 259 f.

[52] Der Titel „Doctrina ad inveniendas, incipiendas et formandas materias“ bezeichnet nur einen Teil des Traktats (vgl. A. Monteverdi, Le formule epistolari volgari di Guido Fava, in Saggi neolatini. Roma 1945, 75—109).

[53] Ausgaben von E. Monaci. Roma 1901 (unter dem Titel „Gemma purpurea“) und von A. Monteverdi, in Testi volgari italiani dei primi tempi. Modena 1941, 121 ff.

[54] Vgl. R. Sabbadini, Frammenti di grammatica latino-bergamasca, in Studi medioevali 1 (1904—1905), 281—293; A. Schiaffini, Frammenti grammaticali latino-friulani del sec. XIV. Udine 1921.

[55] Vgl. E. Monaci, Su la Gemma purpurea e altri scritti minori di Guido Faba o Fava, in Rendiconti della R. Accad. dei Lincei, Classe Scienze morali 4 (1888), 399ff.

lamenta et epistulae" [56] werden neben lateinischen Briefen Muster für Reden und Briefe in der Volkssprache und zwar wieder im Bologneser Dialekt gegeben.

In dem einleitenden Satz eines dieser Redemuster erscheint als Ziel des „gentile favelare ornatamente e dire belleca de parole" der Gewinn von Ansehen und Namen: „atrovare grande presio e nomo precioso".[57] Dabei ist wohl in erster Linie an den Ruhm zu denken, zu dem die grammatisch-rhetorische Schulung im öffentlichen Leben der Kommune verhilft, m. a. W. „der Begründer der italienischen Kunstprosa" [58] beantwortet die Frage nach ihrem Zweck unter dem Gesichtspunkt des praktischen Nutzens, den der Bürger aus seiner literarischen Bildung ziehen kann.

Der gleiche Gesichtspunkt bestimmte einen gewissen Fra Guidotto da Bologna, über dessen Leben nichts Näheres bekannt ist, von einer der hauptsächlichen Quellenschriften der „ars dictandi", nämlich der Herenniusrhetorik, ein König Manfred gewidmetes Kompendium mit dem Titel „Il Fiore di rettorica" zu verfassen,[59] um allen denen nützlich zu sein, die in der Öffentlichkeit oder im privaten Leben Reden zu halten haben. Einleitend wird Cicero, der ja als Autor der Herenniusrhetorik galt, als Schöpfer und Lehrmeister der Rhetorik gepriesen: „il quale fu maestro et trovatore de la grande scienza di rethorica cioè de ben parlare".[60] Die Rhetorik übertrifft alle anderen Wissenschaften in der Weite ihres Geltungsbereichs: „questa scienza di rethorica, la quale sormonta tutte le altre scienzie per la bisogna di tutto giorno parlare nelle valenti cose, sicome in fare leggi et piati civili et criminali, et nelle cose cittadine, sicome in fare battalglie et ordinare schiere, e confortare cavalieri nelle vicende degl'imperii regni et principati, et governare popoli et diverse genti, sicome conversano nel grande del cerchio del mappamundo de la terra".[61] Es ist das konventionelle Lob der Rhetorik, ein fester Bestandteil der Theorie der Beredsamkeit von der Antike bis in die Renaissance.

[56] Verfaßt 1242/43; ed. A. Gaudenzi, in I suoni, le forme e le parole dell'odierno dialetto della città di Bologna. Torino 1889, 127—160, vgl. G. Lazzeri, Antologia dei primi secoli della letteratura italiana, Milano 1942, 412 ff. Die Verfasserschaft Fabas für diese Sammlung wird angezweifelt von F. Torraca, Per la storia letteraria del sec. XIII, in Studi di storia letteraria, Firenze 1923, 33ff. Da jedoch feststeht, daß die Sammlung aus der 1. Hälfte des 13. Jahrhunderts stammt, wird ihre Bedeutung für die Geschichte der italienischen Kunstprosa dadurch nicht berührt.

[57] Parlamenta Magistri Guidonis et Epistole ipsius IX, in E. Monaci, Crestomazia italiana dei primi secoli. Città di Castello 1912, III, 535.

[58] „Guido Faba ... allo stato delle odierne conoscenze è il fondatore ... della prosa letteraria italiana di intonazione rettoricheggiante" (A. Schiaffini, Tradizione e poesia ... a. a. .O., 30).

[59] Il Fiore di rettorica, posto nuovamente in luce da B. Gamba. Venezia 1821. Der Traktat ist in 4 verschiedenen Fassungen überliefert, die z. T. spätere Bearbeitungen darstellen; vgl. G. Bertoni, Il Duecento, a. a. O., 388 f. F. Maggini, I primi volgarizzamenti dai classici latini. Firenze 1952, 1 ff.

[60] Il fiore di retorica, in E. Monaci, Crestomazia a. a. O., 154.

[61] Ibid.

Auch die im „Prologo“ vom Redner geforderten persönlichen Qualitäten sind dem traditionellen Bild des Rhetors entnommen. Der Mensch, der sich durch die ihm von Gott verliehene Sprache über die Tiere erhebt, besitzt in dieser Gabe eine Möglichkeit, sich auch vor seinesgleichen auszuzeichnen durch die kunstvolle Rede. Diese wird aber nur dann nutzbringend sein, wenn der Mensch, der sich ihrer bedient, weise und gerecht ist: „non certo che fosse mia credenza, che sola la bella favella in sé avesse tanta d'utilitade, se colui che sa bene favellare non avesse in sé senno e giustizia“.[62] So wird der Redner nach dem Vorbild Ciceros und Quintilians zu einem Ideal menschlicher Vollkommenheit: „da che la favella è accompagnata in alcuna persona co la justitia e col senno, si rende sì perfecto l'uomo, ch'è tanto melglio che non sono gli altri... quanto sono gl'uomini per la favella melglio che gli altri animali“.[63] Indem die Rhetorik eine innige Verbindung mit der Ethik eingeht, erscheint sie als ein unentbehrliches Hilfsmittel im Dienst der sittlichen Erziehung des Menschen:[64] „senza la favella sarebbe la bontà com un tesoro riposto sotterra, che non è saputo, più che terra non vale“.[65] Neben der aus rein praktischen Erwägungen entspringenden Zweckbestimmung der Rhetorik zeichnet sich hier unter antikem Einfluß ein Bildungsideal ab, das über die lokalen und zeitlich begrenzten Bedürfnisse hinausgehend, allgemeine Gültigkeit beansprucht.

Zu dem gleichen Bildungsideal des Redners bekennt sich Brunetto Latini sowohl in seiner„Rettorica“[66], einer kommentierten Übersetzung der ersten siebzehn Kapitel von Ciceros „De inventione“, als auch in dem der Rhetorik gewidmeten Teil seines „Tresors“, in dem er wiederum „De inventione“ paraphrasiert [67]: „Et la u sapience est jointe a parleure ki dira k'il en puisse naistre se biens non?“[68] Das Hauptgewicht legt Latini, der jahrelang als

[62] Ibid., 155.

[63] Ibid., 155 f.

[64] Daher galt auch in der mittelalterlichen Schule der Grammatik- und Literaturunterricht zugleich als Lehrgang der Moral; vgl. E. R. Curtius, Mittelalterliche Literaturtheorien, in Z. f. roman. Philol. 62 (1942), 428.

[65] Il fiore di retorica a. a. O., 155.

[66] Ed. F. Maggini, Firenze 1915. Latini werden auch die Übertragungen von vier ciceronianischen Reden zugeschrieben, von denen drei (Pro Ligorio, Pro Marcello, Pro Deiotaro) sicher von ihm stammen; vgl. F. Maggini, Orazioni ciceroniane volgarizzate da B. Latini, in Giornale storico della letteratura italiana 114 (1939), 191—208.

[67] Weitere Quellen für die Rhetorik des „Tresors“ sind Boëthius „De Rhetorica Cognitione“ und Galfridus de Vinosalvo „Poetria nova“, welche letztere Latini in III, XIII paraphrasiert, ohne sie zu nennen; vgl. F. J. Carmody, in B. Latini, Li livres dou Tresor. Univ. of California Press 1948, XXXI u. A. Marigo, in Dante Alighieri, De Vulgari Eloquentia. Firenze 1938, XXXVII.

[68] Li livres dou Tresor III, I, 6 a. a. O., 318; Latini kennt auch die Gefahr, die eine von ihrer ethischen Grundlage losgelöste Rhetorik bedeutet: „parleure sans sapience... est fierement perilleuse a la cité et as amis“ (Ibid., III, I, 9 a. a. O., 318).

Notar und Kanzler im Dienst von Florenz wirkte, auf die Rhetorik[69] als Mittel der Politik; Rhetorik ist die unentbehrliche Voraussetzung der Regierungskunst: „Et Tuilles dist que la plus haute science de cité governer si est rectorique, c'est a dire la science du parler; car se parleure ne fust cités ne seroit, ne nus establissement de justice ne de humaine compaignie".[70] Im dritten Buch des „Tresors" geht die Behandlung der Rhetorik daher der Politik voraus. Als Vorbild des rhetorisch geschulten Politikers wird in der „Rettorica" der berühmte Leiter der kaiserlichen Kanzlei Petrus de Vinea angeführt; er verkörpert den „orator" schlechthin: „orator è quelli che poi che elli ae bene appresa l'arte sì l'usa in dire et in dittare sopra le quistione apposte, sì come sono li buoni parlatori e dittatori, sì come fue maestro Pier dalle Vigne".[71] Dementsprechend feiert der Chronist Villani ein halbes Jahrhundert später seinen Landsmann Latini zugleich als Lehrer der „ars dictandi" und als Meister der Politik: „cominciatore e maestro in digrossare i Fiorentini, e fargli scorti in bene parlare, e in sapere guidare e reggere la repubblica secondo la politica".[72]

Mit Latini ist die erste Entwicklungsphase der Theorie der italienischen Kunstprosa im wesentlichen abgeschlossen. Sie ist gekennzeichnet durch den Versuch, die in der mittellateinischen Rhetorik ausgearbeitete Stillehre auf die Volkssprache zu übertragen. Dabei stehen die praktischen Erfordernisse des kommunalen Lebens im Vordergrund: Die ältesten Zeugnisse italienischer Kunstprosa sind Briefmuster für den geschäftlichen und persönlichen Verkehr. Aber daneben steht von vornherein das ästhetische Bedürfnis nach dem gehobenen Ausdruck: Briefe in der Volkssprache konnte man auch ohne Kenntnis der „ars dictandi" schreiben: Das hat Boncompagno ausdrücklich bezeugt: „Mercatores in suis epistolis verborum ornatum non requirunt, quia fere omnes et singuli per idiomata propria seu vulgaria vel per corruptum latinum ad invicem sibi scribunt et rescribunt, intimando sua negocia et cunctos rerum eventus".[73] Wenn man nun für diese Briefe den gleichen „ornatus" forderte wie für die in lateinischer Sprache abgefaßten, so erhob man damit das Italienische in den Rang einer Literatursprache.

---

[69] Theoretisch lehrte sie auch die Regeln der Poesie: „la grant partison de tous parliers est en II manieres, une ki est en prose et I autre ki est en risme. Mais li ensegnement de rectorique sont commun d'ambes II, sauve ce que la voie de prose est large et pleniere, si comme est ore la commune parleure des gens, mais li sentiers de risme est plus estrois et plus fors, si comme celui ki est clos et fermés de murs et de palis, c'est a dire de pois et de nombre et de mesure certaine de quoi on ne puet ne ne doit trespasser" (Li Livres dou Tresor III, X, 1 a. a. O., 327).

[70] Li livres dou Tresor III, I, 2 a. a. O., 317.

[71] La Rettorica a. a. O., 5.

[72] Giovanni Villani, Cronica VIII, 10, in Croniche di G., M. e F. Villani. Trieste 1857, I, 174.

[73] L. Rockinger, Briefsteller u. Formelbücher des 11.—14. Jahrhunderts, in Quellen u. Erörterungen zu bayr. u. dt. Geschichte IX. München 1863, 173.

Die „ars dictandi" blieb nicht der einzige Weg zur Veredlung der Volkssprache. Eine weitere Möglichkeit dazu, von der man schon bald Gebrauch machte, war die unmittelbare Übertragung antiker Stilmuster auf die Prosa. Bahnbrechend wirken hier die Übersetzungen klassischer Autoren, deren Zahl ständig zunimmt.[74] Indem die Übersetzer bemüht sind, die stilistische Eigenart der betreffenden Autoren beizubehalten, ja oft sogar dieselben Konstruktionen im Italienischen wiederzugeben suchen, bereiten sie das Entstehen eines neuen Stils in der italienischen Kunstprosa vor, den man im Unterschied zu dem aus der „ars dictandi" hervorgegangenen „stilus rhetoricus" klassizistisch nennen könnte.[75] Er bildet sich jedoch zunächst nur in der Praxis aus ohne die Begleitung einer entsprechenden Theorie. Diese sollte erst der Humanismus aufstellen und damit eine neue Phase in der Geschichte der Dichtungslehren einleiten.

3. Die Theorie der frühen italienischen Poesie

Während die Theorie der frühen italienischen Kunstprosa unmittelbar an die „ars dictaminis" anknüpft, erwachsen die ersten theoretischen Äußerungen über die italienische Poesie aus der nach Italien verpflanzten Tradition der provenzalischen Trobadorslyrik, d. h. sie stehen nur in einem mittelbaren Zusammenhang mit der mittelalterlichen Rhetorik, insoweit diese die Kunst der Trobadors beeinflußt hat. Die Forschung[76] hat diesen Einfluß in Bezug auf die dichterische Technik der Trobadors überzeugend nachgewiesen. In dem ihrer ritterlich-höfischen Lebenshaltung entsprechenden Streben nach möglichster Verfeinerung des sprachlichen Ausdrucks in einer nur einem auserwählten Kreis zugänglichen Dichtung greifen die Trobadors zwangsläufig auf die Regeln der lateinischen Rhetorik zurück, mit denen im Mittelalter sich jeder vertraut machen mußte, der kunstgerechte Verse schreiben wollte. Daher entsprechen die wichtigsten der von den Trobadors verwendeten dichtungstheoretischen Termini bestimmten Begriffen der lateinischen Rhetorik: Grundlage seiner Kunst bildete für den mittelalterlichen Dichter das Finden des Stoffes, so daß die „inventio" — in der Herennius-

[74] Vgl. A. Schiaffini, Tradizione e poesia a. a. O., 127 ff.; N. Sapegno, Il Trecento. Milano 1934, 140 ff. F. Maggini, I primi volgarizzamenti dai classici latini a. a. O., 16 ff.

[75] Das Nebeneinander dieser beiden Stilrichtungen in der frühen italienischen Kunstprosa bis Boccaccio hat Schiaffini a. a. O. meisterhaft dargestellt. Die wichtigsten Zeugnisse der rhetorischen Prosa sind die Briefe des Guittone d'Arezzo, Dantes „Vita Nuova" und sein „Convivio"; die klassizistische Prosa tritt in den Übersetzungen antiker Autoren in Erscheinung und erreicht bei Boccaccio ihre Vollendung.

[76] Vgl. J. J. Salverda de Grave, Quelques observations sur les origines de la poésie des troubadours, in Neophilologus 3 (1918), 247—252; A. Frantzen, Über den Einfluß der mittellateinischen Literatur auf die französische und deutsche Poesie, in Neophilologus 4 (1919), 358—371; D. Scheludko, Beiträge zur Entstehungsgeschichte der altprovenzalischen Lyrik, in Archivum Romanicum 11 (1927), 273—312; 12 (1928), 30—127; 15 (1931), 137—206.

rhetorik wird sie „difficillima pars rhetoricae" genannt [77] — als die für den Dichter charakteristische Tätigkeit angesehen werden konnte. „Invenire" als Ausdruck dieser Tätigkeit übersetzte man mit „trobar", „inventor" mit „trobador". Das „trobar clus" hat seine Entsprechung im „ornatus difficilis", das „trobar leu" im „ornatus facilis".[78]

Zusammen mit der Rhetorik übernehmen die Trobadors den reichen Schatz der Topoi, welche die literarische Tradition dem Dichter zur Verfügung stellte. Vor allem sind es, dem Hauptthema der Trobadordichtung entsprechend, Begriffe, Bilder und Vergleiche aus der Schilderung des Liebeserlebnisses, die aus der lateinischen Schultradition übernommen werden. Nur in einer beschränkten Anzahl von Fällen haben die Trobadors unmittelbar auf die klassischen Autoren zurückgegriffen. Unter diesen Autoren steht an erster Stelle Ovid, den die Trobadors „am häufigsten zitieren"[79] und aus dessen Werken sie zahlreiche Elemente entlehnen.[80] Trotz der Übereinstimmungen, die in Bezug auf die Ausdrucksmittel des Liebeserlebnisses zwischen der antiken Lyrik und der Trobadordichtung bestehen, vertreten doch die Trobadors eine grundsätzlich andere Liebesauffassung als die antiken Autoren. Unter dem Einfluß des christlichen Spiritualismus bekennen sich die Trobadors zu dem Glauben an die sittlich veredelnde Kraft der Liebe, welche die Möglichkeit bot, die Spannung zwischen irdischer und himmlischer Liebe zu mildern. Mit der Versittlichung des Liebesbegriffs stand der Weg offen zu einer zunehmenden Spiritualisierung der Gestalt der Frau, die sich damit allmählich aus der ritterlich-höfischen Sphäre löst und in den philosophisch-religiösen Bereich eingeht; eine Entwicklung, die dann in der italienischen Dichtung zum Abschluß kommt.

Wie das literarische Traditionsgut der Antike so liefert auch die dem christlichen Vorstellungskreis angehörende Gegenüberstellung von irdischer und himmlischer Liebe eine Anzahl geprägter Formeln und gegenständlich festgelegter Bilder, mit deren Hilfe die Beziehungen zwischen dem Dichter und der geliebten Frau ausgedrückt werden. Die Aufgabe des Trobadors bestand nun im wesentlichen darin, sein nach diesen Formeln und Bildern weitgehend stilisiertes Liebeserlebnis mit den Mitteln der Rhetorik darzustellen, wobei der Auswahl des Versmaßes und der Reime eine besonders große Bedeutung zukam. Die Trobadors stellen sich die Lösung dieser Aufgabe rein handwerksmäßig vor,[81] als eine mechanische Arbeit unter Beobachtung gewisser formaler Vorschriften.

---

[77] Rhetorica ad Herennium III, 8.

[78] Den Nachweis dafür erbringt D. Scheludko a. a. O. 15 (1931) 142 ff.

[79] D. Scheludko, Beiträge a. a. O. 11 (1927), 308.

[80] Vgl. W. Schrötter, Ovid und die Troubadours. Halle 1908; dazu die einschränkenden Bemerkungen von Scheludko, Beiträge a. a. O. 11 (1927), 301. Der Einfluß der „ars amatoria" macht sich erst zu einer Zeit bemerkbar, als die „für die Formation der aprov. Lyrik maßgebende Epoche" (Scheludko, 309) abgeschlossen ist.

[81] D. Scheludko, Beiträge a. a. O. 15 (1931), 142.

Eine Reihe solcher Vorschriften meist grammatischer und metrischer Natur haben die Trobadors in den Erläuterungen niedergelegt, die sie manchen ihrer Gedichte folgen ließen. Aus diesen Erläuterungen entwickelten sich die frühesten Dichtungslehren, die „razos de trobar", als im Hinblick auf den drohenden Verfall der provenzalischen Kunstsprache eine theoretische Unterweisung des Trobadors ratsam erschien. Es ist bezeichnend für die eingangs erwähnte starke Anteilnahme Italiens an der Trobadordichtung, daß zwei dieser Abhandlungen in Italien abgefaßt worden sind, wobei die eine sogar einen Italiener zum Verfasser hat. Es sind der in der ersten Hälfte des 13. Jahrhunderts geschriebene „Donat proensal" des Uc Faidit [82] und die aus dem Jahre 1270 stammende „Doctrina de cort" [83] des Terramagnino da Pisa, eine Art Paraphrase der auch in Italien verbreiteten „Razos de trobar" des Raimond Vidal.

Die Trobadors beschränken sich nicht nur darauf, ihre eigenen Gedichte zu erläutern und allgemeine Unterweisungen zu geben; sie üben hier und da auch Kritik an den Dichtungen ihrer Standesgenossen; eine Kritik, die weniger gegen das Werk als gegen die Person des betreffenden Künstlers gerichtet ist.[84] Damit tritt der Trobador aus dem anonymen Dasein, wie es der Spielmann oder der Kleriker als Dichter führten, heraus und wird sich seiner Eigenart bewußt. Dieses Bewußtsein stärkte in ihm den Willen zu einem gehobenen Stil, aus dessen Verwirklichung die früheste volkssprachliche Kunstlyrik hervorging.

Sie wurde, ohne daß sich dabei ihre Form und ihr Gehalt wesentlich veränderten, in der am Hofe Friedrichs II. in der ersten Hälfte des 13. Jahrhunderts blühenden sizilianischen Dichterschule ins Italienische übertragen. Da die Dichter dieses Kreises nicht wie die meisten Trobadors von ihrer Kunst lebten, sondern fast alle als Beamte im kaiserlichen Dienst das Dichten nur als ein höfisch-literarisches Spiel ihrer Mußestunden betrieben, standen ihre Lieder zu der Wirklichkeit ihres Daseins in keiner Beziehung. Dadurch wird die der Trobadorslyrik eigene Neigung zum Konventionalismus noch verstärkt, die Poesie also noch ärmer an wirklichem dichterischem Leben.

Die Bedeutung der sizilianischen Dichterschule liegt auf anderem Gebiete: Sie schafft eine italienische Dichtungssprache [85] und eine italienische Prosodie. Man könnte sich zunächst fragen, warum die Dichter der sizilianischen Schule überhaupt eine neue Dichtungssprache geschaffen und nicht auch die Sprache

---

[82] Hsg. v. E. Stengel, in Provenzalische Grammatik. Marburg 1878. Zur Entstehungsgeschichte dieses Traktats vgl. F. D'Ovidio, Il Donato Provenzale, in Versificazione Romanza. Poetica e poesia medievale. Napoli (1932) II, 156—200.

[83] Ed. P. Meyer, in Romania VIII, 181 ff. u. A. Parducci e G. Zaccagnini, in Rimatori siculo-toscani. Bari 1915, 224 ff.

[84] Vgl. K. Vossler, Die Dichtung der Trobadors und ihre europäische Wirkung a. a. O., 8.

[85] „fatto nuovo, di capitale importanza" (A. Viscardi, La poesia trobadorica e l'Italia, in Letterature comparate, Milano 1948, 28.)

der provenzalischen Dichtung übernommen haben, wie das ja an den oberitalienischen Fürstenhöfen vielfach der Fall war. Eine eindeutige Antwort auf diese Frage läßt sich wohl schwerlich geben. Man hat darauf hingewiesen, daß das Provenzalische den oberitalienischen Dialekten näher stand als dem Sizilianischen und daher auch leichter in Oberitalien als Dichtungssprache Eingang zu finden vermochte; man hat auch gemeint, im sizilianischen Staat hätte sich allmählich eine Art Nationalgefühl entwickelt, dem die Aufnahme einer fremden Sprache widerstrebt hätte. Alle diese Gründe mögen bei der Entscheidung der sizilianischen Dichter [86] mitgesprochen haben; letzten Endes entzieht sich jedoch diese Entscheidung in ihrer tiefsten Ursache einer rationalen Ergründung. Wie in den ober- und mittelitalienischen Kommunen war auch hier die Volkssprache in ihrer Entwicklung an dem Punkt angelangt, an dem sie reif war, als Literatursprache auf den Plan zu treten. Aber auch hier verwendet man nicht die Volkssprache, wie man sie gerade vorfindet, sondern man sucht eine dem aristokratischen Stilideal der Trobadors entsprechende, phonetisch und lexikalisch von den stärksten mundartlichen Eigenheiten gereinigte italienische Dichtungssprache zu schaffen. Die neue Dichtungssprache beruht demnach auf dem literarisch verfeinerten sizilianischen Dialekt,[87] der mit Latinismen und Provenzalismen durchsetzt ist.[88]

Dieses literarische Sizilianisch war auch in anderen Gegenden Italiens verhältnismäßig leicht zu verstehen und konnte daher mit Hilfe von einigen leichten Veränderungen eine toskanische Färbung erhalten,[89] so daß dann später in Dantes „De vulgari eloquentia“ die Sprache aller italienischen Dichtungen vor dem „dolce stil novo“ als sizilianisch bezeichnet wurde: „... videtur sicilianum vulgare sibi famam pre aliis asciscere, eo quod quicquid poetantur Ytali sicilianum vocatur“ und an einer anderen Stelle im gleichen Kapitel: „... factum est ut quicquid nostri predecessores vulgariter protulerunt,

[86] Die meisten Dichter der Schule stammen aus Sizilien, einzelne aus Süditalien wie z. B. der in Capua geborene Pier della Vigna.

[87] Die sprachliche Rückeroberung Siziliens nach der politischen Unterwerfung der Araber erfolgte durch eine italienische Kolonistenschicht „mit einem aus verschiedenen Mundarten gemischten Durchschnittsidiom“ (W. v. Wartburg, Die Entstehung der romanischen Völker. Halle 1939, 172), aus dem der sizilianische Dialekt zur Zeit Friedrichs II. hervorgeht.

[88] Vgl. zu diesem in der Forschung eingehend diskutierten Problem: G. A. Cesareo, Le origini della poesia lirica e la poesia siciliana sotto gli Svevi. 2a ed. Palermo 1924; G. Bertoni, La lingua della „scuola poetica siciliana“, in Festschrift für E. Tappolet. Basel 1935, 29—35; S. Santangelo, Il siciliano come lingua nazionale nel secolo XIII. Catania 1947. Zum Einfluß des Provenzalischen auf die Sprache der frühen it. Dichtung vgl. G. Baer, Zur sprachlichen Einwirkung der altprovenzalischen Troubadourdichtung auf die Kunstsprache der frühen it. Lyriker. Diss. Zürich 1939.

[89] Gewisse phonetische und grammatische Eigentümlichkeiten des Sizilianischen haben sich noch lange in der toskanischen Dichtungsprache erhalten, so z. B. nicht diphthongierte Formen wie „bono, fero, leve“ gegenüber toskanisch „buono, fiero, lieve“, die Verbalformen in -ía, das Partizip -uto der -ire-Verben.

sicilianum vocaretur".[89a] In der Metrik übernahmen und modifizierten die Sizilianer einerseits einen Teil der von den Provenzalen gebrauchten Formen, anderseits schufen sie auch neue Formen. Zu diesen gehört das wahrscheinlich aus der mehr volkstümlichen Gattung der „strambotti" entwickelte Sonett, als dessen Erfinder Giacomo Lentini gilt. Neben der Kanzone fand das Sonett in der italienischen Lyrik weitgehendste Verbreitung und wurde dann durch Petrarca in die Weltliteratur eingeführt.

Da die Trobadorskunst die theoretischen Grundlagen der sizilianischen Schule bestimmt, hat diese keine neue Dichtungslehre entwickelt. Eine solche kommt erst dann auf, als sich mit der Wandlung des im Mittelpunkt der frühen Lyrik stehenden Liebesbegriffs eine neue Dichtung durchsetzt. Die Voraussetzungen dafür sind in der in den mittelitalienischen Kommunen entstandenen Geisteskultur zu suchen, die damit wie schon für die Ausbildung der frühen Kunstprosa auch für die Weiterentwicklung der frühen Poesie von entscheidender Bedeutung wird. Neben das Studium des römischen Rechts und die rhetorisch-grammatische Schulung waren im Laufe des 13. Jahrhunderts die Beschäftigung mit der aristotelischen Philosophie und die Versenkung in die franziskanische Mystik als neue Bildungselemente getreten. Unter dem Einfluß dieser Bildung hatte sich die Dichtung nach provenzalischem Muster allmählich zu wandeln begonnen. Die ersten Ansätze dazu zeigen sich in Guittone d'Arezzo. Während er zunächst wie die meisten zeitgenössischen mittelitalienischen Dichter die provenzalischen Vorbilder nachahmte, ging er nach und nach dazu über, dem philosophisch-ethischen Element immer mehr Raum in seiner Dichtung zu gewähren. Aber er setzte damit nicht die in der spätprovenzalischen Dichtung bereits eingeleitete Entwicklung zu einer Spiritualisierung des Liebesbegriffs fort, da er die Liebeslyrik überhaupt aufgab und sich der moralphilosophischen Dichtung zuwandte. Ein starker Hang zu rationalistischer Zergliederung und philosophischer Spitzfindigkeit läßt seine moralphilosophischen Gedichte trocken und schwer verständlich erscheinen; ein Mangel, den Guittone aber nicht als solchen empfand, denn ihm mußte das Überwiegen der „Vernunft" als ein Vorzug erscheinen. Er bedauert nur, daß er nicht genug „mutti" (motti), d. h. Sinnsprüche oder Sentenzen, in seinen Dichtungen unterbringen kann:

> e dice alcun ch'è duro
> e aspro mio trovato a saporare,
> e pòte esser vero; ond'è cagione
> che m'abonda ragione,
> perch'eo gran canzon faccio e serro mutti,
> e nulla fiata tutti
> locar loco li posso, und'eo rancuro.[90]

[89a] De vulgari eloquentia I, XII, 2 u. 4

[90] Rime di Fra Guittone d'Arezzo. Ed. Valeriani. Biblioteca dei Classici 1867, Canzone XLIII, S. 126.

Die Übertragung des provenzalischen Liebesbegriffs in die neue geistige Sphäre des gebildeten Bürgertums, die bei Guittone fehlt, wird mit dem „dolce stil novo" vollzogen. Auf der Grundlage der Vorstellung von der engelgleichen Frau, die vereinzelt auch schon in der provenzalischen und in der sizilianischen Lyrik anzutreffen ist, erfolgt jetzt die vollkommene Vergeistigung der Geliebten, ihre Erhebung in das Reich der Ideen. Hinzu kommt eine erweiterte Verwendung der psychologischen Analyse, derer sich der Dichter in einem vorher nicht gekannten Ausmaß bedient: Die Auswirkungen der Liebe auf den Liebenden werden bis in jede Gemütsregung verfolgt, die verschiedenen Stadien der Liebe von ihrem Beginn bis zur Trennung von der Geliebten in einer förmlichen Liebeskasuistik dargestellt.

Das geistige Rüstzeug für diese Vertiefung des Liebesbegriffs lieferte dem Dichter vor allem seine philosophische Bildung. Diese ist kein ausgearbeitetes System, bedeutet vielmehr ein Vertrautsein mit den Begriffen und Lehrsätzen der mittelalterlichen Philosophie, wie sie an den Schulen und Universitäten gelehrt wurde. Als Beispiel für die enge Beziehung zwischen philosophischer Bildung und Ideengehalt der Dichtung sei nur an die eingehende Behandlung psychologischer Fragen in den Werken eines Thomas von Aquino und eines Bonaventura erinnert, der in der Dichtung die genaue Analyse der Seelenregungen des Liebenden entspricht.

Zu der Vertiefung des Liebesbegriffs kommt als das zweite für den neuen Stil charakteristische Moment ein gesteigertes Gefühl für die künstlerische Form hinzu, das sich wohl mit der allgemeinen zeitgenössischen Tendenz einer Verfeinerung und Glättung der Formen in Zusammenhang bringen läßt,[91] dessen Entstehung aber als ein im Irrationalen wurzelndes Phänomen im Grunde doch unerklärlich bleibt.

Aus dem Gesamtbild ihrer Dichtungen ergibt sich nun, daß die Dichter des neuen Stils sich sowohl der Vertiefung des Liebesbegriffs als auch des neuen Formgefühls bewußt sind, d. h. daß sie auf eine neue Weise dichten und sich dadurch von ihren Vorgängern unterscheiden wollen. In diesem Bewußtsein eines neuen Kunstwillens findet sich der Kreis junger toskanischer Dichter (außer Dante [92] sind es Guido Cavalcanti, Lapo Gianni, Gianni Alfani, Dino Frescobaldi und Cino da Pistoia) zusammen: „Il dolce stile, prima di diventare una tendenza assai diffusa del gusto, fu il convegno ideale — qualcosa di meno che un'accademia con i suoi regolamenti, qualcosa di più che un libero rapporto d'amicizia — fra pochi giovani poeti." [93]

Als das Programm der neuen Schule gilt die Kanzone „Al cor gentil ripara sempre Amore", deren Verfasser Guido Guinizelli zwar dem oben genannten Kreis nicht angehört, der aber schon von Dante „il padre mio e de li altri

---

[91] G. Weise, Die geistige Welt der Gotik und ihre Bedeutung für Italien. Halle 1939, bringt dieses Formgefühl mit den charakteristischen Stilmerkmalen der Hochgotik in Verbindung.

[92] Über Dantes Verhältnis zum „dolce stil novo" s. u. S. 35 f.; 41 f.

[93] N. Sapegno, Il Trecento a. a. O., 12 f.

miei miglior che mai rime d'amor usar dolci e leggiadre"[94] genannt worden ist. Die Liebe und das edle Herz gehören eng zusammen: „Nè fe' Amore anti che gentil core, Nè gentil core anti ch'Amore Natura". [95] Nur in einem edlen Herzen kann überhaupt wahre Liebe wohnen. Der Seelenadel, der die Voraussetzung der Liebe bildet, ist nicht der ererbte Geburtsadel, sondern entspringt den natürlichen Anlagen des Menschen:

Ché non de' dare om fede
che gentilezza sia, for di coraggio,
in dignità di rede [96]

Das gebildete Bürgertum der italienischen Kommunen schafft an Stelle des feudalen Adelsbegriffs einen neuen Begriff des Adels der Gesinnung und tut damit einen entscheidenden Schritt zum Aufbau einer eigenen Welt.[97]

Der Anblick einer schönen liebenswerten Frau erweckt nun die in einem solchen edlen Herzen „in potentia" vorhandene Liebe und führt damit infolge der Identität von Liebe und Seelenadel den Liebenden seiner Vervollkommnung entgegen. Damit wird die Liebe als sittlich veredelnde Macht gerechtfertigt, und die in der provenzalischen Dichtung begonnene Entsündigung der irdischen Liebe erhält ihre theoretische Begründung. So kann sich der Dichter selbst im Angesicht Gottes zu seiner Liebe bekennen; denn die geliebte Frau

... tenea d'angel sembianza
che fosse del tu' regno;
non mi fu fallo, s'eo li posi amanza.[98]

Aber mit Guinizellis Kanzone ist das Wesen der Liebe, wie sie der „dolce stil novo" auffaßt, noch nicht hinreichend gekennzeichnet. Das beherrschende Moment der begrifflichen Zergliederung des Liebeserlebnisses tritt bei Guinizelli nicht genügend stark hervor. Im Hinblick auf dieses Moment kann Guido Cavalcantis Kanzone „Donna mi prega" als programmatisch [99] für die Schule angesprochen werden. Der Dichter will mit Hilfe des Begriffsapparats der auf Aristoteles beruhenden Naturwissenschaft die Liebe in ihren einzelnen Elementen analysieren:

... senza — natural dimostramento
non ho talento — di voler provare
là dove posa (d. h. l'amore) e chi lo fa creare,
e qual è sua vertute e sua potenza,

---

[94] Purgatorio XXVI, 97—99.

[95] Rime di Guido Guinizelli V, in Rimatori del dolce stil novo, a cura di L. Di Benedetto. Bari 1939.

[96] Ibid.

[97] Vgl. K. Vossler, Adel der Geburt und der Gesinnung bei den Romanen, in Aus der Romanischen Welt. I. Leipzig (1940), 50—59.

[98] Rime di Guido Guinizelli V, a. a. O.

[99] So wurde sie auch schon unmittelbar in der Folgezeit empfunden und blieb bis in die Renaissance Gegenstand zahlreicher Kommentare. Zu Cavalcantis Liebestheorie vgl. J. E. Shaw, Guido Cavalcanti's Theory of Love. The Canzone d'Amore and Other Related Problems. Toronto 1949.

l'essenza, — e poi ciascun suo movimento,
e'l piacimento — che'l fa dire amare,
e s'omo per veder lo pò mostrare.[100]

Im Verlauf der Analyse wird die Liebe einerseits als eine in der „anima sensitiva" beheimatete unter dem unheilvollen Einfluß des Planeten Mars stehenden Leidenschaft bestimmt, anderseits als ein durch den Anblick der in der Geliebten formgewordenen Schönheit ausgelöster Erkenntnisvorgang, der im „intellectus possibilis" mit der Schau der reinen Idee zum Abschluß gelangt. Das Drama des Liebenden besteht jedoch nicht etwa in einem Widerstreit zwischen der sinnlichen und der vergeistigten Liebe, sondern vielmehr im Erlebnis der Liebe als einer Leidenschaft, die den Menschen der Vernunft beraubt und ihn in den quälenden Zustand eines nie gestillten Sehnens versetzt. Die Vergeistigung der Liebe verliert bei Calvacanti ihre erlösende Kraft, da sie — vermutlich unter averroistischem Einfluß [101] — in eine von der Individualität unabhängige Sphäre verlegt wird.

Daß sich Cavalcanti mit dieser philosophisch-psychologischen Ergründung des Liebesbegriffs von der üblichen Auffassung der Liebe bewußt abhebt, geht aus einem an Guido Orlandi gerichteten Sonett hervor, worin er dem Adressaten vorhält, ihm fehle die wahre Vorstellung von der Liebe, die man nicht nur aus Ovid schöpfen könne:

Perché sacciate balestra legare
e coglier con isquadra archile in tetto,
e certe fiate aggiate Ovidio letto,
e trar quadrelli e false rime usare,
non pò venire per la vostra mente
là dove insegna Amor, sottile e piano,
di sua manera dire e di su' stato.[102]

Der Dichter weiß, daß diese philosophischen Spekulationen seine Verse oft schwer verständlich machen; aber er sieht darin gerade einen Vorzug seiner Kunst:

Tu puoi sicuramente gir, canzone,
là've ti piace; ch'io t'ho sì adornata
ch'assai laudata — sarà tua ragione
da le persone — ch'hanno intendimento:
di star con l'altre tu non hai talento.[103]

Ähnlich heißt es am Schluß einer Kanzone von Cino da Pistoia:

Canzone, udir si può la tua ragione,
ma non intender sì che si' aprovata
se non da innamorata

[100] Rime di Guido Cavalcanti I, in Rimatori del dolce stil novo a. a. O.

[101] Vgl. B. Nardi, Dante e la cultura medievale. Nuovi saggi di filosofia dantesca. Bari 1942, 27 f.

[102] Rime di Guido Cavalcanti XLVII a. a. O.

[103] Ibid. I (Schlußstrophe).

e gentil alma dove Amor si pone;
e però tu sa' ben con quai persone
de' gire a star per essere onorata; [104]

Es entspricht dem Gedankengang des Gedichtes, daß die edle Seele den Sinn der Kanzone nur deswegen erfaßt, weil ihr die Spekulationen über den Liebesbegriff vertraut sind.

Wie der Inhalt kann auch die Form der Dichtung schwer verständlich sein. Das „trobar clus" der Trobadors lebt weiter im „trovar chiuso" oder „trovar caro" der italienischen Dichter. Die Verbreitung dieser Manier bezeugen einige anonyme Spottverse aus der zweiten Hälfte des 13. Jahrhunderts:

Manti son queli ch'en superlativo
s'esforzan de trovar e parlar caro,
che fan sovente de nominativo
verbo scuro sumendo quel ch'è chiaro [105]

Mit Hilfe der gewollten Dunkelheit der Verse, die hier verspottet wird, suchen die Dichter des „dolce stil novo" sich von der Masse der Ungebildeten abzuschließen und ihrer Kunst einen ähnlich exklusiven Charakter zu verleihen, wie ihn die Trobadorslyrik besessen hatte.[106]

In diesem Zusammenhang erscheint ein Sonettwechsel zwischen Bonagiunta da Lucca und Guinizelli von besonderem Interesse. Bonagiunta wirft Guinizelli Dunkelheit des Ausdrucks vor:

Ma ssì passate ogn'om di sottiglianza
che non si trova già chi ben vi spogna,
cotant'è scura vostra parladura! [107]

Guinizelli antwortet ihm, indem er den spekulativen Zug seiner Dichtung hervorhebt und die besondere Form seiner Kunst verteidigt:

Omo ch'è saggio non corre leggero,
ma a passo grada sì com vol misura:
quand'ha pensato riten su'pensero
infino a tanto che'l ver l'assicura.

Jede Dichtung kann den Anspruch erheben, in ihrer Eigenart geachtet zu werden:

Volan per aire augelli di stran guise
ed han diversi loro operamenti
né tutti èn d'un volar né d'uno ardire.[108]

---

[104] Rime di Cino da Pistoia XXXIX, in Rimatori del dolce stil novo a. a. O.

[105] Zit. nach G. Bertoni, Il Duecento a. a. O., 303.

[106] Die „verdeckte Rede" ließ die Vorstellung aufkommen, die Mitglieder des Florentiner Dichterkreises hätten sich einer Art Geheimsprache bedient, um häretische Lehren in einer nur dem Eingeweihten verständlichen Ausdrucksform zu verbreiten. Diese von L. Valli, Il linguaggio di Dante e dei „fedeli d'amore". Roma 1928 und 1930 vertretene These läßt sich jedoch, wie die an ihr geübte Kritik (vgl. G. Bertoni, in Giornale storico della letteratura italiana 91 (1928), 175 ff. und 97 (1931), 161 f.) beweist, nicht aufrechterhalten.

[107] E. Monaci, Crestomazia italiana a. a. O. I, 303.

[108] Rime di Guido Guinizelli XXI a. a. O.

Dichterische Korrespondenzen in der Art der eben angeführten sind zwischen den Vertretern des „dolce stil novo" häufig und tragen dazu bei, das Gefühl der gegenseitigen Verbundenheit zu fördern. Die gleichen Bildungselemente, die gleiche Auffassung der Liebe und ihrer Auswirkungen ließen einen bestimmten Schatz an Vorstellungen, an poetischen Bildern und Vergleichen entstehen; kurz, ermöglichten die Ausbildung einer literarischen Schule. Der mit dem Aufkommen einer solchen festen Tradition verbundenen Gefahr einer Erstarrung im bloßen Formalismus haben sich die Dichter des „dolce stil novo" nicht immer und noch weniger ihre Epigonen entziehen können.

Aus dieser Tradition konnte aber auch eine große Dichtung erwachsen, wenn ein Dichter die Liebe nicht mehr nur als Bildungs-, sondern wieder als Urerlebnis empfand, wenn die Beziehung zum Leben, die in der aristokratischen Exklusivität des „dolce stil novo" abzureißen drohte, wieder hergestellt wurde. Ein solcher Dichter wurde Italien in der Person Dante Alighieris geschenkt. Vom Sonett der Jugenddichtung „Amore e'l cor gentil sono una cosa", dem Bekenntnis zum Programm des neuen Stils, bis zum Schlußvers der „Divina Commedia" „l'amor che move il ciel e l'altre stelle", dem Erlebnis der Liebe als der kosmischen Allmacht, verläuft die Entwicklungslinie von Dantes Dichtung. Von der Höhe seiner Kunst auf die Verse seiner Jugenddichtung zurückblickend, gibt er der Dichterschule, der auch er einst angehörte, den Namen, der ihr bis heute geblieben ist [109]; in seiner Abhandlung „De Vulgari Eloquentia" schreibt er ihre Poetik und damit zugleich auch die erste zusammenhängende Dichtungslehre der italienischen Literatur.

---

[109] Purgatorio XXIV; vgl. u. S. 35.

II. Dante Alighieri

Dante, der, am Anfang der italienischen Literatur stehend, deren größte Dichtung schuf, nimmt auch in der Geschichte der italienischen Dichtungslehren eine Sonderstellung ein. In weit stärkerem Maße als alle übrigen mittelalterlichen Dichter hat er sich mit der Theorie des Dichtens beschäftigt, so daß man in der sein dichterisches Schaffen dauernd begleitenden technischen Reflexion ein Charakteristikum seiner Dichterpersönlichkeit erblickt hat.[1] Dadurch, daß sich also Dantes Dichtungslehre in inniger Verbindung mit seinem dichterischen Werk entfaltet, gewinnt sie bis zu einem gewissen Grade eine individuelle Prägung, die sie von anderen entsprechenden dichtungstheoretischen Äußerungen des Mittelalters unterscheidet. Es bleibt jedoch die Frage, inwieweit Dantes Dichtungslehre den adäquaten theoretischen Ausdruck seines künstlerischen Schaffens bildet, m. a. W. ob es ihm gelingt, seiner einmaligen dichterischen Schöpfung eine ebenbürtige Dichtungstheorie zur Seite zu stellen.

Ein Urteil über Dantes Leistung als Dichtungstheoretiker ist nur dann möglich, wenn zuvor sein Verhältnis zur literarästhetischen Tradition geklärt ist. Dieses Verhältnis wird bestimmt durch Dantes Bildungsgang.[2] Man kann wohl behaupten, daß das Wissen, das Dante sich aneignete, den ganzen Umkreis der mittelalterlichen Bildung umfaßte.[3] Damit war Dante das, was das Mittelalter über Dichtung und Dichter dachte, im wesentlichen vertraut; man darf annehmen, daß er die dafür einschlägigen Quellen zu einem großen Teil aus eigener Lektüre kannte, obwohl er außer der aristo-

[1] „sarà chiaro come una costante della personalità dantesca sia questo perpetuo sopraggiungere della riflessione tecnica accanto alla poesia, quest'associazione, di concreto poetare e d'intelligenza stilistica" (Dante Alighieri, Rime, a cura di G. Contini. 2a ed. riveduta e accresciuta. Torino 1946, Introduzione, 10).

[2] Außer dem Hinweis auf seine Lektüre von Boëthius und Cicero (Conv. II, XII, 4) hat Dante selbst keine näheren Angaben über seine Studien gemacht, so daß man deren Umfang nur aus seinen Werken erschließen kann. (Vgl. A. Buck, Dante als Dichter des christlichen Mittelalters. Hamburg 1949, 38 ff.)

[3] E. R. Curtius spricht von dem „Bildungskosmos des lateinischen Mittelalters und der mittelalterlich gesehenen Antike", der hinter Dante steht (Europäische Literatur . . . a. a. O., 382).

telischen Rhetorik,[4] der „Ars poetica“ des Horaz [5], Ciceros „De Inventione“ [6] und der Herennius-Rhetorik [7] keine weiteren Poetiken und Rhetoriken ausdrücklich zitiert hat. Brunetto Latinis „Tresor“, dessen drittes Buch eine Rhetorik enthält, wird nicht im Hinblick darauf angeführt.[8]

Ebenso vertraut wie die lateinische Tradition des Mittelalters [9] war Dante die volkssprachliche Dichtung in der Romania. Auch hier ist es nicht möglich, den Umfang von Dantes Kenntnissen genau zu bestimmen. Sicher ist, daß er weit mehr Autoren gekannt hat, als er namentlich anführt.[10] Neben den Dichtungen wird er auch jene ersten Ansätze zu einer volkssprachlichen Dichtungstheorie gekannt haben, wie sie in der Provence und in Italien entstanden waren.[11] In Dante treffen also die in der italienischen Literatur bis dahin getrennt nebeneinander herlaufenden Traditionen der mittelalterlichen Literaturästhetik zusammen: die lateinische und die volkssprachliche, wobei die letztere im wesentlichen mit der provenzalischen Kunstlehre und der aus ihr entwickelten Poetik des „dolce stil novo“ identisch ist. Aus diesem Zusammentreffen erwuchs das Hauptproblem von Dantes Dichtungslehre: Die Überwindung der Spannung zwischen der Latinität und dem „volgare“, die theoretische Begründung dessen, was er als Dichter in der „Divina Commedia“ verwirklicht hat: die schöpferische Verlebendigung des antiken Erbes in der Volkssprache.

Das Problem taucht bereits in Dantes Jugendwerk, der „Vita Nuova“, auf, wo sich der Verfasser in einem Exkurs [12] zum ersten Mal im Zusammenhang mit dichtungstheoretischen Fragen auseinandersetzt. Lateinische und volkssprachliche Dichtung werden hier einander gegenübergestellt und miteinander in Beziehung gebracht. Die volkssprachliche Liebesdichtung hat vor nicht allzu langer Zeit die lateinische abgelöst, weil sich der Dichter auf diese Weise seiner Angebeteten leichter verständlich machen wollte: „E lo primo che cominciò a dire sì come poeta volgare, si mosse però che volle fare intendere le sue

---

[4] Conv. III, VIII, 10; Epist. XIII, 44.

[5] V. N. XXV, 9; Conv. II, XIII, 10; V. E. II, IV, 4; Epist. XIII, 30.

[6] Mon. II, V, 2. [7] Epist. XIII, 49. [8] Vgl. Inf. XV, 119.

[9] Es ist das große Verdienst von E. R. Curtius, die entscheidende Bedeutung des „lateinischen Mittelalters“ für Dantes gesamtes dichterisches Schaffen und seine Dichtungstheorie nachgewiesen zu haben; vgl. vor allem Dante und das lateinische Mittelalter, in Roman. Forschungen 57 (1943), 153—185 und Europäische Literatur ... a. a. O., 352 ff. Für die V. N. und das Conv. hat A. Schiaffini, Tradizione e poesia a. a. O. den Einfluß der rhetorischen Technik aufgezeigt.

[10] Seine Dreiteilung der romanischen Sprachen nach den Bejahungspartikeln (V. E. I, VIII, 6) läßt vermuten, daß ihm die kastilische und die portugiesische Literatur unbekannt waren.

[11] Vgl. o. S. 25 A. Marigo nimmt als wahrscheinlich an, daß Dante u. a. die „Razos de trobar“ des Provenzalen Raimon Vidal, die „Doctrina de cort“ des Italieners Girolamo Terramignano und die „Continuacion del trobar“ des Katalanen Jaufré de Foxa gekannt habe. (Vgl. Introduzione zur Ausgabe der V. E. Firenze 1938, XXXI ff.)

[12] V. N. XXV.

parole a donna, a la quale era malagevole d'intendere li versi latini." [13] Aber die ersten volkssprachlichen Dichter sind noch ungebildet, ohne literarische Schulung („grossi"). Ohne daß Dante hier schon grundsätzlich eine solche Schulung fordert, empfiehlt er doch für einen bestimmten Fall die Verwendung der für die lateinisch schreibenden Dichter („litterati poete", wobei „poete" bezeichnenderweise ein Latinismus ist) geltenden Regeln auch durch die Dichter in der Volkssprache („rimatori"). Es handelt sich um den Gebrauch der rhetorischen Figur oder Färbung („alcuna figura o colore rettorico"), wie sie die Personifizierung eines leblosen Dinges (hier eines Abstraktums, nämlich des „Amore") darstellt. Als Autoritäten für den Gebrauch dieser Figur werden Virgil, Lucan, Horaz, Homer und Ovid zitiert. Daß in Übereinstimmung mit der antiken Rhetorik auch das Mittelalter der „Personificatio" eine große Bedeutung beimaß,[14] war Dante sicher bekannt, wird jedoch von ihm nicht ausdrücklich belegt. Die Selbstverständlichkeit, mit der Dante den Tropus der „Personificatio", nachdem er selbst ihn vorher angewandt hat, den volkssprachlichen Dichtern empfiehlt, zeigt, daß hier noch jede Spannung zwischen der lateinischen Tradition und den aufkommenden volkssprachlichen Literaturen fehlt.[15]

Die volkssprachliche Dichtung soll ja auch nur auf das Thema beschränkt bleiben, das nach Dantes Ansicht zu ihrer Entstehung Anlaß gegeben hat: die Liebe.[16] In der Interpretation des Liebesbegriffs nimmt er auf Guinizelli Bezug:

Amore e'l cor gentil sono una cosa,
sì come il saggio in suo dittare pone,
e così esser l'un sanza l'altro osa
com'alma razional sanza ragione.

. . . .

Bieltate appare in saggia donna pui,
che piace a gli occhi sì, che dentro al core
nasce un disio de la cosa piacente,
e tanto dura talora in costui,
che fa svegliar lo spirito d'Amore.
E simil face in donna omo valente.[17]

Auch in der Definition, die er im „Purgatorio" vom „dolce stil novo" gibt, erscheint die Liebe als die eigentliche Inspirationsquelle seiner Jugenddichtung:

.... I'mi son un, che quando
Amor mi spira, noto, e a quel modo
ch'e' ditta dentro vo significando [18]

---

[13] V. N. XXV, 6; nach N. Sapegno handelt es sich bei dieser Begründung der Entstehung der volkssprachlichen Dichtung um eine zur Zeit Dantes weitverbreitete Lehre, die sich auch bei anderen Autoren findet (vgl. Kommentar zu La Vita Nuova. Firenze (1931), 90).

[14] Vgl. L. Arbusow, Colores Rhetorici. Göttingen 1948, 25.

[15] Zur Anwendung der rhetorischen Technik in der V. N. vgl. A. Schiaffini, Tradizione e poesia ... a. a. O., 95 ff.

[16] Vgl. V. N. XXV, 6.

[17] V. N. XX, 3—5.

[18] Purg. XXIV, 52—54.

Wenn er dabei fordert, der dichterische Ausdruck solle dem Gefühl entsprechen, bleibt die Form des Ausdrucks doch durch die literarische Tradition bestimmt,[19] was auch die Verwendung des aus der Terminologie der Rhetorik entstammenden Verbs „dittare" andeutet. Gerade durch die Beachtung der rhetorischen Vorschriften unterscheidet sich der Dichter des „dolce stil novo" von seinen Vorgängern, wie Dante an anderer Stelle ausführt.[20]

Die Liebe aber blieb nicht die einzige Inspirationsquelle; schon im „Convivio" wendet sich der Dichter einem neuen Thema zu: „quattordici canzoni sì d'amor come di vertù materiate" [21] sind der Anlaß zu einem Kommentar, in dem die verschiedensten moralphilosophischen Probleme behandelt werden. An die Stelle der jugendlichen Leidenschaft der „Vita Nuova" ist der männliche Ernst getreten: „veggendo sì come ragionevolmente quella (la V. N.) fervida e passionata, questa (la presente opera) temperata e virile esser conviene. Chè altro si conviene e dire e operare ad una etade che ad altra; perchè certi costumi sono idonei e laudabili ad una etade che sono sconci e biasimevoli ad altra".[22] Wie schon der Titel „Convivio" besagt, will er durch ein „Gastmahl des Wissens" den eingeborenen Wissensdurst des Menschen [23] befriedigen und durch die Vermittlung der Erkenntnis zur Tugend führen. So sagt er über den Kommentar im allgemeinen: „Lo dono veramente di questo comento è la sentenza de le canzoni a le quali fatto è, la qual massimamente intende inducere li uomini a scienza e a vertù" [24], und bei der Erläuterung der Kanzone „Le dolci rime d'amor ch'io solia" [25],

[19] Eine Interpretation in dem Sinne, daß Dante die Unmittelbarkeit des künstlerischen Ausdrucks fordere, geht von modernen ästhetischen Begriffen aus, die Dante fremd sind (vgl. C. de Lollis, Arnaldo e Guittone, in Idealistische Neuphilologie. Heidelberg 1922, 161). Man hat nachgewiesen (M. Casella, Rezension v. F. Figurelli, Il dolce stil novo. Napoli 1933, in Studi danteschi 18 (1934), 105—126), daß diesen Versen offensichtlich eine Stelle aus Hugo von St. Victors „Tractatus de gradibus charitatis" zugrundeliegt, wo von dem Erlebnis der christlichen Liebe und dessen sprachlichen Ausdruck die Rede ist: „Quomodo enim de amore loquetur homo, qui non amat, qui vim non sentit amoris? De aliis nempe copiosa in libris occurrit materia; huius vero aut tota intus est, aut nusquam est, quin non ab exterioribus ad interiora suavitas sua secreta transponit, sed ab interioribus ad exteriora transmittit. Solus proinde de ea digne loquitur, qui secundum quod cor dictat, verba componit ... Illum ... audire vellem qui calamum linguae tingeret in sanguine cordis: quia tunc vera et veneranda doctrina est, cum quod lingua loquitur, conscientia dictat, charitas suggerit et spiritus ingerit" (Migne, Patr. Lat. CXIV, col. 1195). Indem Dante den Begriff der „charitas" durch den des „Amore" — wohl zu verstehen im Sinne des „dolce stil novo" als die den Dichter inspirierende „accensio amoris" (V. E. II, II, 8) — ersetzt, überträgt er die von Hugo von St. Victor im Bereich des religiösen Lebens erhobene Forderung auf die weltliche Dichtung des „dolce stil novo".

[20] V. E. II, I—XIV.

[21] Conv. I, I, 14.

[22] Conv. I, I, 16—17.

[23] Conv. I, I, 1 ff.

[24] Conv. I, IX, 7.

[25] Conv. IV, Canzone terza.

die vom wahren Adel handelt, verkündet er: „io intendo riducer la gente in diritta via sopra la propria conoscenza de la verace nobilitade“ [26].

Dante fühlt sich als Wissender [27] und als solcher bekennt er sich zu der dem ganzen Mittelalter geläufigen Auffassung, wonach der Gelehrte, der Philosoph verpflichtet sind, das von ihnen Erkannte weiterzugeben zum Nutzen der Gesamtheit: „publice utilitati“ [28]. Diese Aufgabe erscheint ihm jetzt wichtiger als die Verkündigung von Beatrices Lob. Der Dichter bedient sich nun nicht mehr nur deswegen der Volkssprache, damit ihn seine Herrin verstehen kann, sondern damit ihn die des Lateins unkundige vornehme Welt der Laien, die er belehren will, begreift.[29] So erhält das Italienische eine neue Funktion: Es ist nicht mehr nur die Sprache des Minnesangs, sondern dient zur Abfassung einer gelehrten Abhandlung.

Daß Dante dieser Tatsache eine besondere Bedeutung beimißt, beweist die ausführliche Begründung, die er für die Verwendung des Italienischen gibt. Das Italienische ist die Sprache, die jeder von Kindheit auf kennt und zu der man eine natürliche Liebe empfindet. Im höchsten Grade tadelnswert sind diejenigen, welche die eigene Muttersprache verachten und dann in einer anderen Volkssprache schreiben, womit Dante aus dem Bewußtsein der sprachlichen Einheit Italiens heraus gegen die literarische Vorherrschaft der beiden benachbarten romanischen Idiome, des Provenzalischen und des Französischen Stellung nimmt. Das Italienische kommt dem Lateinischen in der Ausdrucksfähigkeit fast gleich: „per questo comento la gran bontade del volgare di sì si vedrà; però che si vedrà la sua vertù, sì com'è per esso altissimi e novissimi concetti convenevolemente, sufficientemente e acconciamente, quasi come per esso latino, manifestare“.[30] Das „volgare“ wird daher auch weiterhin denen, die kein Latein verstehen, zu Erkenntnissen verhelfen, die ihnen sonst verschlossen blieben. Mit aus der Bibel entnommenen Bildern [31] verkündet Dante in feierlichem Ton diese hohe Mission des Italienischen: „Questo sarà luce nuova, sole nuovo, lo quale surgerà là dove l'usato tramonterà, e darà lume a coloro che sono in tenebre e in oscuritade, per lo usato sole che a loro non luce“.[32] Daher kann die italienische Sprache auch nicht als ein „substanzieller Makel“ des „Convivio“ gelten;[33] ihre Verwendung erscheint voll und ganz gerechtfertigt.

---

[26] Conv. IV, I, 9.

[27] An anderen Stellen zählt er sich zu den Philosophen: „phylosophie domesticus“ (Epist. XII, 6); „inter vere phylosophantes minimus“ (Questio de aqua et terra 1).

[28] Mon. I, I, 3.

[29] Conv. I, IX, 4.

[30] Conv. I, X, 12.

[31] Vgl. Il Convivio. Ridotto a miglior lezione e commentato da G. Busnelli e G. Vandelli. Firenze 1934, I, 85, Anm. 6.

[32] Conv. I, XIII, 12.

[33] „raccogliendo le ragioni prenotate, puotesi vedere questo pane, col quale si deono mangiare le infrascritte canzoni, essere sufficientemente purgato da le macule e da l'essere di biado (Conv. I, XIII, 11). Vgl. dazu I, V, 1.

Deswegen bleibt jedoch das Latein als Literatursprache nach wie vor das erhabene Vorbild,[34] dem das „volgare" nacheifert; „das Italienisch des Convivio ist voll von Reminiszenzen an die lateinische Rhetorik".[35] Trotz dieser starken Bindung an das lateinische Mittelalter wird der Gegensatz zwischen Latein und „volgare" schärfer herausgearbeitet als in der „Vita Nuova". Das Latein ist unveränderlich, das „volgare" dagegen veränderlich: „lo latino è perpetuo e non corruttibile, e lo volgare è non stabile e corruttibile".[36] Die Volkssprache folgt dem Brauch, das Latein der Kunst, d. h. der Grammatik: „lo volgare seguita uso, e lo latino arte".[37] Die Frage, ob die Volkssprache nicht auch grammatisch geregelt und ihr damit eine größere Stabilität verliehen werden kann, bleibt unausgesprochen. Sie ist der Gegenstand einer besonderen Abhandlung, deren Abfassung in diesem Zusammenhang angekündigt wird.[38]

Wenn Dante am Beginn seiner Abhandlung über die Kunstrede in der Volkssprache, „De Vulgari Eloquentia", behauptet, niemand hätte vor ihm über diesen Gegenstand gehandelt — „cum neminem ante nos de vulgaris eloquentie doctrina quicquam inveniamus tractasse..." [39] —, mag er dabei einer Vorschrift der Herennius-Rhetorik gefolgt sein, auf die er bereits im „Convivio" Bezug genommen hatte.[40] Aber seine Behauptung war mehr als die bloße Wiederholung eines überlieferten Gemeinplatzes. Der Traktat ist in seiner Art tatsächlich etwas Neues. Eine so umfassende Theorie der italienischen Kunstsprache gab es vor Dante nicht. Wohl aber gab es die bis in alle Einzelheiten ausgearbeitete Theorie der lateinischen Kunstsprache. Sie ist im wesentlichen Dantes Quelle: „non solum aquam nostri ingenii ad tantum poculum aurientes, sed, accipiendo vel compilando ab aliis, potiora miscentes, ut exinde potionare possimus dulcissimum ydromellum".[41]

Die Abhandlung beginnt mit einer allgemeinen Darstellung des Wesens der Sprache, der „locutio vulgaris", als der notwendigen Voraussetzung für die „eloquentia vulgaris". Nur der Mensch bedarf der Sprache, um sich seinesgleichen mitteilen zu können. Die Engel schauen die Wahrheit in Gott, die

---

[34] Vgl. Conv. I, V, 7—15, wo die Vorzüge des Lateins aufgezählt werden.

[35] E. R. Curtius, Europäische Literatur ... a. a. O., 359; Schiaffini, Tradizione e poesia ... a. a. O. 117 ff. Von der Rhetorik heißt es in Conv. II, XIII, 14, sie übertreffe alle Wissenschaften an Süße.

[36] Conv. I, V, 7.

[37] Conv. I, V, 14.

[38] Conv. I, V, 10.

[39] V. E. I, I, 1.

[40] „Ma però che in ciascuna maniera di sermone lo dicitore massimamente dee intendere a la persuasione, cioè a l'abbellire, de l'audienza, sì come a quella ch'è principio di tutte l'altre persuasioni, come li rettorici sanno; e potentissima persuasione sia, a rendere l'uditore attento, promettere di dire nuove e grandissime cose" (Conv. II, VI, 6); vgl. Rhetor. ad Herenn. I, 4: „Attentos habebimus, si pollicebimur nos de rebus magnis, novis, inusitatis verba facturos".

[41] V. E. I, I, 1.

Dämonen stehen außerhalb der Schöpfungsordnung; die Tiere folgen dem Instinkt.[42] Entsprechend der Doppelnatur des Menschen geht das Wort aus zwei verschiedenen Antrieben hervor, einem sinnlichen und einem rationalen, und wirkt daher auf die Sinne und den Geist des Menschen zugleich ein. Es folgt eine Schilderung der Entwicklung der menschlichen Sprache von ihren ersten Anfängen bis zur Zeit Dantes, der sich bewußt ist, daß die Sprache in Bezug auf Ort und Zeit der Veränderung unterliegt.[43] Dieser dem Menschen von Kindheit an vertrauten natürlichen Sprache („locutio vulgaris naturalis") stellt Dante die vom Menschen künstlich geformte Sprache gegenüber, wie sie seiner Meinung nach die Griechen, die Römer und andere Völker (die er jedoch nicht einzeln nennt) gehabt haben.[44] Er bezeichnet sie als „gramatica", eine Bezeichnung, die zu Dantes Zeiten ein allgemein üblicher Ausdruck für Latein war".[45]

Von den drei romanischen Sprachen, die Dante kraft ihres gemeinsamen Ursprungs als eine gewisse Einheit begreift,[46] dem Französischen, dem Provenzalischen und dem Italienischen, steht das letzte der „gramatica" am nächsten: „magis videtur inniti gramatice, que comunis est, quod rationabiliter inspicientibus videtur gravissimum argumentum".[47] Das Italienisch, das Dante hier im Auge hat, ist die Sprache, bzw. der Stil, deren sich die Dichter des „dolce stil novo" und er selbst bedient haben und sich dadurch von ihren Vorgängern unterscheiden.[48] Diese Sprache gilt es näher zu bestimmen und in feste Regeln zu fassen, um ihr die Stabilität der „gramatica" zu verleihen.

Als Kunstrede steht sie über den vierzehn italienischen Dialekten, die Dante unterscheidet,[49] sie existiert überall und nirgends: „dicimus illustre, cardinale, aulicum et curiale vulgare in Latio, quod omnis latie civitatis est et nullius esse videtur, et quo municipalia vulgaria omnia Latinorum mensurantur, ponderantur, et comparantur".[50] Jedes der vier Attribute, durch die der Begriff des „vulgare" näher bestimmt wird, soll dessen Überlegenheit über die Dialekte kennzeichnen. Die Kunstrede ist „illustre", weil sie sich im strahlenden Glanz ihrer edlen Ausdrucksweise über die rohen Dialekte erhebt und denen, die sie gebrauchen, die Fähigkeit verleiht, andere zu erleuchten und für sich selbst damit Ruhm und Ehre zu gewinnen.[51] Offensichtlich wirkt hier das aus der antiken Rhetorik überlieferte Lob der Be-

[42] V. E. I, II, 3—5.

[43] Die letzte Ursache dafür sieht er entsprechend der im Mittelalter herrschenden Auffassung in der babylonischen Sprachverwirrung (vgl. V. E. I, VI, 5).

[44] V. E. I, I, 3.

[45] E. R. Curtius, Dante und das lateinische Mittelalter, in RF a. a. O., 161.

[46] V. E. I, VIII, 6.

[47] V. E. I, X, 4.

[48] Vgl. V. E. I, XIII, 1; II, VI, 8; Purg. XXIV, 55—62; XXVI, 124—126; besonders absprechend ist Dantes Urteil über Guittone d'Arezzo.

[49] V. E. I, X, 6—9.

[50] V. E. I, XVI, 6.

[51] V. E. I, XVII.

redsamkeit nach, wobei wie immer Rhetorik und Poesie gleichgesetzt werden. Als Beispiele für das „vulgare illustre" nennt Dante sich und Cino da Pistoia. Das metaphorisch gebrauchte Attribut „cardinale" [52] weist auf die zentrale Stellung hin, welche die Kunstrede in Bezug auf die italienischen Dialekte einnehmen soll.[53] Mit dem Attribut „aulicum" erhält diese zentrale Stellung eine politische Bedeutung. Die Kunstrede würde die am Hofe und in der Hofkanzlei gebrauchte Sprache darstellen, vorausgesetzt, daß es einen solchen Hof und eine solche Kanzlei in Italien gäbe.[54] Das letzte Attribut bestimmt die Kunstrede eindeutig als den „hohen Stil" der mittelalterlichen Rhetorik. Dante hat den Begriff höchstwahrscheinlich von Johann de Garlandia übernommen, der eine soziologische Einteilung der drei Stile gibt „secundum tria genera hominum qui sunt curiales, civiles, rurales".[55]

Dante selbst bezeichnet die drei Stile mit Gattungsnamen als tragisch, komisch und elegisch,[56] wobei er, entsprechend der das ganze Mittelalter hindurch herrschenden Ansicht, Tragödie und Komödie als „genera narrationum" auffaßt. Er variiert nur insofern das gebräuchliche dreiteilige Schema, als er statt des bukolischen den elegischen Stil in Vertretung des „stilus humilis" anführt.[57] Dem „vulgare illustre" ist also nur der tragische Stil angemessen. Mit diesem befaßt sich daher Dante an erster Stelle. Eine Behandlung der übrigen beiden Stile war für das vierte (nicht geschriebene) Buch geplant, das dem „vulgare mediocre" und dem „vulgare humile" gewidmet sein sollte.[58] Da Dante meinte, die Poesie ginge nicht nur der Prosa voraus — diese Auffassung konnte er bei Isidor von Sevilla [59] finden —, sondern böte auch dank ihrer größeren Stabilität der Prosa die Regeln der Stilistik, wendet er sich zunächst der Poesie zu, während er sich die Darstellung der Prosa vermutlich für das dritte (nicht geschriebene) Buch vorbehalten hatte.[60]

Die Dichtung wird definiert als „fictio rethorica musicaque posita" [61], d. h. sie unterliegt den Regeln der Rhetorik, unterscheidet sich jedoch von der Kunstprosa durch die metrische Struktur. Daß Dante „musicaque posita" in diesem Sinne versteht, ergibt sich aus einer Stelle im „Convivio", wo es von der Schönheit der Kanzone heißt: „la sua bellezza, ch'è grande sì per construzione, la quale si pertiene a li gramatici, sì per ordine del sermone,

---

[52] Die Quelle für diese Verwendung von „cardinale" ist wahrscheinlich Isidor von Sevilla, Etym. XV, VII, 7; vgl. V. E. ridotto a miglior lezione e commentato da A. Marigo a. a. O. 149 f., Anm. 2.

[53] V. E. I, XVIII, 1.

[54] V. E. I, XVIII, 2—3.

[55] Vgl. V. E. ridotto a miglior lezione ... a. a. O. LXXX u. 154 f., Anm. 21.

[56] V. E. II, IV, 5.

[57] Vgl. I. Behrens, Die Lehre von der Einteilung der Dichtkunst vornehmlich vom 16. bis 19. Jh., Halle 1940, 59.

[58] V. E. II, IV, 6.

[59] Etym. I, 38, 2.

[60] V. E. II, I, 1.

[61] V. E. II, IV, 2.

che si pertiene a li rettorici, sì per lo numero de le sue parti, che si pertiene a li musici".[62] In welcher Weise erfüllt nun die Dichtung im „vulgare illustre" die Anforderungen des hohen Stils? Was ihren Gegenstand anbetrifft, in der rhetorischen Terminologie die „inventio", so kommen nur die erhabensten und wunderbarsten Themen („magnalia" [63]) in Betracht. Diese leitet Dante aus den drei Funktionen ab, welche die auf Aristoteles fußende thomistische Philosophie der Seele zuschreibt.[64] Die „anima vegetalis" strebt nach dem Nützlichen („utile"); die „anima animalis" nach dem Angenehmen („delectabile"); die „anima rationalis" nach dem Ehrbaren („honestum"). Daraus ergeben sich als Themen für die Dichtung: „salus", „venus", „virtus", bzw. das auf diese höchsten Werte gerichtete Streben: „armorum probitas", „amoris accensio", „directio voluntatis". Als Beispiel für die Liebesdichtung zitiert Dante Cino da Pistoia, sich selbst als den Dichter der „rectitudo"; während die Waffen bis dahin noch nicht in Italien besungen worden sind: „Arma vero nullum latium adhuc invenio poetasse".[65]

Der Themenkreis hat sich also im Verhältnis zu den in der „Vita Nuova"[66] und im „Convivio"[67] angegebenen Argumenten erweitert. Aber dieser thematischen Erweiterung steht eine formale Beschränkung gegenüber. Unter den verschiedenen metrischen Formen der volkssprachlichen Dichtung, nämlich der Kanzone, der Ballade, dem Sonett und anderen unregelmäßigen Formen [68] ist die Kanzone als einzige dem hohen Stil und den darin zu behandelnden Argumenten angemessen.[69] In der Kanzone sind alle Elemente des hohen Stils [70] enthalten: die „gravitas sententie" (als die „magnalia" der Themen [71]); die „superbia carminum" (als der „endecasillabo" in Verbindung mit dem „settenario", dem „quinario" und dem „trisillabo" [72]); die „constructionis elatio" (als dem höchsten der vier „gradus", die Dante unterscheidet, nämlich dem „gradus sapidus et venustus et excelsus" [73]); die „excellentia vocabulorum" (als den „vocabula pexa irsutaque urbana" [74]).

In dieser Theorie der Kanzone als dem Muster des hohen Dichtungsstils durchdringen sich die exklusive Kunstübung der späten Trobadors [75] und des „dolce stil novo" mit den subtilen Vorschriften der mittellateinischen

[62] Conv. II, XI, 9.
[63] V. E. II, II, 8.
[64] V. E. II, II.
[65] V. E. II, II, 9.
[66] V. N. XXV, 3—6.
[67] Conv. I, I, 14.
[68] „illegitimi et irregulares modi" (V. E. II, III, 2); an anderer Stelle wird als weitere metrische Form die „cantilena" („canzonetta") genannt (V. E. II, VIII, 8).
[69] V. E. II, III, 3 u. VIII, 7.
[70] V. E. II, IV, 7.
[71] V. E. II, V, 1.
[72] V. E. II, V, 2—8.
[73] V. E. II, VI, 4—6.
[74] V. E. II, VII, 4.
[75] Ihre Überlegenheit erkennt Dante in Purg. XXVI, 115—148 an.

Rhetorik. In diesen Vorgang werden die „poetae regulati", die „geregelten" (antiken) Dichter einbezogen,[76] die Dante, wie schon in der „Vita Nuova" in einem einzelnen Falle, hier nun ganz allgemein zu Vorbildern für die volkssprachlichen Dichter proklamiert. „Idcirco accidit ut, quantum illos proximius imitemur, tantum rectius poetemur".[77] Diese Vorbilder wirken sowohl mittelbar durch die Poetiken („doctrinatae poetriae" [78]), wobei zwar nur auf die „Ars poetica" des Horaz Bezug genommen, sicher aber auch an die mittellateinischen Poetiken gedacht wird,[79] als auch unmittelbar durch die Imitatio. Im Zusammenhang mit der Behandlung der „constructio", der kunstgerechten Satzfügung, werden die Autoren aufgezählt, an deren Stil sich der volkssprachliche Dichter im richtigen Gebrauch der „constructio" schulen soll: „Et fortassis utilissimum foret ad illam (constructionem) habituandam regulatos vidisse poetas, Virgilium videlicet, Ovidium Metamorfoseos, Statium atque Lucanum, nec non alios qui usi sunt altissimas prosas, ut Titum Livium, Plinium, Frontinum, Paulum Orosium, et multos alios, quos amica solitudo nos visitare invitat." [80]

Wie schon die Auswahl der Namen nach den Kriterien der mittelalterlichen Schultradition zeigt, handelt es sich bei Dante hier nicht etwa um das humanistische Erlebnis der Persönlichkeit eines Autors in seinem Stil, vielmehr lediglich um die Übung und Bestätigung der mittellateinischen Rhetorik an gewissen Musterautoren. Diese Aufforderung zum Studium der Autoren bedeutet daher im Grunde nichts anderes als eine Bekräftigung der Bindung, welche die volkssprachliche Dichtung ohnehin schon eingegangen war.

Einerseits ordnet sich die Volkssprache durch die Übernahme dieser Bindung stilistisch dem Latein unter, womit die in der „Vita Nuova" eingeleitete Überlegung über das Verhältnis der beiden Literaturen ihren folgerichtigen Abschluß findet, anderseits gewährt diese Bindung der volkssprachlichen Dichtung die Möglichkeit, gleichberechtigt neben die lateinische zu treten, eine Möglichkeit, deren Verwirklichung freilich nicht mehr mit den in der „De Vulgari Eloquentia" entwickelten Begriffen theoretisch zu erfassen war.

Mit der „Divina Commedia" sprengte Dante den Rahmen, den er in der „De Vulgari Eloquentia" der volkssprachlichen Dichtung zu geben versucht hatte. Weder als Gattung noch in ihrem Stil entspricht die „Divina Commedia" den in der „De Vulgari Eloquentia" für das Dichten im „vulgare illustre" aufgestellten Regeln. Dante hat sowohl in der „Divina Commedia" selbst, als auch in dem Brief, mit dem er seinem Gönner Can Grande della

---

[76] V. E. II, IV, 2—4; II, VI, 8.

[77] V. E. II, IV, 3.

[78] V. E. II, IV, 3.

[79] Vgl. E. R. Curtius, Europäische Literatur . . . a. a. O. 358.

[80] V. E. II, VI, 7.

Scala das „Paradiso" übersandte,[81] zu seinem Werk theoretisch Stellung genommen. Er betrachtet es als ein „opus doctrinale",[82] d. h. nicht nur als Dichtung, sondern auch als ein Werk der Wissenschaft, der Philosophie. Auf dieser doppelten Funktion seines Werkes baut Dante dessen Interpretationsschema auf. Die zehn Interpretationsmodi, die er teils der Rhetorik, teils der Scholastik entnimmt,[83] zerfallen in zwei Fünferreihen, von denen die erste „den poetisch-rhetorischen, die zweite den philosophischen Aspekt des Werkes" [84] betrifft: „Forma sive modus tractandi est poeticus, fictivus, descriptivus, digressivus, transumptivus, et cum hoc diffinitivus, divisivus, probativus, improbativus, et exemplorum positivus".[85]

Der poetisch-rhetorische Aspekt der „Divina Commedia" wird bestimmt durch Dantes Verhältnis zur entsprechenden Schultradition. Ihr entstammen die Argumente, mit denen Dante die Bezeichnung seines Werkes als „comedia" [86] rechtfertigt: Zunächst gibt er eine thematische Begründung. „Comedia vero inchoat asperitatem alicuius rei, sed eius materia prospere terminatur" [87]; im Gegensatz dazu steht die Tragödie: „in principio est admirabilis et quieta, in fine seu exitu est fetida et horribilis".[88] Es folgt sodann die stilistische Begründung: Während Dante in der „De Vulgari Eloquentia" [89] dem tragischen Stil den komischen und den elegischen gegenübergestellt hatte, unterscheidet er hier nur zwischen tragischem (hohem) und komischem (niederem) Stil. Er hat nun sein Werk im Stil der Komödie, d. h. im niederen Stil geschrieben: „remissus est modus et humilis quia locutio vulgaris in qua muliercule comunicant".[90] Dabei ist nicht die Volkssprache als solche niedrig, — denn die im „vulgare illustre" abgefaßte Kanzone sollte ja zum hohen Stil gehören — sondern niedrig ist die besondere Form des Italienischen, deren sich Dante in der „Divina Commedia" bedient hat.[91]

Wie die Begründung des Titels hat nach dem Willen Dantes auch die Interpretation des gesamten Werkes nach den Kategorien der mittellateinischen Rhetorik zu erfolgen. Er selbst kommentiert in diesem Sinne die ersten zwölf Verse des „Paradiso", die den ersten Teil des Prologs bilden. Dieser ist entsprechend den Regeln der Rhetorik aufgebaut: „Propter primam partem notandum quod ad bene exordiendum tria requiruntur, ut dicit Tullius in Nova Rhetorica, scilicet ut benivolum et attentum et docilem reddat aliquis auditorem; et hoc maxime in admirabile genere cause, ut ipsemet Tullius

[81] Epist. XIII.
[82] Epist. XIII, 18.
[83] Vgl. E. R. Curtius, Europäische Literatur ... a. a. O. 226 ff.
[84] Ibid. 230.
[85] Epist. XIII, 27; die beiden Fünferreihen werden durch „et cum hoc" verbunden.
[86] Epist. XIII, 28; vgl. Inf. XVI, 128; Inf. XXI, 2.
[87] Epist. XIII, 29.
[88] Ibid.
[89] V. E. II, IV, 5.
[90] Epist. XIII, 31.
[91] Zur Titelgebung vgl. P. Rajna, in Studi danteschi 4 (1921), 5—37.

dicit".[92] Die „invocatio" bildet den zweiten Teil des poetischen „exordium", wodurch sich dieses von dem rhetorischen „exordium" unterscheidet. Dante verzichtet jedoch auf die Auslegung der „invocatio", wie überhaupt auf die Fortführung seines Kommentars: „urget enim me rei familiaris angustia, ut hec et alia utilia reipublice derelinquere oporteat".[93]

Der enge Zusammenhang zwischen der Tradition der mittellateinischen Rhetorik und dem Schaffen Dantes, den dieses Fragment einer Selbstauslegung aufdeckt, wird bestätigt, wenn man die dichterische Darstellung im Hinblick auf ihre rhetorischen Elemente untersucht.[94] Von den Tropen verwendet Dante häufig die Periphrase, d. h. „die Umschreibung eines Wortes durch mehrere Wörter".[95] Curtius [96] zählt über 150 solcher Wortfiguren in der „Divina Commedia"; dabei zeigt Dante eine Vorliebe für geographische und astronomische Umschreibungen. Ein weiteres von Dante geschätztes Kunstmittel ist die „annominatio", „die Häufung verschiedener Flexionsformen desselben Wortes und seiner Ableitungen, aber auch gleichklingender und anklingender Wörter" [97]; vor allem in zweigliederiger Form kommt sie sehr häufig vor, nach Curtius [98] rund zweihundert Mal, wobei die Verwendung von einer „cantica" zur anderen zunimmt. Auch mit den zahlreichen Metaphern, die aus den verschiedensten Gebieten entnommen werden,[99] steht Dante in der Tradition der mittellateinischen Rhetorik. Das gleiche gilt für die Verwendung der Etymologie, die das ganze Mittelalter hindurch „ein obligater Schmuck der Poesie" [100] war und es auch bei Dante blieb.[101] Mit der Zahlenkomposition, aus der Dante das tragende Gerüst seines ganzen Werkes entwickelt, knüpft er gleichfalls an eine weit verbreitete mittelalterliche Kompositionstechnik an.[102] Betrachtet man die „Divina Commedia" ganz allgemein in Bezug auf die Topik, so ergeben sich zahlreiche weitere Berührungspunkte mit der literarischen Tradition.[103]

Für Dante gewinnt diese Verbundenheit mit der Rhetorik Gestalt in Virgil, der in seiner Dichtung die Kontinuität der römisch-christlichen Entwicklung des Abendlandes verkörpert, indem er in der Fülle der Zeiten die welthistorische Mission des Aeneas offenbart [104] und durch die Prophezeiung der

[92] Epist. XIII, 49.
[93] Epist. XIII, 88.
[94] Hier erweist sich die von Curtius angewandte Methode als besonders fruchtbar.
[95] H. Lausberg, Elemente der literarischen Rhetorik. München 1949, 24.
[96] Europäische Literatur ... a. a. O. 279.
[97] Curtius, Europäische Literatur ... a. a. O. 280.
[98] Ibid. 281.
[99] Curtius weist Beispiele für die Personalmetaphorik (ibid. 140), die Speisemetaphorik (144), die Körperteilmetaphorik (145), die Buchmetaphorik (327 ff.), die Schiffahrtmetaphorik (137 f.) nach.
[100] Curtius, Europäische Literatur ... a. a. O. 489.
[101] Ibid. 491 f.
[102] Ibid. 493 ff.
[103] z. B. „Exordialtopik", vgl. Ibid. 93 f.
[104] Inf. II, 13—27.

vierten Ekloge den Weg zum wahren Gott erhellt hat.[105] In Virgil offenbart sich Dante die Macht des Wortes, der kunstvollen Rede: „Or muovi, e con la tua parola ornata ... l'aiuta sì ch'io ne sia consolata".[106] Virgil wird sein Lehrer der Rhetorik:

> Tu se' lo mio maestro e'l mio autore,
> Tu se' solo colui da cu'io tolsi
> lo bello stilo che m'ha fatto onore.[107]

Virgil hat gezeigt, was die lateinische Sprache vermochte: Voll Bewunderung neigt sich der italienische Trobador Sordello vor dem Sänger der „Aeneis":

> „O gloria de'Latin", disse, „per cui
> mostrò ciò che potea la lingua nostra".[108]

Gerade dadurch, daß Dante von der Sprache Virgils als „lingua nostra" spricht, bekundet er seine enge Verbundenheit zu der lateinischen Tradition, in der die Autoren des Altertums und die lateinisch schreibenden Autoren des Mittelalters eine Einheit bilden.

Wenn Dante Virgil seinen Lehrer und Autor nennt, offenbart er damit ein Abhängigkeitsverhältnis, das sich nicht nur auf den Stil, insbesondere die Technik des Gleichnisses erstreckt. Darüber hinaus verdankt Dante der „Aeneis" zahlreiche Motive und Anregungen; vor allem hat ihm die Unterweltfahrt im sechsten Buch weitgehend als Vorbild für seine Jenseitsreise gedient. Die Intensität dieser Anverwandlung berechtigt zu der Frage, ob Dantes Verhältnis zu Virgil hinreichend damit gekennzeichnet ist, daß dieser ihm unter den „auctores" der mittelalterlichen Schule am nächsten stand. Liegt hier nicht eine in ihrer Art einmalige Begegnung zweier Dichter vor, die sich weder mit den Maßstäben der mittelalterlichen Literaturtheorie noch mit dem humanistischen Prinzip der Imitatio ganz erfassen läßt? Dante hat dieses Erlebnis theoretisch nicht anders als mit den herkömmlichen Begriffen auszudrücken vermocht; aber als Dichter hat er in der Gestalt Virgils, die aus der Fülle ihrer historischen Realität lebt und dabei die menschliche Nähe zu ihrem Schützling bewahrt, den adäquaten Ausdruck für seine Begegnung mit dem Sänger der „Aeneis" gefunden.

Mit dem Begriff des „auctor" verbindet Dante im Einklang mit der mittelalterlichen Literaturtheorie die Vorstellung eines enzyklopädischen Wissens. Virgil ist ihm „quel savio gentil che tutto seppe".[109] Damit nimmt Dante Bezug auf den zweiten Aspekt der Dichtung: ihren philosophischen Gehalt. Seit Dante im „Convivio" seine Liebe zu der als „donna gentile" symbolisierten Philosophie bekannt hatte,[110] erschien ihm entsprechend einer in der Spät-

---

[105] Purg. XXII, 67—69.

[106] Inf. II, 67—69; vgl. H. Friedrich, Die Rechtsmetaphysik der Göttlichen Komödie. Frankfurt a. M. (1924), 19 f.

[107] Inf. I, 85—87.

[108] Purg. VII, 16—17.

[109] Inf. VII, 3.

[110] Conv. III, I, 1.

antike wurzelnden und im Mittelalter weit verbreiteten Auffassung die Poesie als ein Teil der Philosophie, bzw. war ihm mit der Philosophie gleichbedeutend.[111] „Ingenium et scientia", angeborene dichterische Begabung und Wissen — dem Mittelalter galt jede Art von Wissen als Philosophie — dürfen nicht voneinander getrennt werden: „Sed optime conceptiones non possunt esse nisi ubi scientia et ingenium est; ergo optima loquela non convenit nisi illis in quibus ingenium et scientia est".[112] Dantes Anruf im „Paradiso" [113] richtet sich an Minerva sowohl wie an Apollo. Die Bezeichnungen „poeta" und „doctor" werden als Synonyma gebraucht.[114]

Wenn Dante der Poesie eine philosophische Funktion zuschreibt, setzt er damit nicht nur eine überlieferte Denkweise fort, sondern stellt sich bewußt in Gegensatz zu der von der Philosophie seiner Zeit vertretenen Auffassung. Für die Hochscholastik gab es keine Verbindung mehr zwischen Poesie und Philosophie. Thomas von Aquin spricht der Poesie den philosophischen Wahrheitsgehalt ab, sie erscheint ihm als „infima scientia".[115] In diesem (wie in so manchem anderen) Punkt ist Dante jedoch antithomistisch. Für ihn besitzt die Poesie philosophischen Erkenntniswert als Lehrdichtung.

Diesen Standpunkt hatte er bereits im „Convivio" vertreten.[116] Er wiederholt und vertieft ihn in Bezug auf die „Divina Commedia". Die Erkenntnis, welche dieses Werk vermitteln soll, gehört gleichfalls in den Bereich der Moralphilosophie: „Genus vero phylosophie sub quo hic in toto et parte proceditur, est morale negotium, sive ethica; quia non ad speculandum, sed ad opus inventum est totum et pars".[117] Während jedoch im „Convivio" die Belehrung auf einzelne moralphilosophische Fragen beschränkt geblieben war, umfaßt die ethische Aufgabe, die sich der Dichter in der „Divina Commedia" stellt, das gesamte menschliche Dasein. Das Ziel ist jetzt, die Menschheit aus dem Zustand des Elends in den Zustand der Glückseligkeit zu führen durch die Vergegenwärtigung der Vergeltung, welche die guten und die bösen Taten im Jenseits erfahren: „finis totius et partis est removere viventes in hac vita de statu miserie et perducere ad statum felicitatis".[118]

Die ethische Aufgabe wird jedoch erst sinnvoll im Hinblick auf eine theologische Zielsetzung. Es kann für den Christen keine von der Religion getrennte autonome Sittlichkeit geben. Beweis dafür ist das Schicksal der tugendhaften Heiden, die sich im Limbus in hoffnungsloser Sehnsucht nach Erlösung verzehren. Jede ethische Erfahrung bedeutet für den Christen einen

---

[111] Vgl. E. R. Curtius, Zur Geschichte des Wortes Philosophie im Mittelalter, in Roman. Forschungen 57 (1943), 290—309.

[112] V. E. II, I, 8.

[113] Par. II, 8.

[114] V. E. I, IX, 2; X, 3; XII, 2.

[115] Curtius, Zur Geschichte des Wortes Philosophie ... a. a. O.

[116] s. o. S. 36 f.

[117] Epist. XIII, 40.

[118] Epist. XIII, 39.

Schritt vorwärts auf dem Heilsweg, der zur ewigen Seligkeit führt. Dante schreibt mit der „Divina Commedia" eine philosophisch-theologische Dichtung in epischer Form. Neben Virgil als der Stimme der Vernunft spricht Beatrice als Stimme der Offenbarung. Ein Vorbild für diese Dichtungsart konnte Dante in dem am Ausgang des 12. Jahrhunderts verfaßten „Anticlaudianus" des Alanus von Lille finden,[119] dem bedeutendsten Beispiel der im 12. Jahrhundert neu entstandenen philosophisch-theologischen Epik des lateinischen Mittelalters, das Dante zweifellos gekannt hat,[120] wenn er auch Alanus nirgends als Quelle oder als Vorbild erwähnt. Noch ist der Einfluß, den Alanus auf Dante gehabt hat, nicht bis in alle Einzelheiten erforscht. Aber schon auf Grund des bloßen Vergleichens der Konzeption beider Dichtwerke erkennt man den grundsätzlichen Unterschied zwischen dem „Anticlaudianus" und der „Divina Commedia": Beide stellen zwar den Aufstieg des Menschen in die transzendente Wirklichkeit dar, aber in der „Divina Commedia" ist „aus dem blassen Reich, wo die ewigen Formen wohnen, ... ein gewaltiger Geschichtskosmos geworden, der auch noch die Transzendenz der Jenseitsreiche erfüllt".[121]

Entsprechend der Doppelnatur des Menschen hat dieser nach Dante zwei Ziele: ein irdisches und ein himmlisches, die Betätigung der eigenen Tugenden und den Genuß der Schau Gottes. „Duos igitur fines Providentia illa inenarrabilis homini proposuit intendendos: beatitudinem scilicet huius vite, que in operatione proprie virtutis consistit et per terrestrem paradisum figuratur; et beatitudinem vite eterne, que consistit in fruitione divini aspectus ad quam propria virtus ascendere non potest, nisi lumine divino adiuta, que per paradisum celestem intelligi datur."[122] Das Streben nach dem ersten Ziel ist die notwendige Voraussetzung für die Erreichung des zweiten. Da sich die menschlichen Tugenden jedoch nur im Zustand des wahren Friedens ungestört entfalten können, ist die Wiederherstellung der diesen Frieden garantierenden gottgewollten Ordnung der Menschheit erforderlich. So verbindet sich für Dante mit dem Aufstieg des Menschen der Gedanke einer Regeneration der die menschliche Gemeinschaft tragenden Ordnungsmächte: des Imperiums und des Sacerdotiums, eine Reform, die weder eine Wiedergeburt im Sinne der Welterneuerungsmythen noch den Anbruch des von Joachim von Floris prophezeiten dritten Zeitalters des Heiligen Geistes bedeutet, sondern lediglich die Rückführung der entarteten beiden obersten Gewalten auf ihre gottgewollten ursprünglichen harmonisch zusammenwirkenden Funktionen.

---

[119] Vgl. Curtius, Dante u. das latein. Mittelalter, in Roman. Forschungen a. a. O., 176 ff.; Europäische Literatur ... a. a. O. 126 ff.

[120] E. R. Curtius, Dante und Alanus ab Insulis, in Roman. Forschungen 62 (1950), 28—31.

[121] Curtius, in Roman. Forschungen 57, 176.

[122] Mon. III, XVI, 7.

Ben puoi veder che la mala condotta
è la cagion che'l mondo ha fatto reo,
e non natura che' n voi sia corrotta.[123]

Diese Erneuerungsidee steht in lebendigem Zusammenhang mit der Wirklichkeit. Zeitliches und Ewiges fließen in der „Divina Commedia" zusammen. Das dichterische Geschehen wird dargestellt und gedeutet im Hinblick auf die transzendente Weltordnung.

Eine solche Deutung der Wirklichkeit[124] ermöglichte die Allegorese.[125] Sie vermittelt den Übergang von der dichterischen Darstellung zum philosophisch-theologischen Sinn. Gemäß der in der Antike wurzelnden und im Mittelalter weiter ausgebauten Überlieferung hatte Dante schon im „Convivio" die Lehre vom vierfachen Schriftsinn zur Grundlage der Interpretation gemacht: „le scritture si possono intendere e deonsi esponere massimamente per quattro sensi. L'uno si chiama litterale, (e questo è quello che non si stende più oltre che la lettera de le parole fittizie, sì come sono le favole de li poeti. L'altro si chiama allegorico,) e questo è quello che si nasconde sotto 'l manto di queste favole, ed è una veritade ascosa sotto bella menzogna ... Lo terzo senso si chiama morale ... Lo quarto senso si chiama anagogico, cioè sovrasenso; e questo è quando spiritualmente si spone una scrittura, la quale ancora (sia vera) eziandio nel senso litterale, per le cose significate significa de le superne cose de l'etternal gloria".[126]

Aus diesem Schema ergibt sich, daß der buchstäbliche Sinn, von dem nach Dante jede Deutung ausgehen muß,[127] entweder eine bloße dichterische Fiktion („favola", „bella menzogna") oder aber eine historische Realität sein kann, die dann als solche ihrerseits auch eine Wahrheit darstellt. Als Beispiele, an denen dieser Unterschied veranschaulicht wird, dienen der Orpheus-Mythos, wie ihn Ovid in den Metamorphosen[128] geschildert hat, und die Verse des 113. Psalms, wo vom Auszug des Volkes Israel aus Ägypten die Rede ist.[129] Als dann Dante in dem Brief an den Can Grande die Theorie des vierfachen Schriftsinns in Bezug auf die „Divina Commedia" wiederholt, beschränkt er sich auf das zweite Beispiel,[130] da dem buchstäblichen Sinn seines Werkes als ganzem eine reale Bedeutung zukommt. „Est ergo subiectum totius operis, litteraliter tantum accepti, status animarum post mortem simpliciter sumptus; nam de illo et circa illum totius operis versatur processus. Si

[123] Purg. XVI, 103—105.

[124] Vgl. E. Auerbach, Figura, in Neue Dantestudien. Istambul 1944, 11—71.

[125] Vgl. J. C. Joosen u. I. H. Waszink, Allegorese, in Reallexikon für Antike und Christentum. Leipzig 1942, I, 283—293.

[126] Conv. II, I, 2—6.

[127] Conv. II, I, 8—14.

[128] Metamorph. XI, 1.

[129] Conv. II, I, 3 u. 6—8.

[130] Epist. XIII, 20—22.

vero accipiatur opus allegorice, subiectum est homo prout merendo et demerendo per arbitrii libertatem iustitie premiandi et puniendi obnoxius est." [131]

Es kann kein Zweifel darüber bestehen, daß Dante die „Divina Commedia" nach dieser Theorie interpretiert wissen wollte und sie auch seinem dichterischen Schaffen zu Grunde legte. Dafür gibt er auch Hinweise in der Dichtung selbst; so wendet er sich bei der Beschreibung der Vorgänge vor dem Eintritt in die Stadt „Dite" mit folgender Mahnung an den Leser:

> O voi ch'avete li'ntelletti sani,
> mirate la dottrina che s'asconde
> sotto il velame de li versi strani.[132]

Eine ganz ähnliche Aufforderung erfolgt im „Antipurgatorio" vor dem Erscheinen der beiden Schutzengel:

> Aguzza qui, lettor, ben li occhi al vero,
> chè'l velo è ora ben tanto sottile,
> certo che'l trapassar dentro è leggiero.[133]

Im „Paradiso" läßt sich Dante von Beatrice über die Veranschaulichung der „intelligibilia" vermittelst der „sensibilia" belehren:

> Così parlar conviensi al vostro ingegno,
> però che solo da sensato apprende
> ciò che fa poscia d'intelletto degno.
> Per questo la Scrittura condescende
> a vostra facultate, e piedi e mano
> attribuisce a Dio, ed altro intende; [134]

Es ist das Verfahren, dessen sich Dante besonders im „Paradiso" bedienen mußte, um das mit Worten unmittelbar nicht Faßbare in Bildern faßbar zu machen. Das beginnt mit dem Erlebnis der Verwandlung, die mit Dante beim Aufstieg in die himmlischen Sphären vor sich geht:

> Trasumanar significar per verba
> non si porria; però l'essemplo basta [135]

und endet mit dem Bekenntnis des Unvermögens, die Vision der göttlichen Dreieinigkeit auch nur annähernd wiederzugeben:

> Omai sarà più corta mia favella
> pur a quel ch'io ricordo, che d'un fante
> che bagni ancor la lingua alla mammella.[136]

All das besagt jedoch nun nicht, daß jeder Vers der „Divina Commedia" unbedingt alle vier Bedeutungen in sich trägt; aber jeder Vers ist mehrdeutig in dem Sinne, daß er außer der buchstäblichen immer noch eine Bedeutung in

---

[131] Epist. XIII, 24—25.
[132] Inf. IX, 61—63.
[133] Purg. VIII, 19—21.
[134] Par. IV, 40—45.
[135] Par. I, 70—72.
[136] Par. XXXIII, 106—108.

Bezug auf das Ganze hat. Die das ganze Werk umfassende Allegorisierung ist mit der Person Dantes gegeben. Dante erlebt die Wanderung durch die drei Reiche des Jenseits als er selbst und repräsentiert zugleich die Menschheit. Die historische oder poetische Wirklichkeit bleibt neben der tieferen, allegorischen Bedeutung erhalten. Für das mittelalterliche Denken bestehen diese verschiedenen Wirklichkeiten nebeneinander, es sah die Dinge gleichzeitig in mehreren Beziehungssystemen. „Der Literalsinn ... einer Gestalt steht bei Dante nicht im Widerspruch zu ihrer tieferen Bedeutung, sondern figuriert sie; die historische Wirklichkeit wird durch die tiefere Bedeutung nicht aufgehoben, sondern bestätigt und erfüllt." [137] Indem sich der dichterische Genius Dantes dieser figuralen Auffassung der Wirklichkeit bemächtigte, schuf er die „Divina Commedia" als die heilige Dichtung, an die Himmel und Erde Hand angelegt haben: „il poema sacro al quale ha posto mano e cielo e terra".[138] Die Dichtung wird geweiht durch ihren höheren Sinn, der Dichter erscheint als der Künder der Heilswahrheiten.

Hier fand Dantes dichterisches Selbstbewußtsein die Rechtfertigung, die zu finden ihm in seiner Stillehre versagt geblieben war, wie der Titel „Commedia" und die daran anschließenden Erörterungen über den Stil seines Werkes beweisen. Den neuen Stil der „Divina Commedia", den hohen Stil des christlichen Epos,[139] versuchte er vergeblich mit den überlieferten Elementen der zeitgenössischen Rhetorik zu begründen. Die Berufung auf Horaz,[140] der dem Komödienschreiber zugesteht, zuweilen wie ein Tragiker zu sprechen, ist ein mißglückter Versuch, die Stilmischung der „Divina Commedia" zu rechtfertigen.[141] Auch in Dantes erster Ekloge bleibt die Frage unbeantwortet, wie sich die Form der im niederen Stil geschriebenen Komödie mit dem Anspruch ihres Autors auf den Dichterlorbeer verträgt.[142] Eine dem Wesen der „Divina Commedia" entsprechende Dichtungslehre konnte nur die Vorstellung vom Dichter als dem von Gott erwählten Künder der Wahrheit bieten, kurz gesagt die theologische Poetik.[143]

Die Dichtung erscheint Dante „gleichsam als ein göttliches Geschenk".[144] Mit Virgil feiert er die Dichter als „Lieblinge Gottes", als die „Söhne der Götter".[145] Die „invocatio", deren sich Dante an den entscheidenden Wende-

---

[137] Auerbach a. a. O. 68.

[138] Par. XXV, 1—2.

[139] Vgl. E. Auerbach, Sacrae scripturae sermo humilis, in Neue Dante-Studien a. a. O. 1—10; Mimesis. Dargestellte Wirklichkeit in der abendländischen Literatur. Bern (1946), 169 ff.

[140] Ars poetica 93 ff.

[141] Epist. XIII, 30.

[142] Egl. II, 51—54.

[143] Über ihre Entwicklung von der Spätantike bis zur Renaissance vgl. Curtius. Theologische Poetik im italienischen Trecento, in Zeitschr. f. roman. Philologie 60 (1940), 1—15; Europäische Literatur a. a. O. 219—232.

[144] „Quasi divinum quoddam munus" (Epist. XIII, 47).

[145] V. E. II, IV, 9.

punkten seines Werkes bedient, wird von ihm damit begründet, daß die Dichter sich an die „höheren Substanzen" wenden müssen.[146] Als solche höheren Substanzen gelten neben Gott und Christus [147] auch Apollo [148] und die Musen.[149] Sie alle werden von Dante angerufen, ihm den Beistand einer höheren Welt für sein Werk zu gewähren. Infolge dieser göttlichen Herkunft der Dichtung übertrifft der Ruhm, den der Dichter mit seinem Werk erlangt, den aller anderen Menschen, selbst den der Könige und der übrigen Großen der Erde;[150] der Name des Dichters ist der „che più dura e più onora".[151] Die Dichtung verewigt den Menschen. In diesem Sinne sind wohl Dantes Worte an seinen Lehrer Brunetto Latini zu verstehen: „m'insegnavate come l'uom s'etterna".[152] Die höchste Anerkennung, die der Dichter mit dem siegreichen Imperator teilt,[153] ist die Krönung mit dem Lorbeer. Dante ist ganz erfüllt von der Sehnsucht nach dieser Ehrung. Er ruft Apollo an, ihm die dichterische Kraft zu verleihen, die zur Erlangung des Lorbeers nötig ist:

O buono Apollo all'ultimo lavoro
fammi del tuo valor si fatto vaso
come dimandi a dar l'amato alloro.[154]

Willfahrt Apollo dieser Bitte, so wird sich Dante selbst mit dem Lorbeer krönen:

O divina virtù, se mi ti presti
tanto che l'ombra del beato regno
segnata nel mio capo io manifesti,
venir vedra' mi al tuo diletto legno
e coronarmi allor di quelle foglie
che la matera e tu mi farai degno.[155]

Als ein Verbannter, der um seinen Ruf und sein Ansehen fürchten mußte,[156] hoffte er, der Dichterruhm möge ihm die Tore seiner Vaterschaft wieder aufschließen und ihm die Dichterkrönung in der Taufkirche San Giovanni erwirken:

Se mai continga che'l poema sacro
al quale ha posto mano e cielo e terra,
sì che m'ha fatto per più anni macro,
vinca la crudeltà che fuor mi serra
del bello ovile ov'io dormi' agnello,

[146] Epist. XIII, 47.

[147] Mon. I, I, 6; V. E. I, I, 1.

[148] Par. I, 13—15.

[149] Inf. II, 7—9; XXXIII, 10; Purg. I, 7—10; XXII, 5; XXIX, 37—42; Par. II, 8; XXIII, 55—60; vgl. Curtius, Die Musen im Mittelalter, in Zeitschr. f. roman. Philologie 59 (1939), 129—188; Europäische Literatur ... a. a. O. 233—250.

[150] V. E. I, XVIII, 5.

[151] Purg. XXI, 85.

[152] Inf. XV, 85.

[153] Par. I, 29.

[154] Par. I, 13—15.

[155] Par. I, 22—27.

[156] Conv. I, III.

nimico ai lupi che li danno guerra;
con altra voce omai, con altro vello
ritornerò poeta; ed in sul fonte
del mio battesmo prenderò'l cappello;[157]

Der gleiche Gedanke kehrt als zentrales Motiv in der ersten der beiden Eklogen wieder,[158] die Dante im Verlauf seiner poetischen Korrespondenz mit Giovanni del Virgilio verfaßt hat.

Obgleich man in diesem Ruhmverlangen Dantes nicht den Ausdruck einer Renaissancegesinnung sehen darf, — innerhalb des christlichen Weltbildes, aus dem Dante nicht einen Augenblick heraustrat, konnte der Ruhm keinen absoluten Wert darstellen, und Dante bleibt sich der Vergänglichkeit des Ruhmes stets bewußt [159] — spricht doch aus Dantes Haltung das Bewußtsein der Größe der eigenen Leistung, die Erkenntnis der Bedeutung der „Divina Commedia". Mochte auch Dante wiederholt auf die Schwierigkeit seines Unterfangens hingewiesen haben:

chè non è impresa da pigliare a gabbo
discriver fondo a tutto l'universo,
nè da lingua che chiami mamma e babbo [160]

so war er trotzdem oder gerade deswegen überzeugt, ein Werk geschaffen zu haben, das den großen epischen Dichtungen der „auctores" würdig zur Seite stand. Deswegen nennt er das „Paradiso" eine „sublimis cantica" [161] und die ganze „Commedia" ein „heiliges Dichtwerk",[162] wie Macrobius einst die „Aeneis" ein „sacrum poema" genannt hatte. Deshalb reiht er sich in die „bella scuola" der größten Dichter des Altertums ein und stellt sich als „sesto fra cotanto senno" auf die gleiche Stufe mit Homer, Horaz, Ovid, Lucan und Virgil.[163] Wenn „seit dem 11. Jahrhundert gesteigertes Selbstvertrauen der Schriftsteller für die Zeit charakteristisch ist",[164] so erreicht diese Entwicklung in Dante ihren Höhepunkt.[165] Er fühlt sich als der berufene Träger einer göttlichen Mission, die ihm das Recht gibt, sich zum Richter über die ganze Menschheit aufzuwerfen und als Prophet den Ratschluß Gottes vorwegzunehmen.

---

[157] Par. XXV, 1—9.

[158] Egl. II, 42—44; 48—50.

[159] „Non è il mondan romore altro ch'un fiato/di vento, ch'or vien quinci e or vien quindi,/ e muta nome perchè muta lato." (Purg. XI, 100—102).

[160] Inf. XXXII, 7—9.

[161] Epist. XIII, 11.

[162] „poema sacro" (Par. XXV, 2); „sacrato poema" (Par. XXIII, 62).

[163] Inf. IV, 82—102.

[164] H. Brinkmann, Zu Wesen und Form mittelalterlicher Dichtung. Halle 1928, 46, Anm. 1.

[165] Ein Beweis für das Selbstbewußtsein des Dichters Dante ist auch die Tatsache, daß in seiner Antwort an Giovanni del Virgilio (Egl. II) „der dichterische Lebensprozeß selbst als Gegenstand einer poetischen Darstellung gewürdigt wird" (W. Krauss, Über die Stellung der Bukolik in der ästhetischen Theorie des Humanismus, in Ges. Aufsätze zur Literatur und Sprachwissenschaft. Frankfurt a. M. 1949, 72).

Die Frage, in welchem Verhältnis eine solche Auffassung von der Berufung des Dichters, eine solche Erhöhung der Poesie zu der traditionellen Rhetorik stand, mag Dante vielleicht als Problem empfunden haben, klar gestellt hat er sie nicht. Der Gegensatz zwischen dem Streben, das Wesen seiner großen Dichtung vom eigenen Erleben, d. h. von der Persönlichkeit des Dichters aus zu deuten, und der Beurteilung des dichterischen Schaffens nach den Maßstäben der überlieferten Rhetorik blieb bestehen. Um diesen Gegensatz überwinden zu können, hätte Dante als Literarästhetiker der Tradition gegenüber die gleiche Haltung einnehmen müssen, die er als Dichter ihr gegenüber eingenommen hat: die Haltung der schöpferischen Freiheit.

III. Der Humanismus

1. Die Rhetorik

Angesichts der großen Bedeutung, welche die Rhetorik in der mittelalterlichen Bildung und damit auch in der mittelalterlichen Literatur gehabt hat, überrascht es zunächst, wenn der Humanismus sein neues Lebensideal auf der Rhetorik begründet und deren Lob zu verkünden nicht müde wird. Man fragt sich, worin denn der Unterschied zwischen der mittelalterlichen und der humanistischen Auffassung der Rhetorik besteht. Die Quellen sind für die mittelalterliche und die humanistische Rhetorik zunächst die gleichen. Aber auch aus der Tatsache, daß der Humanismus das Wissen von der Antike und damit auch von der antiken Rhetorik allmählich erweiterte, erklärt sich nicht sein neues Verhältnis zur Rhetorik. Dafür ist allein entscheidend der neue Geist, der die überlieferten Prägungen mit neuem Leben erfüllt.

Der erste, der die Antike mit neuen Augen sah, war Petrarca. Die Begegnung des jungen Petrarca mit Cicero ist charakteristisch für das humanistische Erlebnis der antiken Autoren.[1] „sola me verborum dulcedo quaedem, et sonoritas detinebat, ut quicquid aliud vel legerim vel audirem raucum mihi, longeque dissonum videretur";[2] „allein eine gewisse Süße und Harmonie des Stils" (Rüegg) sind es, die den jungen Petrarca zu Cicero hingeführt haben, ehe er noch den Sinn von dessen Worten voll erfassen konnte. Die humanistische Haltung schließt ein neues Erlebnis der sprachlichen Form in sich, wodurch diese eine neue Funktion erhält: Der Humanist begreift sich als „orator", der mit Hilfe der „eloquentia" das Dasein bewältigt. Die Pflege der Beredsamkeit erscheint Petrarca wichtiger als die Sorge um das Leben: „Vide, amice, quanto nobis omnibus ... maior sit eloquentie cura quam vite".[3]

Auf welche Weise war nun eine solche Pflege der Beredsamkeit möglich? Wenn auch in den Rhetoriken des Altertums die natürliche Begabung als Vor-

---

[1] W. Rüegg, Cicero und der Humanismus. Formale Untersuchungen über Petrarca und Erasmus. Zürich 1946, versucht aus diesem Erlebnis Petrarcas einen neuen Begriff des Humanismus abzuleiten, der jedoch nicht ausreicht, um den gesamten Bereich der Bewegung zu umfassen; vgl. meine Bespr. in Gnomon 21 (1949), 101—105.

[2] Epistolarum de rebus senilibus libri XVI, in Opera, Basileae 1581, XV, 1 (von nun ab zit. als Sen.).

[3] Le Familiari. Ediz. crit. per cura di V. Rossi. Firenze 1933—38, XVI, 14 (von nun ab zit. als Fam.).

aussetzung der Eloquenz gefordert wurde, so waren die Humanisten doch davon überzeugt, daß die Beredsamkeit eine erlernbare Kunst wäre. Nach Petrarca sollte man sie bei den antiken Dichtern und Rednern lernen.[4] Mit Hilfe von zwei aus Seneca [5] entnommenen Vergleichen hat Petrarca versucht, das Verhältnis zu diesen Vorbildern näher zu bestimmen, eine eigene Theorie der Imitatio zu geben.[6] Von den beiden Vergleichen, dem Bienengleichnis [7] und dem Bild von Sohn und Vater, bezieht sich der erste mehr auf die Tätigkeit des Dichters, der zweite mehr auf das von ihm geschaffene Werk. Wie die Bienen die Stoffe, die sie in den verschiedenen Blüten finden, zu Wachs und Honig verarbeiten, sollen auch die Dichter die den verschiedenen Autoren entnommenen Elemente zu etwas Neuem verarbeiten: „Nulla quidem esset apibus gloria, nisi in aliud et in melius inventa converterent".[8] Damit wird der Kern des Problems der Imitatio berührt: Nachahmen bedeutet Verwirklichung der eigenen Individualität auf dem Wege über die Aneignung der Vorbilder. Das offenbart auch das Verhältnis des neu geschaffenen Werkes zu seinem Vorbild: Es ähnelt diesem wie der Sohn dem Vater, d. h. es besteht bei Wahrung der individuellen Eigenart zwischen beiden eine rational nicht faßbare Gemeinsamkeit: „Curandum imitatori ut quod scribit simile non idem sit, eamque similitudinem talem esse oportere ... qualis filii ad patrem. In quibus cum magna sepe diversitas sit membrorum, umbra quedam et quem pictores nostri aerem vocant, qui in vultu inque oculis maxime cernitur, similitudinem illam facit, que statim viso filio, patris in memoriam nos reducat, cum tamen si res ad mensuram redeat, omnia sint diversa; sed est ibi nescio quid occultum quod hanc habeat vim." [9]

Die so begriffene Nachahmung ist keine bloße Kopie des Vorbildes, — sonst wäre der Dichter nur ein Affe [10] — sondern eine selbständige Leistung.

---

[4] Sen. I, 4; die seit der Antike übliche Vermischung der Begriffe „poeta" und „orator" dauert im Humanismus an. Bezeichnend dafür Fam. XIII, 6, wo Petrarca berichtet, das römische Volk habe Cola di Rienzo als Dichter gefeiert. Wenn Petrarca sich darüber lustig macht, so nicht deswegen, weil er zwischen Poesie und Rhetorik unterscheidet, sondern weil er Rienzo die Fähigkeit abspricht, die klassischen Autoren wahrhaft nachzuahmen.

[5] Brief an Lucilius XII, 2.

[6] Vgl. H. Gmelin, Das Prinzip der Imitatio in den romanischen Literaturen der Renaissance. Erlangen 1932, 121 ff.

[7] Das Bienengleichnis wird in der Folgezeit zu einem Gemeinplatz des umfangreichen Schrifttums zum Problem der Imitatio; vgl. z. B. Bartolomeo Ricci, De imitatione libri tres (1541). Ed. Venetiis 1545, 60 (Gmelin a. a. O. 354).

[8] Fam. I, 8.

[9] Fam. XXIII, 19.

[10] „Sic et nobis providendum ut cum simile aliquid sit, multa sint dissimilia, et id ipsum simile lateat ne deprehendi possit nisi tacita mentis indagine, ut intelligi simile queat potius quam dici. Utendum igitur ingenio alieno utendumque coloribus, abstinendum verbis; illa enim similitudo latet, hec eminet; illa poetas facit, hec simias" (Fam. XXIII, 19); „simia" als Metapher für einen verständnislosen Nachahmer fin-

Wie das Altertum, besonders das römische, so sieht auch die Renaissance in dem Anschluß an ein Vorbild ein Moment, das nicht den Wert einer Dichtung herabsetzt, ihn vielmehr gerade erhöht, da die Dichtung damit in eine literarische Tradition eingeordnet wird. Petrarca fand daher bereits in der römischen Literatur eine ausgearbeitete Theorie der Imitatio vor. Neben Seneca war es vor allem Quintilian,[11] auf den er zurückgriff, als er diese Theorie auf Grund seiner eigenen Begegnung mit den antiken Autoren erneuerte. Damit schafft er die Grundlage für die humanistische Dichtungslehre, die in der Imitatio den Weg gefunden zu haben glaubte, auf dem sie die erstrebte Wiedergeburt der antiken Literatur in der Gegenwart erreichen konnte.

Petrarca beschränkte sich im wesentlichen darauf, die Imitatio als Grundsatz zu verkünden, ohne daraus ein ganzes Regelsystem abzuleiten. Er hat nur einige wenige rhetorisch-stilistische Leitsätze aufgestellt und auch diese in erster Linie im Hinblick auf sein eigenes Schaffen. Er betont, daß er sich stets um die Wahrung eines selbständigen Stils bemüht habe, denn wie in den Bewegungen, im Gesichtsausdruck und in der Stimme hat der Mensch auch in seiner Redeweise etwas Eigenes, das er nicht unterdrücken, sondern pflegen und veredeln soll: „Et est sane cuique naturaliter, ut in vultu et gestu, sic in voce et sermone quiddam suum ac proprium, quod colere et castigare quam mutare cum facilius tum melius atque felicius sit" [12]. Ängstlich ist er darauf bedacht, sich gegen den eventuellen Vorwurf einer farblosen Nachahmung zu verteidigen. Infolge der wiederholten und eingehenden Lektüre der antiken Autoren ist es möglich, daß ihm manches als eigen erschienen ist, was in Wirklichkeit anderen gehört. Aber vorsätzlich hat er nie die stilistische Manier eines anderen Autors kopiert: „Vitam michi alienis dictis ac monitis ornare, fateor, est animus, non stilum ... multo malim meus michi stilus sit, incultus licet atque horridus, sic in morem toge habilis ad mensuram ingenii mei factus, quam alienus, cultior ambitioso ornatu, sed a maiore ingenio profectus atque undique defluens animi humilis non conveniens stature" [13].

Seine Cicero-Verehrung [14] führt bei ihm daher noch nicht zum Ciceronianismus. Wenn er dankbar anerkennt, daß alle, die lateinisch schreiben, im Grunde genommen Ciceros Schüler sind, — „O romani eloquii summe parens, nec solus ego sed omnes tibi gratias agimus, quicunque latine lingue floribus ornamur; tuis enim prata de fontibus irrigamus, tuo ducatu directos, tuis suffragiis adiutos, tuo nos lumine illustratos ingenue profitemur; tuis

---

det sich schon, wenngleich auch sehr selten in der Antike und ist dann in die Künstlergeschichte der Renaissance übergegangen (vgl. Curtius, Europäische Literatur ... a. a. O. 437).

[11] Inst. Orat. X, 1—2.

[12] Fam. XXII, 2.

[13] Fam. XXII, 2.

[14] Petrarca hat Cicero als Persönlichkeit entdeckt; Cicero ist für ihn „von vornherein ein lebendiger Mensch" (Th. Zielinski, Cicero im Wandel der Jahrhunderte. Leipzig u. Berlin 1929, 171); vgl. auch G. Billanovich, Petrarca e Cicerone, in Misc. Mercati. Città del Vaticano 1946.

denique, ut ita dicam, auspiciis ad hanc, quantulacunque est, scribendi facultatem ac propositum pervenisse [15] — so begibt er sich damit jedoch nicht der eigenen stilistischen Freiheit im Rahmen einer eklektischen Imitatio.

Das Prinzip der Imitatio, das Petrarca im Hinblick auf seine lateinischen Werke aufgestellt und befolgt [16] hat, wendet er auch auf seine Dichtungen in der Volkssprache an, allerdings ohne dazu theoretisch Stellung zu nehmen, da ihm das Dichten auf Italienisch nur Scherz und Trost, eine bloße Vorübung seines Geistes bedeutete.[17] Seine Vorbilder sucht er sich hier in erster Linie bei den Provenzalen, der Schule des „dolce stil novo" und Dante, also in der volkssprachlichen Tradition der Liebeslyrik [18], dergegenüber der Einfluß der antiken Dichtung zurücktritt, aber trotzdem noch in zahlreichen Reminiszenzen spürbar ist.[19] Trotz der zur Schau getragenen Verachtung gegenüber dem „volgare" hat Petrarca seine italienischen Dichtungen sorgfältig gesammelt, immer wieder verbessert und ausgefeilt. Die uns erhaltenen lateinischen Randbemerkungen zu einigen Gedichten sind bezeichnend für die wiederholte Überarbeitung einzelner Verse.[20] Eine theoretische Rechtfertigung für den Gebrauch des Italienischen als Literatursprache konnte allerdings für den Vater des Humanismus nicht in Betracht kommen.

Petrarcas Wille zur Imitatio, gleichviel, ob er in der Dichtungslehre oder im dichterischen Werk zum Ausdruck kommt, wurzelt in seinem Erlebnis der sprachlichen Form der römischen Autoren, in der Ausbildung eines neuen literarischen Geschmacks [21], der nach klassischer Schönheit und Eleganz strebt. Der damit verbundenen Gefahr, ins Artistische abzugleiten, ist sich Petrarca bewußt gewesen. Die Lust zu schreiben um des Schreibens willen ergreift ihn zuweilen mit unwiderstehlicher Gewalt „scribere cupio nec quid aut cui scribam scio; et tamen — ferrea voluptas — papirus calamus atramentum noc-

---

[15] Fam. XXIV, 4; vgl. auch Trionfo della fama III, 19—21: „questo è quel Marco Tullio, in cui si mostra / chiaro quanti eloquenzia ha frutti e friori: / questi son gli occhi de la lingua nostra."

[16] Den Nachweis dafür, der den Rahmen unseres Themas überschreitet, hat Gmelin a. a. O. 127 ff. geführt.

[17] Vgl. Fam. XXI, 15. An anderer Stelle ist sein Urteil noch härter: Da bezeichnet er seine italienischen Dichtungen als „nugae", die zur Ergötzung des ungebildeten Volkes bestimmt seien und deren Abfassung er angeblich bereut (vgl. Fam. VIII, 3; XII, 6; Sen. V, 3; XII, 10).

[18] Vgl. Gmelin a. a. O. 146 ff.; A. Moschetti, Dell'ispirazione dantesca nelle Rime di F. P. Urbino 1894; J. C. Fucilla, Petrarchism and the figure AΔYNATON in Zeitschr. f. roman. Philologie 56 (1936), 671—681.

[19] Vgl. P. de Nolhac, Pétrarque et l'humanisme. Paris 1907; N. Zingarelli, Disciplina di arte classica nelle rime del Petrarca, in Nuova Antologia 262 (1928), 273 bis 288.

[20] Vgl. G. Contini, Saggio d'un commento alle correzioni del Petrarca volgare. Firenze 1943; A. Schiaffini, Il lavorio della forma in Francesco Petrarca, in Momenti di storia della lingua italiana. Bari (1950), 39—52.

[21] Von diesem Geschmacksideal aus kritisiert Petrarca das „barbarische" Latein des Mittelalters.

turneque vigilie somno michi sunt et requie gratiores" [22]. Eine solche Lust am Schreiben als Selbstzweck führt zum stilistischen Virtuosentum. Im Zwiegespräch mit dem Kirchenvater Augustin läßt sich Petrarca von diesem mit den Nachtigallen vergleichen, die sich angeblich am Wohllaut des eigenen Gesanges so ergötzen, daß sie dabei Schaden nehmen: „quarundam avicularum, philomenarum in morem, quas aiunt, usque in pernitiem proprii cantus dulcedine delectari" [23].

Petrarca sucht dieser Gefahr eines Ästhetizismus, der die Eloquenz zum Selbstzweck erhebt, dadurch zu begegnen, daß er die „eloquentia" mit der „sapientia" verknüpft und der Beredsamkeit damit eine ethische Aufgabe stellt. Wie schon die mittelalterliche Rhetorik so erneuert Petrarca und mit ihm der ganze Humanismus das antike Lob der Redekunst in ihrer menschenerziehenden und kulturschaffenden Funktion. Die Eloquenz begründet die staatliche Ordnung, fördert den sittlichen Fortschritt.[24] Während aber ein solches Bildungsideal im Rahmen der mittelalterlichen Weltanschauung gar nicht oder nur zum Teil verwirklicht werden konnte, schafft die Renaissance die dazu nötigen Voraussetzungen. Der Humanist wird als Schriftsteller eine Macht im öffentlichen Leben. Wenn Petrarca seinen Zeitgenossen gegenüber die Rolle Ciceros zu spielen beansprucht [25], so übt er mit seinem literarischen Schaffen, namentlich mit seinen Briefen, auch tatsächlich einen starken Einfluß auf die Öffentlichkeit aus.[26] Die Ausbildung der staatsbürgerlichen Tugenden mit Hilfe der Rhetorik steht fortan im Mittelpunkt der humanistischen Pädagogik.

Coluccio Salutatis Stellung als Kanzler von Florenz brachte es mit sich, daß er den Zusammenhang zwischen der Eloquenz und dem öffentlichen Leben noch weit stärker betonte als Petrarca. Aber auch bei ihm findet sich noch kein zusammenhängendes System einer humanistischen Rhetorik, sondern auch er gibt nur einzelne meist in Anlehnung an die antike Rhetorik formulierte Regeln. Die Eloquenz erscheint ihm als eine der hervorragendsten Tugenden des Menschen: „ego vero semper virtutem admirer et inter cetera, que natura arte iuvante in homine praeclarius constituit, precipue sit admirationis eloquentia: si enim intelligentia et ratio, quibus hominum genus cum superis aliquid commune habet, decori sunt, si a ceteris animantibus hac longe re homines separantur quod distinctis sermonibus loqui possunt, quanto hominibus ceteris antecellit qui, quod et a ratione maxime proficiscitur,

[22] Fam. XIII, 7.

[23] De contemptu mundi Dial II, in Opera a. a. O., 341.

[24] Vgl. Fam. I, 9; III, 22.

[25] Nolhac a. a. O. I, 215.

[26] E. Garin, Der italienische Humanismus. Bern (1947), hat neuerdings die enge Verbindung zwischen der humanistischen Lebensanschauung und dem „bürgerlichen Leben" herausgestellt.

eloquentie splendore refulget!" [27]. Die Bezeichnung der Eloquenz als einer Tugend weist auf ihren ethischen Charakter hin: Sie ist nicht nur die Kunst der Rede, sondern eine sittliche Lebensäußerung des Menschen, Ausdruck der „sapientia", der den Menschen sittlich läuternden Weisheit.[28]

Salutati beklagt es, daß das Studium der Eloquenz in seiner Zeit darniederliegt: „etate nostra eloquentie studia negliguntur et iam reges et principes non latine, sed gallice vel suis vulgaribus scribunt" [29]. Salutati sieht es als seine Aufgabe an, hier Abhilfe zu schaffen und sucht daher, das humanistische Latein in die Florentinische Staatskanzlei einzuführen. Was den Stil angeht, weist er auf Cicero als Vorbild hin als die „fons eloquentiae" [30], die Quelle der Beredsamkeit, aus der alle schöpfen sollen. Die lateinische Kunstprosa des Mittelalters erscheint Salutati kindlich und unbeholfen im Vergleich zu dem ciceronianischen Latein.[31] „Der Affe Ciceros" ist der Ehrentitel, den Salutati in der von Filippo Villani verfaßten Lebensbeschreibung erhält: „Nel testo della prosa ha già acquistato tanta dignità, che meritamente si può nominare scimmia die Cicerone" [32]. Was in den Augen Petrarcas ein Tadel gewesen war,[33] wird nun zum Lob.

Wie sein Stil zeigt, — als Stilist lehnt sich Salutati weitgehend an Seneca und auch noch an die „Artes dictandi" an — war er kein Ciceronianer. Aber in der Theorie hat er, im Unterschied zu Petrarca, Cicero zum allein verbindlichen Vorbild erhoben. Ein regelrechter Ciceronianismus wurde erst dann möglich, als der Humanismus die Ausarbeitung einer Rhetorik auf ciceronianischer Grundlage in Angriff nahm.[34] Den ersten Versuch dazu unternahm am Ausgang des 14. Jahrhunderts Antonio Loschi [35] in Gestalt eines Kommentars zu elf ciceronischen Reden: „Inquisitio artis in orationi-

---

[27] Epistolario, a cura di F. Novati. Roma 1891—1911. Ep. II, 10 (Bd. I, 79); vgl. Cicero, De oratore III, 14, 55: „Est enim eloquentia una quaedam de summis virtutibus."

[28] Vgl. A. v. Martin, Coluccio Salutati und das humanistische Lebensideal. Leipzig und Berlin 1916 (Beiträge zur Kulturgesch. des Ma.s u. der Renaiss., 28); L. Borghi, La concezione umanistica di Coluccio Salutati, in Annali della R. Scuola Normale Superiore di Pisa, Serie II, 3 (1934), 469—492.

[29] Ep. II, 9 (Bd. I, 77).

[30] Ep. III, 13 (Bd. I, 168); III, 15 (Bd. I, 181); V, 15 (Bd. III, 77).

[31] Ep. II, 9 (Bd. I, 77); XIII, 9 (Bd. III, 631 f.).

[32] Vite degli uomini illustri fiorentini, in Croniche di G., M. e F. Villiani. Trieste 1857, II, 427.

[33] s. o. S. 55.

[34] Da eine auch nur annähernd vollständige Darstellung der neulateinischen Rhetorik des Humanismus den Rahmen der vorliegenden Geschichte der italien. Dichtungslehren sprengen und eine eigene umfangreiche Abhandlung erforderlich machen würde, beschränken wir uns im folgenden auf einen Überblick über die wichtigsten Ergebnisse der Rhetorik des 15. Jh. s. Vgl. dazu R. Sabbadini, Storia del Ciceronianismo e di altre questioni letterarie nell'età della Rinascenza. Torino 1886; ders., Il metodo degli umanisti. Firenze (1920); Zielinski, Cicero a. a. O.

[35] Vgl. G. da Schio, Sulla vita e sugli scritti di A. Loschi vicentino, uomo di lettere e di stato, commentarii. Padova 1858.

bus Ciceronis“ (1477). An Hand einer eingehenden Analyse von Ciceros Stil will er darlegen, wie Cicero in seinen Reden die Regeln der Rhetorik anwendet und will damit zugleich eine praktische Anleitung für die Pflege der Kunstrede in der Gegenwart geben. Mit allem Nachdruck weist Loschi darauf hin, daß es zur Erlangung der „eloquentia“ außer der natürlichen Veranlagung der genauen Kenntnis der rhetorischen Vorschriften bedarf.[36] An die Stelle der bis zu einem gewissen Grade dem subjektiven Ermessen des Autors, seinem persönlichen Einfühlungsvermögen überlassenen Imitatio tritt die humanistische Rhetorik als eine systematische Darstellung der für jedermann verbindlichen Stilistik.

Loschis Kommentar erfreute sich großer Beliebtheit und wurde dementsprechend eifrig studiert. Nach seinem Beispiel setzte Sicco Polenton [37] die Kommentierung für eine Anzahl weiterer ciceronischer Reden fort. In der Folgezeit verwächst die humanistische Rhetorik immer enger mit dem Ciceronianismus. Gasparino Barzizza, in dem Zielinski den Vater des stilistischen Ciceronianismus erblickt [38], legt seinen Vorlesungen über Rhetorik Ciceros Werke zu Grunde, zu denen er ausführliche Kommentare veröffentlicht.[39] In einer Sammlung von Briefmustern illustriert er die ciceronische Stilistik und übernimmt damit die Funktion, die bis dahin die Briefsammlungen Petrarcas und Salutatis ausgeübt hatten.

An Ciceros Reden sucht auch Georg von Trapezunt (Giorgio da Trebisonda) die Fülle der stilistischen Regeln zu exemplifizieren, die er aus der aristotelischen Rhetorik — er übersetzte sie ins Lateinische —, der Herenniusrhetorik, Quintilian und anderen weniger bedeutenden Quellen der rhetorischen Tradition entnommen und zu einem Traktat „Rhetorici libri V“ (1434) vereinigt hatte.[40] Dieser ist für die humanistische Dichtungslehre deswegen wichtig, weil in ihm die antike Lehre von der „convenientia“ erneuert wird [41], die eins der wesentlichen Elemente der klassizistischen Ästhetik bilden sollte. Die Forderung nach dem „Passenden“ bezieht sich sowohl auf das Verhältnis von Inhalt und Form — die man ja als voneinander getrennte Momente des dichterischen Schaffensprozesses betrachtete —, als auch auf das Verhältnis der einzelnen Redeteile untereinander. Aus dem Aufeinanderabstimmen von

[36] Vgl. R. Sabbadini, Storia e critica di testi latini. Catania 1914, 21 ff.

[37] E. R. Curtius, Sicco Polenton, in Humanisme et Renaissance 11 (1949), 219—221 behandelt nur die von Polenton verfaßte lateinische Literaturgeschichte „Scriptorum illustrium latinae linguae libri XVIII“.

[38] Zielinski, Cicero a. a. O. 181.

[39] Vgl. R. Sabbadini, Lettere e orazioni edite e inedite di Gasparino Barzizza, in Archivio storico lombardo 13 (1886), 363—378; 563—583; 825—836; ders., Dalle nuove lettere di G. Barzizza, in Rendic. dell' Ist. Lombardo S. II, 62 (1929), 881—890.

[40] Vgl. R. Sabbadini, in Giornale storico della letteratura italiana 18 (1891), 230—241.

[41] Vgl. K. Vossler, Poetische Theorien in der italienischen Frührenaissance. Berlin 1900, 79 f.

Inhalt und Form, von Affekten und Redefiguren ergibt sich die für den Rhetor notwendige Wahrscheinlichkeit; aus dem richtigen Verhältnis der Redeteile zueinander ergibt sich die Schönheit.

Für Georg von Trapezunt ist die Rhetorik nicht nur entsprechend der allgemein herrschenden Ansicht mit der Poesie identisch, sondern bestimmt auch das Wesen der Historiographie.[42] Livius wird zum Vorbild des rhetorischen Historikers proklamiert. Er zeichnet sich besonders aus durch die Verwendung der „circumductio", in der Georg von Trapezunt eins der wichtigsten Stilelemente sieht und die er wie folgt definiert: „orationis congeries quae multitudine rerum in longius compositionem protrahit" [43].

Neben der Rhetorik spielte die Grammatik zunächst im Humanismus eine untergeordnete Rolle. Für ihr Studium bediente man sich sogar noch lange der aus dem Mittelalter stammenden Lehrbücher [44]. Petrarca hatte zwar den Grammatikern die Aufgabe gestellt, aus den Texten der Autoren die Regeln zu abstrahieren,[45] aber erst fast sieben Jahrzehnte nach Petrarcas Tode wurde die Lösung dieser Aufgabe von Lorenzo Valla in Angriff genommen. Die grammatischen Regeln, die Valla in seinen „Elegantiae" [46] gibt, sind begründet im Sprachgebrauch der klassischen Autoren, im wesentlichen Ciceros und Quintilians: „quod ad elegantiam pertinet, ego pro lege accipio quicquid magnis auctoribus placuit" [47]. Aber Valla bietet weit mehr als eine bloße Grammatik; er will die lateinische Sprache in allen ihren Ausdrucksformen darstellen, ein möglichst umfassendes Wissen von ihr vermitteln, womit er alles zu übertreffen hofft, was bis dahin über diesen Gegenstand geschrieben worden ist: „Sex libros meos quos dixi melius mereri de lingua latina quam omnes qui sexcentis iam annis, vel de grammatica, vel de rhetorica, vel de dialectica, vel de jure civili atque canonico, vel de verborum significatione scripserunt" [48].

Auf diese Weise glaubt er den mustergültigen lateinischen Sprachgebrauch wiederherstellen zu können, der in den Jahrhunderten der mittelalterlichen Barbarei in Vergessenheit geraten war. Es erscheint ihm als eine heilige Mission — er spricht von dem „magnum sacramentum" [49] der lateinischen Sprache —, den Humanisten ein Führer zu sein im Kampf gegen die Verwilderung des Lateins. Nur in seiner klassischen Form kann das Latein wieder die universale Geltung beanspruchen, die ihm seiner Tradition nach zukommt.

---

[42] Vgl. C. Trabalza, La critica letteraria nel rinascimento. Milano 1915, 13 f.

[43] zit. bei Trabalza a. a. O. 13.

[44] Vgl. V. Rossi, Il Quattrocento. Milano 1933, 87.

[45] Vgl. Sen. XII, 2.

[46] Vgl. M. v. Wolff, Lorenzo Valla. Sein Leben und seine Werke. Leipzig 1893, 93 ff.; R. Sabbadini, Storia del ciceronianismo a. a. O. 25—32; A. Casacci, Gli „elegantiarum libri" di L. Valla, in Atene e Roma N. S. VII, 1926, 187—203.

[47] De linguae latinae elegantia libri sex. Parisiis 1535, III, 17.

[48] Opuscula quaedam nuper in lucem edita. Venetiis 1503 f. a.; zit. bei P. Monnier, Le Quattrocento. Paris 1901, I, 282, Anm. 3.

[49] De lingua latinae elegantia a. a. O. I, praef.

Die auf der Verbreitung seiner Sprache beruhende geistige Herrschaft Roms, welche die politische Herrschaft überdauert hat, muß bewahrt bleiben. Darin sieht Valla die vordringlichste Aufgabe des Humanismus. Die dem Humanismus innewohnende universale Tendenz nimmt hier fast die Form eines geistigen Imperialismus an: „Amisimus Romam, amisimus regnum, amisimus dominatum, tametsi non nostra sed temporum culpa: verumtamen per hunc splendidiorem dominatum (Latini sermonis) in magna adhuc orbis parte regnamus. Nostra est Italia, nostra Gallia, nostra Hispania, Germania, Pannonia, Dalmatia, Illyricum, multaeque aliae nationes. Ibi nanque Romanum imperium est, ubicunque Romana lingua dominatur“ [50].

Vallas Programm einer „Restitutio linguae Romanae“ ist gleichbedeutend mit der Forderung nach einer unbedingten Anwendung des Prinzips der Imitatio. Wenn auch Valla in einem nicht mehr erhaltenen Jugendwerk „De comparatione Ciceronis Quintilianoque“ Quintilian über Cicero gestellt hatte und in den „Elegantiae“ neben Cicero auch andere Autoren als vorbildlich gelten läßt, wird jedoch davon die Verpflichtung zur Imitatio nicht berührt. Valla selbst befand sich mit seinem eigenen Stil im Widerspruch zu der von ihm verkündeten Theorie; denn das Latein, das er schreibt, ist durchaus der originelle Ausdruck seiner Persönlichkeit. Er konnte sich jedoch dieses Widerspruchs nicht bewußt werden, denn er glaubte mit der „Restitutio“ der Sprache ihren ursprünglichen Sinn zurückgegeben, nicht aber derselben ihre Freiheit genommen zu haben.

Die „Elegantiae“, die Vallas Namen unter seinen Zeitgenossen berühmt gemacht haben, lassen in aller Deutlichkeit die Problematik der humanistischen Rhetorik erkennen. Je weiter die Rhetorik ausgebaut und bis in alle Einzelheiten vervollkommnet wurde, desto geringer wurde die Möglichkeit zur Entfaltung eines individuellen Stils und desto mehr gewann der Ciceronianismus die Oberhand. Zusammen mit dem individuellen Stil schwand die innere Bezogenheit zum Gegenstand. Ciceros Warnung vor einer Redekunst ohne Sachkenntnis wurde nicht genügend beachtet; die Verbindung zwischen „verba“ und „res“ lockerte sich immer mehr, was schließlich zur Entartung des Humanismus in einen bloßen Formalismus führen sollte.

Der Humanismus erkannte jedoch diese Gefahr gerade in seinen besten Köpfen. An der Kritik am Ciceronianismus und am Formalismus entzündet sich das literarästhetische Denken. Wenn Guarino Guarini die segensreiche Wirkung der Rhetorik in enger Anlehnung an Cicero preist,[51] so ist es ihm damit zweifellos ernst. Seine ganze Pädagogik [52] beruht auf der Überzeugung von der sittigenden Macht der rhetorischen Studien. Ihm ist das Ideal des tugendhaften Redners, wie es Cicero und Quintilian geprägt haben, keine literarische Formel, sondern ein Erziehungsziel. Daher beklagt er auch in

---

[50] Ibid.

[51] Vgl. R. Sabbadini, La scuola e gli studi di Guarino Guarini Veronese. Catania 1896, 61 ff.

[52] Vgl. G. Saitta, L'educazione dell'umanesimo in Italia. Venezia 1928, 91 ff.

einer Invektive gegen Niccolò Niccoli dessen tadelnswertes Privatleben, weil dadurch die humanistischen Studien in Mißkredit gebracht werden: „... huius nostri (Nicolai) non Diogenis sed Cynici ceterorumque similium exemplo improbitatem ac vitia mortalibus doctrinae ope non solum non reprimi aut extingui, verum in peius efferri et augeri vulgus suspicatur; cernitque hoc pacto quosdam studio deditos peccandi sibi licentiam usurpare... Idcirco non vitae ornamentum non parentem honestatis eruditionem vulgus existimat, sed novercam potius hominibus comparatam, sociam superbiae, detrectationis alumnam, hostem veritatis inventam esse clamitat" [53].

Seine Bestätigung findet dieser in der Pädagogik wurzelnde Protest gegen eine nur formale Auslegung der „studia humanitatis" im Stil von Guarinos Briefen: „Guarino non fu e non volle essere ciceroniano" [54]. Aber auch Poggio Bracciolini, der sich im Gegensatz zu Guarino ausdrücklich zum Ciceronianismus bekannte,[55] schreibt einen höchst persönlichen Stil, ohne daß er sich über dessen Verhältnis zu Cicero Rechenschaft ablegt. Mit seinen Facetien will er sogar den Beweis erbringen, daß das Latein den gesamten Bereich des menschlichen Lebens auszudrücken vermag, daß man damit nicht nur erhabene, sondern auch als anstößig geltende Dinge wiedergeben kann, ohne daß die Sprache deswegen gemein wird: „Ego quidem experiri volui an multa quae latine dici difficulter existimantur: non absurde scribi posse viderentur: in quibus cum nullus ornatus: nulla amplitudo sermonis adhiberi queat: satis erit ingenio nostro si non inconcinne omnino videbuntur a me referri" [56].

Die literarästhetische Begründung für ihr Abweichen vom Ciceronianismus, die man bei Guarino und Poggio vergeblich sucht, bot Angelo Poliziano. Er bejaht durchaus die Rhetorik in ihren segensreichen Wirkungen: „nulla umquam profecto vitae pars, nullum tempus est, nulla fortuna, nullae aetates, nullae denique nationes, in quibus non, cum maximas dignitates summosque honoris gradus facultas oratoria consecuta sit, tum non suis modo sed privatorum quoque et plurimorum atque adeo universae civitatis rationibus plurimum contulerit" [57]. Er verehrt Cicero als großen Stilisten und empfiehlt ihn angelegentlich zur Lektüre. Aber Polizianos dichterische Begabung lehnt sich gegen den Zwang einer bis in alle Einzelheiten festgelegten Imitatio auf. So kommt es zu der ersten größeren Polemik über den Ciceronianismus.[58]

In einem programmatischen Schreiben an Paolo Cortesi, einem überzeugten Ciceronianer, der ihm eine Briefsammlung übersandt hatte, geißelt er die

[53] Epistolario di Guarino Veronese, raccolto ordinato illustrato da R. Sabbadini. Venezia 1915—1919, I, 35 f.

[54] R. Sabbadini, La scuola ... a. a. O. 78.

[55] „Quicquid in me est, hoc totum acceptum refero Ciceroni, quem elegi ad eloquentiam docendum" (R. Sabbadini, Storia del ciceronianismo a. a. O. 20).

[56] Liber facetiarum. Venetiis 1470, Praef.

[57] Oratio super Fabio Quintiliano et Statii Sylvis, in Opera. Lugduni 1528, II, 385.

[58] Vgl. R. Sabbadini, Storia del ciceronianismo a. a. O. 32 ff.; Gmelin, Das Prinzip der Imitatio a. a. O. 181 ff.

Methode des Ciceronianismus mit scharfen Worten: „Mihi certe quicumque tantum componunt ex imitatione, similes esse vel psitaco, vel picae videntur, proferentibus quae nec intelligunt“ [59]. Ihm erscheint eine solche Unterdrückung der eigenen Persönlichkeit untragbar. Wenn er schreibt, so will er sich selbst, sein eigenes Ich ausdrücken: „Nam exprimis (inquit aliquis) Ciceronem. Quid tum? Non enim sum Cicero, me tamen (ut opinor) exprimo“ [60]. Er bestreitet nicht, daß man seinen Stil durch entsprechende Lektüre schulen soll. Aber diese Lektüre soll sich auf alle guten Autoren erstrekken, nicht nur auf Cicero. Wenn man dann nach diesen Studien daran geht, selbst zu schreiben, soll man die Vorbilder vergessen und seinen eigenen Stil entfalten.

Cortesi besteht in seiner Antwort darauf, daß die Nachahmung ein Naturgesetz sei, dem sich jeder Dichter zu unterwerfen habe. Da nun Cicero derjenige Klassiker wäre, der der Nachahmung am würdigsten erscheine, sei die Cicero-Imitatio eine Forderung, der sich kein Humanist entziehen könne. Das besagt aber nach Cortesi nicht, daß man wie ein Affe Cicero nachahmen solle, vielmehr müsse das Verhältnis zwischen Vorbild und Nachahmung dem zwischen Vater und Sohn entsprechen: „Similem volo, mi Politiane, non ut simiam hominis, sed ut filium parentis“ [61]. Wenn Cortesi hier den von Seneca und Petrarca gebrauchten Vergleich wieder aufnimmt, schwächt er damit seine eigene These ab. Wie jedoch der Schluß des Briefes zeigt, hält er die strenge Imitation für unerläßlich, um einer Verwilderung des Stils entgegenzuwirken. „Qui autem neminem imitari et sine cuiusquam similitudine laudem consequi videri volunt, nihil (mihi crede) roboris aut virium, in scribendo prae se ferunt“.[62] Dieses Schwanken im Urteil entspringt einem Mangel an Entschiedenheit, der Cortesis Brief als das Erzeugnis eines engen unselbständigen Geistes kennzeichnet im Gegensatz zu Polizianos kühnem Protest des schöpferischen Menschen.

Wenn in Poliziano der geniale Künstler gegen die Einengung seines Schaffens protestiert, so spricht aus Giovanni Pico della Mirandolas Kritik an der humanistischen Rhetorik der originelle Denker, dessen Erkenntnisdrang die Grenzen des Bereichs der humanistischen Bildung gesprengt hat. Seine Erwiderung auf die Angriffe des mit ihm befreundeten Humanisten Ermolao Barbaro gegen die Philosophenschule von Padua [63] weitet sich zu einer prinzipiellen Auseinandersetzung mit dem humanistischen Wissensbegriff. Für Barbaro bildeten Philosophie und Rhetorik eine untrennbare Einheit: „philo-

---

[59] Angeli Politiani Epistolarum libri XII. Lugduni 1536, VIII, 15.

[60] Ibid.

[61] P. Cortesius A. Politiano suo, in Politiani Epistolarum libri a. a. O. VIII, 16.

[62] P. Cortesius A. Politiano suo a. a. O.

[63] Diese Angriffe sind enthalten in einem von Barbaro an Pico gerichteten Brief, abgedruckt in Illustrium Virorum Epistolae ab Angelo Politiano partim scriptae partim collectae. Lugduni 1536, IX, 282 ff.

sophia ornari se non modo patitur, sed amat ... et laborat".[64] Philosophen, die in ihrem Stil nicht den Regeln der Rhetorik gefolgt sind, werden von ihm als barbarisch verachtet. Demgegenüber rechtfertigt Pico seine Beschäftigung mit den barbarischen, d. h. nicht klassisches Latein schreibenden Philosophen des Mittelalters damit, daß er die Richtigkeit der humanistischen These von der notwendigen Verbindung von „sapientia" und „eloquentia" bestreitet.[65] In der Philosophie kommt es nicht auf stilistische Eleganz, sondern auf sachliche Genauigkeit des Ausdrucks an. „Quaerimus nos quidnam scribamus, non quaerimus quomodo; immo quomodo quaerimus, ut scilicet sine pompa et flore ullo orationis, quam nolumus ut delectabilis, venusta et faceta sit, sed ut utilis, gravis et reverenda, ut maiestatem potius ex horrore, quam gratiam ex mollitudine consequatur".[66] Von einem Philosophen hat auch Cicero nicht Beredsamkeit, sondern Sachkenntnis gefordert. Rhetorische Floskeln sind in einer philosophischen Abhandlung nicht nur überflüssig, sie beeinträchtigen sogar das Verständnis, da sie die Aufmerksamkeit des Lesers ablenken. Die Wahrheit spricht für sich selbst und bedarf keines besonderen Schmuckes. „Quantum de ea (philosophia) veles, tantum de forma veles, tantum de laude minuas; sinceram et impermixtam se haberi vult; quicquid admiscas, infeceris, adultaveris, aliam feceris. Stat puncto insectili et individuo. Quapropter nec ludentdum tropis, nec verbis aut nimiis luxuriandum, aut translatis lasciviendum, aut factitiis audendum in re tam seria, tanti discriminis, in qua demere, addere, demutare aliquid sit flagitium".[67] Als Beweis für die Wirkung der jeden rhetorischen Schmucks baren Wahrheit nennt Pico die Hl. Schrift, deren Worte, obwohl sie einfach und schlicht sind, doch zu Herzen gehen.[68]

Durch diesen Angriff auf die Eloquenz wird zugleich die Stellung des Lateins als der beherrschenden Bildungssprache des italienischen Humanismus erschüttert. Die philosophische Erkenntnis ist in ihrem Ausdruck an keine bestimmte Sprache gebunden. „Dicet Arabs eandem rem, dicet Aegyptius, non dicent latine, sed tamen recte"[69]. Die Wahrheit, die der Mensch findet, ist überall unmittelbar zu Gott. Pico spricht im Namen eines höheren

---

[64] Ibid. 284.

[65] Picos 1485 verfaßter Brief an Ermolao Barbaro „de genere dicendi philosophorum" wird zitiert nach dem Abdruck in E. Garin, Filosofi italiani del' 400. Firenze 1942, 428—445.

[66] a. a. O. 432 u. 434.

[67] a. a. O. 440.

[68] Die Vertreter der theologischen Poetik unter den Humanisten (s. u. S. 76 ff.) ziehen zur Verteidigung ihres entgegengesetzten Standpunktes gleichfalls die Bibel heran, indem sie nun gerade auf deren poetische Qualitäten hinweisen, die in keinem Widerspruch zur göttlichen Wahrheit stehen.

[69] a. a. O. 440.

Humanismus: „Non est humanus qui sit insolens politioris literaturae, non est homo qui sit expers philosophiae“ [70].

Giovanni Picos antirhetorische Polemik wird von seinem Neffen Gian Francesco fortgeführt in seiner Diskussion mit Bembo über das Problem der Imitatio.[71] Wieder ist es der Philosoph, der sich gegen den humanistischen Stilisten wendet. In einem an Bembo gerichteten Brieftraktat, betitelt „De Imitatione“ (1512), fordert Pico, jedermann solle in Bezug auf den Stil seinem Instinkt folgen. An die platonische Ideenlehre anknüpfend, behauptet er, dem Menschen sei die Idee der „eloquentia“ eingeboren: „Imitari itaque eam debemus quam animo scilicet gerimus dicendi perfectam facultatem“.[72] Damit ist eigentlich das Prinzip der Imitatio ad absurdam geführt; es gibt keine allgemein gültigen Vorbilder; jeder verwirklicht sich selbst in seinem Stil.

Das hatte auch Poliziano behauptet; obwohl Gian Francesco Pico das humanistische Bildungsideal noch viel schärfer als sein Onkel kritisiert, verbindet ihn mit dem humanistischen Dichter das gleiche Selbstbewußtsein. In seltsamem Widerspruch zu der pessimistischen Einschätzung des Menschen, wie sie sich aus seinem Erkenntnisnihilismus ergibt, versichert Pico, die Natur sei in seiner Zeit durchaus nicht so erschöpft, daß sie keine Ingenien mehr hervorbringen könne, im Gegenteil, die Zahl der Ingenien nehme eher zu, als daß sie geringer würde und sein Jahrhundert kenne vieles, was das Altertum trotz seiner Gelehrsamkeit nicht gewußt habe.[73]

In seiner Erwiderung [74] versucht nun Bembo gleichfalls mit Hilfe der platonischen Ideenlehre den umgekehrten Beweis zu führen, nämlich die Theorie der Imitatio zu rechtfertigen. Wie es nur e i n e Idee der Gerechtigkeit gäbe, so auch nur e i n e Idee des vollkommenen Stils, eine „recte scribendi species“. Diese aber habe Cicero vor Augen gehabt wie kein anderer. Daher sei die Nachahmung Ciceros der einzig mögliche Weg, der zu einem vollkommenen Stil führe. „Imitator“ erscheint Bembo als ein „Ehrentitel“.[75] Der Imitator gleicht dem Maler, der sein Modell in allen Einzelheiten genau abbildet.[76]

Wenn Bembo ausführlich beschreibt, wie er selbst sich vergeblich um einen eigenen Stil bemüht, dann auf einen solchen bewußt verzichtet und Cicero zum allein maßgebenden Vorbild erwählt habe,[77] kennzeichnet er damit die Haltung, die die überwiegende Mehrheit der italienischen Humanisten im 16. Jahrhundert einnimmt. Der schöpferische Impuls versiegt allmählich;

---

[70] Vgl. Sabbadini, Storia del ciceronianismo a. a. O. 46 ff.; Gmelin, Das Prinzip der Imitatio a. a. O. 184 ff. Garin, Der italienische Humanismus a. a. O. 159 ff.

[71] in Bembi Epistolae et opuscula, ed. Argentori. 1611, 713—726.

[72] a. a. O. 717.

[73] a. a. O. 719 f.

[74] Epistolae et opuscula a. a. O. 726 ff.

[75] Gmelin a. a. O. 189.

[76] Epistolae et opuscula a. a. O. 729, 735.

[77] In Bezug auf die Prosa; für den epischen Stil empfiehlt er Virgil als Vorbild.

die Bewegung erstarrt in Formalismus. Der weitere Ausbau des Ciceronianismus hat auf die Entwicklung der italienischen Dichtungslehren keinen nennenswerten Einfluß mehr gehabt. Nicht mehr die Rhetorik, sondern die humanistische Interpretation der aristotelischen Poetik steht im 16. Jahrhundert im Mittelpunkt der dichtungstheoretischen Diskussionen.

2. *Die Verteidigung der Poesie*

Bei der Ausarbeitung der Rhetorik erscheint den Humanisten die Dichtung in erster Linie als ein stilistisches Problem, das mit Hilfe der Imitatio zu lösen ist. Aber neben diese Einstellung zur Dichtung tritt von Anfang an eine andere, die nicht nach den Regeln für das „richtige" Dichten fragt, sondern nach dem Wesen des Dichters und seiner Tätigkeit. Wie schon vor ihnen die mittelalterlichen Dichter stellen die Humanisten diese Frage meist im Zusammenhang mit der Verteidigung der Poesie gegen die von ihren Gegnern erhobenen Vorwürfe.

Diese Vorwürfe lassen sich zum größten Teil bis ins Altertum zurückverfolgen. So hatte schon das Altertum den Dichtern vorgeworfen, sie wären Lügner. Dieser Vorwurf war philosophisch erhärtet worden durch die Stellung, die der Kunst und damit auch der Dichtung als Mimesis in der platonischen Erkenntnistheorie zugewiesen wird.[78] Indem die Kunst die sichtbare Welt nachahmt, entfernt sie sich noch um einen weiteren Grad von der Wahrheit, da ja die Welt der Erscheinungen an sich schon nur ein Abbild der durch die Ideen repräsentierten wahren Welt ist und die Kunst somit nur das Abbild eines Abbildes darstellt. Mit diesem erkenntnistheoretischen verbindet sich bei Platon auch ein ethischer Einwand gegen die Dichtung: Diese beeinflußt die Kräfte des vernünftigen Seelenteils in schädlicher Weise, sie fördert damit die schlechten Triebe im Menschen und untergräbt die Moral. Die Dichtung ist ferner auch dadurch unschicklich, daß sie den Göttern und Heroen Laster und Leidenschaften der menschlichen Natur zuschreibt und gegen das Gerechtigkeitsgefühl verstößt, wenn sie die Bösen glücklich und die Guten unglücklich zeichnet. Daher werden die Dichter aus Platons Staat verbannt.[79]

In dem Bemühen, die Dichter gegen eine solche Kritik zu rechtfertigen, berief man sich schon im Altertum auf die Allegorese. „Eine wichtige Funktion der Allegorese ... ist die Verteidigung anstößiger Stellen in den Dichtern".[80] Im Gegensatz zu Platon, der im „Staat" der Poesie die Berechtigung zum Lehramt bestreitet, entsteht eine pädagogische Dichtungstheorie, welche

[78] Vgl. G. Finsler, Platon und die aristotelische Poetik. Leipzig 1900.

[79] Es handelt sich hier nur darum, Platons Einwände gegen die Dichtung anzuführen, nicht aber eine Darstellung von Platons Verhältnis zur Dichtung zu geben.

[80] J. C. Joosen u. I. H. Waszink, Allegorese, in Reallexikon f. Antike u. Christentum a. a. O. 283.

die Aufgabe der Dichtung darin sieht, in gefälliger Form, bzw. unter der Hülle der Allegorie moralisch nützliche Lehren zu verbreiten; eine Theorie, die ihre klassische Formulierung in den bekannten Versen der Poetik des Horaz gefunden hat: „Aut prodesse volunt aut delectare poetae" und „Omne tulit punctum, qui miscuit utile dulci".[81]

Mit dem Aufkommen des Christentums erfolgte die Verteidigung der Poesie im Rahmen der Rechtfertigung der antiken Bildung überhaupt.[82] Das Studium der antiken Philosophie und Literatur wurde damit begründet, daß man die dabei gewonnenen Kenntnisse zum Verständnis der Hl. Schrift benötigte. Das besagt zugleich, daß in der Bibel auch die Stilgesetze der antiken Rhetorik galten. In der Tat schreibt Augustinus: „sciant autem litterati modis omnibus locutionis, quos grammatici graeco nomine tropos vocant, auctores nostros (d. h. die biblischen Schriftsteller) usos fuisse".[83] Die Bibel kann sich nach Augustins Meinung in Bezug auf ihre sprachliche Kunst durchaus mit der heidnischen Literatur messen.[84] Auch Hieronymus sieht die Bibel nicht nur als Heilsurkunde, sondern als Literaturdenkmal an und weist darauf hin, daß einzelne Teile der Bibel in Versen abgefaßt sind.

Außer der Bibelpoetik enthielt die Patristik ein weiteres für die Verteidigung der Poesie wichtiges Argument: den Begriff des „poeta theologus", des Dichtertheologen. Der Begriff war in Griechenland geprägt worden. Während aber Aristoteles, der den Begriff in seiner Metaphysik verwendet hat, als Dichtertheologen die wissenschaftlich nicht ernst zu nehmenden Vertreter der „archaischen Naturlehre" [85] bezeichnet, wird die Lehre von der Dichter-Theologie in der christlichen Umdeutung ins Positive gewendet: Die Dichtkunst erscheint durch die Verbindung mit der christlichen Gotteslehre nicht nur legitimiert, sondern zur höchsten Würde erhoben. Theologie und Poesie werden miteinander verschmolzen.

Unter diesem Gesichtspunkt hat Dante seine dichterische Mission gewertet. Es war daher durchaus in seinem Sinne, wenn er in der von Giovanni del Virgilio verfaßten Grabschrift als „Theologus Dantes" bezeichnet wurde:

> Theologus Dantes, nullius dogmatis expers,
> quod foveat claro philosophia sinu:
> gloria musarum, vulgo gratissimus auctor,
> hic iacet, et fama pulsat utrumque polum:
> qui loca defunctis gladiis regnumque gemellis
> distribuit, laicis rhetoricisque modis.[86]

---

[81] Ad Pisones vv. 333 u. 343.

[82] Vgl. E. R. Curtius, Das mittelalterliche Bildungswesen und die Grammatik, in Romanische Forschungen 60 (1947), 1—26; Europäische Literatur ... a. a. O. 47 ff.

[83] De doctrina christiana III, 29; zit. bei Curtius, Europäische Literatur ... a. a. O. 48.

[84] De doctrina christiana IV, 6, 7—9, 21.

[85] Curtius, Europäische Literatur ... a. a. O. 223.

[86] zit. bei G. Boccaccio, Vita di Dante, in Il Commento alla Divina Commedia e gli altri scritti intorno a Dante, a cura di D. Guerri. Bari 1918, I, 27.

Der wissende Dichter spendet durch sein Werk Belehrung, die aus philosophischen und theologischen Wahrheiten besteht.

Als Albertino Mussato den gleichen Begriff des Dichtertheologen in das Zentrum seiner Auffassung von der Dichtkunst stellt, geschieht es nicht, um einen großen Toten zu ehren, sondern um eine neue im Erwachen begriffene Geisteshaltung zu rechtfertigen. Albertino Mussato war der bedeutendste Vertreter eines Kreises von gelehrten Schriftstellern und Dichtern, die in Padua in der zweiten Hälfte des 13. Jahrhunderts das Studium der antiken Autoren pflegten und damit die Bewegung des italienischen Humanismus einleiteten.[87] Er versuchte als „poeta et historiographus Paduanus",[88] die Hauptformen der klassischen römischen Literatur zu neuem Leben zu erwecken, indem er sich in seiner Geschichte Heinrichs VII., der „Historia Augusta", und seiner Darstellung der Ereignisse in Italien vom Tode Heinrichs VII. bis zum Jahre 1329 „De gestis Italicorum post mortem Henrici VII."[89] seinen großen Landsmann Livius zum Vorbild nahm, in seiner Tragödie[90] „Eccerinis" Seneca und in seinen Distichen Ovid nachahmte. Wenn auch diese Versuche scheiterten, so sind sie doch bedeutsam als Zeugnisse für den Mussato beseelenden Willen zur Erneuerung der Literatur an Hand der antiken Vorbilder.

Aus dieser humanistischen Gesinnung muß auch Mussatos Dichtungslehre gedeutet werden. Den Anlaß, sich zum Problem der Dichtung zu äußern, bot ihm einerseits seine Dichterkrönung, anderseits die daran anschließende Polemik mit dem Dominikaner Giovannino da Mantova und dem Richter Giovanni di Vigonza. Durch die im Jahre 1315 zu Padua feierlich vollzogene Dichterkrönung wurde diese antike Form der Dichterehrung zu Beginn des Humanismus erneuert. Wenn hierbei das dichterische Schaffen durch eine besondere Zeremonie vor aller Augen geehrt, mußte dies die soziale Stellung des Dichters gegenüber dem Mittelalter verändern. In der Tat wurde Mussato von seinen Mitbürgern nahezu vergöttert; „jährlich am Weihnachtstage kamen Doktoren und Scholaren beider Kollegien der Universität in feierlichem Aufzug mit Posaunen und, scheint es, mit brennenden Kerzen vor sein Haus, um ihn zu begrüßen und zu beschenken".[91] Durch die Krönung mit dem Lor-

[87] „Lovato e il Mussato sono i principali rappresentanti di quel cenacolo padovano che è forse la prima vera manifestazione dell'umanesimo in Italia" (R. Weiss, Il primo secolo dell'umanesimo. Studi e testi. Roma 1949, 54); vgl. zu Mussato auch R. Weiss, The Dawn of Humanism in Italy. London 1947, 6—11.

[88] Diesen Titel legt er sich in Urkunden zu, vgl. A. Gaspary, Geschichte der italienischen Literatur. Berlin 1885, I, 400.

[89] Von den zwölf Büchern, die das Werk umfaßt, sind drei (Buch 9—11) in Hexametern geschrieben und stellen wahrscheinlich Fragmente eines geplanten größeren Epos nach antikem Muster dar; vgl. A. Belloni, Il poema epico e mitologico. Milano o. J., 58 f.

[90] s. u. S. 154.

[91] Jacob Burckhardt, Die Kultur der Renaissance in Italien. Hsg. v. W. Kaegi. Stuttgart 1930, 104.

beer wird dem Dichter eine öffentliche Anerkennung zuteil, die seinem durch das Studium der Antike gesteigerten Verlangen nach Ruhm Rechnung trägt:

Utque viret Laurus semper, nec fronde caduca
Carpitur, aeternum sic habet illa decus.
Inde est, ut Vatum cingantur tempora Lauro,
Pergat ad aeternos ut sua fama dies.[92]

Wenn Mussato in der Kreisform des Lorbeerkranzes ein Symbol der Ewigkeit, im Duft der Lorbeerblätter ein Symbol für die Süße des Ruhms erblickt, bedient er sich wie später auch Petrarca und Boccaccio einer der mittelalterlichen Naturbetrachtung eigenen Deutungsweise,[93] um den für die neue Geisteshaltung charakteristischen Ruhmesbegriff zu versinnbildlichen.

Der Dichter ist nicht nur der Träger, er ist auch der Spender des Ruhms. Dieser Gedanke, der seit Homer nicht mehr völlig aus dem abendländischen Bewußtsein geschwunden war,[94] gewann für den Menschen der Renaissance eine zentrale Bedeutung: Sein „Durst nach Größe" [95] fand hier die Möglichkeit einer das irdische Dasein überdauernden Verewigung der eigenen Persönlichkeit. So kann Ferreto de'Ferreti, ein Mussato nahestehender Humanist aus Vicenza, Mussato bitten, einen verstorbenen Freund im Lied Unsterblichkeit zu verleihen:

Tu quoque perpetuam rebus dare carmine famam
Et potes et nosti.[96]

Wie wichtig auch Mussato diese dichterische Aufgabe erscheinen mochte, zog er es doch vor, die Poesie nicht als Lobrede auf edle Menschen, sondern als Künderin göttlicher Wahrheiten zu rechtfertigen. Ausgangspunkt ist die schon erwähnte Bemerkung des Aristoteles über die Dichter-Theologen.[97] Mussato erblickt darin eine Bestätigung dafür, daß die Dichtung göttlichen Ursprungs ist:

Haec fuit a summo demissa scientia caelo,
Cum simul excelso ius habet illa Deo.[98]

---

[92] Albertini Mussati Historia Augusta Henrici VII Caesaris et alia quae extant opera. Venetiis 1636, ep. IV.

[93] Eine ausführliche Theorie über den Lorbeer findet sich bei Rab. Maurus De univ. XIX, VI. Bd. V. Sp. 512 in der Ausg. Migne, vgl. Voßler, Poetische Theorien a. a. Q. 12.

[94] Vgl. Curtius, Dichtung als Verewigung, in Europäische Literatur ... a. a. O. 471 f.

[95] Burckhardt a. a. O. 110.

[96] Ferreto, in Muratori, Rer. ital. script. IX, 1187; zit. bei Vossler, Poetische Theorien a. a. O. 13.

[97] Vgl. Curtius, Theologische Poetik im italienischen Trecento a. a. O.; Europäische Literatur ... a. a. O. 219 ff.; Vossler, Poetische Theorien a. a. O. 4 ff.; G. Vinay, Studi sul Mussato: I. Il Mussato e l'estetica medievale, in Giornale storico della letteratura italiana 126 (1949), 113—159, bringt für unsere Fragestellung nichts Neues.

[98] Ep. IV a. a. O.

Die Poesie ist nur eine andere Form der Theologie:

> Illa igitur nobis stat contemplanda Poësis,
> Altera quae quondam Theologia fuit.[99]

Gleichzeitig ist sie auch eine andere Form der Philosophie:

> Hi ratione carent, quibus est invisa Poësis,
> Altera quae quondam philosophia fuit.[100]

Poesie, Theologie und Philosophie bilden also eine Einheit. Die Dichtung erfüllt, wenn auch in anderer Form, dieselbe Aufgabe wie Theologie und Philosophie; sie lehrt uns unter dem Schleier der Allegorie das, was Theologie und Philosophie direkt sagen. Das gilt nach Mussato nicht nur für die christliche Dichtung, sondern auch für die heidnische. Mussato weist darauf hin, daß der Ruhm der großen Dichter des Altertums unbestritten und der tiefere Sinn, der den Werken eines Homer und eines Virgil zu Grunde liegt, immer wieder anerkannt worden sei. Was die heidnische Mythologie anbelangt, so sucht Mussato sie mit Hilfe der Allegorie mit der Bibel in Einklang zu bringen:

> Quae Genesis planis memorat primordia verbis,
> Nigmate maiori mystica Musa docet [101]

So wird z. B. der Kampf der Giganten gegen Jupiter in Parallele zum Turmbau von Babel, die Bestrafung des Lycaon durch Jupiter in Parallele zum Sturz Luzifers gesetzt.

Aber auch die dichterische Form erscheint durch die Bibel gerechtfertigt: Große Teile des Alten Testaments zeigen metrische Versmaße; das Hohe Lied Salomonis ist eins der vielen Beispiele für die in der Bibel enthaltene Dichtung. Wenn Christus in Gleichnissen sprach, bediente er sich damit einer der Poesie verwandten Form.

Indem Mussato mit Hilfe dieser theologischen Poetik seinen dichterischen Beruf theoretisch begründet und ihn gegen die Kritik eines Mönchs und eines Juristen verteidigt, stellt er damit die Elemente einer überlieferten Dichtungstheorie in den Dienst einer neuen Aufgabe, der Rechtfertigung seines humanistischen Anliegens. Darum ist auch Mussatos Poetik „moderner" als die seines Gegners Fra Giovannino, mochten auch die Argumente, mit denen der Dominikaner Mussatos Auffassung von der Dichtung als einer „ars divina" zu widerlegen suchte, im wesentlichen der thomistischen Philosophie entnommen [102] und daher weit jünger sein als die auf die Patristik zurückgehende „theologische Poetik", die es Mussato gestattete, dem ästhetischen Lebensideal eines neu anbrechenden Zeitalters die höchste Weihe zu geben.[103]

---

[99] Ep. VII a. a. O.

[100] Ep. IV a. a. O.

[101] Ep. IV a. a. O.

[102] Curtius, Theologische Poetik a. a. O.; Europäische Literatur ... a. a. O., 222 ff.

[103] Vgl. G. Saitta, Il pensiero italiano nell'umanesimo e nel rinascimento. Vol. I. L'umanesimo. Bologna 1949, 7 ff.

So erklärt es sich, daß die „theologische Poetik" auch nach Mussato bei den humanistischen Dichtern hoch in Ehren steht und weiterhin das Fundament bildet, auf dem die humanistische Verteidigung der Poesie ruht.[104]

Das Selbstbewußtsein des humanistischen Dichters war in Petrarca noch weit stärker entwickelt als in Mussato. Kraft seines persönlichen Verhältnisses zu den Autoren der Antike fühlte er sich über seine Zeit erhaben. Sein außergewöhnliches Einfühlungsvermögen, seine „wunderbare geistige Weichheit und Durchlässigkeit" [105] machen es ihm möglich, in der Antike ein zweites Leben zu leben, indem er sich von der verachteten zeitgenössischen Umwelt weitgehend löst. So betrachtet, wird ihm sein Schaffen zu einer romantischen Flucht aus der Gegenwart in eine ideale Vergangenheit: „inter scribendum cupide cum maioribus nostris versor uno quo possum modo; atque hos, cum quibus iniquo sidere datum erat ut viverem, libentissime obliviscor; inque hoc animi vires cunctas exerceo, ut hos fugiam, illos sequar. Sicut enim horum graviter conspectus offendit, sic illorum recordatio magnificique actus et clara nomina incredibili me afficiunt atque inextimabili iocunditate".[106] Die klassischen Autoren gehen ihm in Fleisch und Blut über: „Hec se michi tam familiariter ingessere, et non modo memorie sed medullis affixa sunt, unumque cum ingenio facta sunt meo, ut etsi per omnem vitam amplius non legantur ipsa quidem hereant actis in intima animi parte radicibus".[107] Gegenüber den im oberflächlichen Genuß falscher Freuden verstrickten Zeitgenossen, die wie wandelnde Leichname wirken, erscheinen ihm die klassischen Autoren als die wahrhaft Lebenden.[108] Aus dieser Stimmung heraus schreibt Petrarca Briefe an Cicero, Seneca, Varro, Quintilian, Livius, Pollio, Horaz, Virgil und Homer,[109] gibt seinen Freunden klassische Namen und läßt sich selbst von ihnen Cicero nennen. Seine Bibliothek, in der die alten Autoren zu ihm sprechen, liebt er leidenschaftlich und ist stets auf ihre Vermehrung bedacht.

Eine solche dichterische Existenz, die ihre eigentliche Würde von der Antike her erhält, muß auch in der Theorie mit der Antike in Zusammenhang gebracht werden. In der „Dedalus" betitelten Ekloge führt Petrarca seine dichterische Inspiration auf die mythische Gestalt des kunstreichen Dädalus zurück, der, wie Virgil im vierten Buch der „Aeneis" berichtet, nach seiner Flucht von Kreta nach Cumae kam und dort Apollo, dem Gott der Dichtkunst, den ersten Tempel in Italien errichtete. Als eine Gabe aus den Händen des Dädalus empfängt Petrarca schon als Knabe die Leier und übernimmt

[104] Im Bereich des „cenacolo padovano" hat außer Mussato auch Lovato de'Lovati die klassische Dichtung verteidigt, jedoch bei weitem nicht so ausführlich wie Mussato und ohne wesentlich neue Argumente.

[105] H. W. Eppelsheimer, Petrarca. Bonn 1926, 184.

[106] Fam. VI, 4.

[107] Fam. XXII, 2.

[108] Vgl. Fam. VI, 4.

[109] Vgl. Fam. XXIV, 3—12.

damit zugleich die Verpflichtung, der Poesie ungeachtet aller Schwierigkeiten zu dienen.[110]

In diesem Sinn deutet Petrarca sein Verhältnis zur Dichtkunst auch in der lateinischen Rede, die er am 8. April 1341 anläßlich seiner Dichterkrönung auf dem Capitol hielt.[111] Unter dem Virgil [112] entnommenen Motto „sed me Parnassi deserta per ardua dulcis raptat amor" feiert er die ihm angeborene Liebe zur Poesie, die sich stärker erwiesen hat als die Widrigkeiten, die sich der Ausübung der Dichtkunst entgegengestellt haben. Neben den materiellen Schwierigkeiten, die er zu überwinden hatte, stellt auch die Poesie als solche an ihre Jünger weit höhere Ansprüche als die anderen Künste; während diese nur Fleiß und Studium erfordern, ist für die Poesie eine von Gott verliehene Begabung nötig. Für diese Auffassung von der Poesie zitiert Petrarca als Autorität den geliebten Cicero.[113] Die Dichter werden bei ihrem Schaffen durch „einen gewissen göttlichen Hauch angeweht" — „divino quodam spiritu afflari" —, und Ennius hat sie daher mit Recht heilig genannt. Die Aufgabe des Dichters wird nach Lactanz [114] bestimmt: „ut ea, quae uere gesta sunt, in alias species obliquis figurationibus cum decore aliquo conuersa traducat, totum autem quod referat fingere, id est ineptum esse et mendacem potius quam poetam". Der Dichter soll unter dem anmutigen Schleier der Fiktion, d. h. in allegorischer Verhüllung,[115] die Wahrheit darstellen; je schwieriger die Auffindung der Wahrheit ist, desto größeren Genuß bereitet die Poesie dem Leser.

Zu dieser Theorie hat sich Petrarca auch an anderer Stelle bekannt; so in einem seiner Briefe: „Officium eius (poetae) est fingere, id est componere atque ornare, et veritatem rerum, vel mortalium, vel naturalium, vel quarumlibet aliarum artificiosis adumbrare coloribus, et velo amoenae fictionis obnubere, quo dimoto veritas eluscescat, eo gratior, quo difficilior sit quaesitu".[116] In gleichem Sinne äußert sich der römische Dichter Ennius gegenüber Scipio im neunten Buch von Petrarcas „Africa" über das Wesen der Dichtung:

> Scripturum iecisse prius firmissima veri
> Fundamenta decet, quibus inde innixus amena
> Et varia sub nube potest abscondere sese.[117]

---

[110] Vgl. zu dieser Interpretation des „Dedalus" C. Calcaterra, Nella Selva del Petrarca. Bologna (1942), 119 ff.

[111] Text der Rede in A. Hortis, Scritti inediti di F. Petrarca. Trieste 1874, 311—328. Näheres über Petrarcas Dichterkrönung bei E. H. Wilkins, The Coronation of Petrarch, in Speculum 18 (1943), 180—185.

[112] Georg. III, 291 f.

[113] Pro Archia poeta 8, 18, 19.

[114] Divinae Institutiones I, 11, in Opera Omnia (corpus scriptorum ecclesiastorum latinorum XIX, 1).

[115] Petrarca hat selbst die allegorische Deutung angewandt (so auf Virgil, vgl. Sen. IV, 4) und sich als Dichter in seinem „Carmen bucolicum" der Allegorie als Kunstmittel bedient.

[116] Sen. XII, 2.

[117] Africa, edizione critica per cura di N. Festa. Firenze (1926), IX, 92—94.

Wiederum wird der Dichter, der nur erfindet, ohne irgendwelche Wahrheiten darzustellen, als Lügner bezeichnet:

Qui fingit quodcumque refert, non ille poete
Nomine censendus, nec vatis honore, sed uno
Nomine mendacis . . .[118]

In dem von den römischen Senatoren Petrarca ausgestellten Krönungsdiplom, dem „Privilegium laureae receptae",[119] wird die gleiche Theorie vertreten. Entgegen der weit verbreiteten irrigen Meinung, die Dichter wären Lügner, wird festgestellt, worin in Wirklichkeit das „poetae officium" besteht: „Ignorant autem poetae officium, sicut ab eruditissimis et sapientissimis uiris accepimus, in hoc esse: ueritatem rei, sub amoenis coloribus absconditam et decora uelut figmentorum umbra contectam, altisonis celebratam carminibus et dulcis eloquii suauitate respergat. Quae quo fit quaesitu difficilior, magis atque inuenta dulcescat".[120]

Wenn Petrarca in dem gleichen Diplom zum „poeta et historicus" proklamiert wird und das Recht erhält, die Dichtkunst und die Kunst der Geschichtsschreibung zu lehren, sowie die Autoren des Altertums zu erklären, so erfährt damit die Aufgabe des Dichters eine bedeutsame Erweiterung: Der Dichter soll die Erinnerung an bedeutsame Ereignisse und Personen der Vergangenheit wachhalten. Das entsprach dem, was auch Petrarca vorher in seiner Rede vom Dichter gefordert hatte. Der Dichter erscheint als „dispensator gloriae". Standbilder von Bronze und Marmor zerfallen; aber das Lied des Dichters verleiht unvergänglichen Ruhm:

. . . ma'l nostro studio è quello
che fa per fama gli uomini immortali.[121]

Durch sein Lied adelt der Dichter nicht nur andere, sondern erwirbt auch selbst unvergänglichen Ruhm, dessen Symbol der Lorbeer ist. Noch ausführlicher als Mussato hat sich Petrarca in seiner Rede über die Gründe verbreitet, warum gerade der Lorbeer zur Auszeichnung des Dichters geeignet sei.[122] Der Name der geliebten Laura ist ihm besonders teuer durch den Anklang an „lauro" (Lorbeer).

Die Verbindung von „ars poetica" und „ars historica", auf welcher der Ruhm des Dichters beruht, sieht Petrarca verwirklicht im historischen Epos,

---

[118] Ibid. IX, 103—105.

[119] Abgedruckt in Petrarca, Opera. Venetiis 1501 am Schluß; Basileae 1554 u. 1581 im 3. Teil vor den lateinischen Gedichten.

[120] Zit. nach der verbesserten Wiedergabe des in den Drucken mehrfach entstellten Textes bei K. Burdach, Rienzo und die geistige Wandlung seiner Zeit. Berlin 1913—1928, 509, Anm. 2.

[121] Son. CIV, in Le Rime Sparse e i Trionfi, a cura di E. Chiorboli, Bari 1930; ähnlich Fam. VII, 15: „Fluxa est hominum memoria, picture labiles, caduce statue, interque mortalium inventa nichil literis stabilius".

[122] Sein Duft ist ein Symbol des Ruhms, sein Schatten erquickt. Sowohl die immergrüne Farbe seiner Blätter, als auch die Tatsache, daß er nicht vom Blitz getroffen wird, sind Symbole der Unsterblichkeit. Wie die Lorbeerblätter nicht verderben, so bewahren die Gesänge der Dichter den eigenen und den fremden Ruhm.

wie er es selbst in seiner „Africa" geschaffen hat. Im zweiten Buch wird der künftige Sänger von Scipios Ruhm angekündigt, den allein die Bewunderung der großen Taten und die Liebe zur Wahrheit zu seinem Lied inspirieren:

In quod eum studium non vis pretiumve movebit,
Non metus aut odium, non spes aut gratia nostri;
Magnarum sed sola quidem admiratio rerum,
Solus amor veri . . .[123]

Auf dem Wege über die „ars historica" findet die dichterische Mission, die Petrarca von Daedalus übertragen worden ist, ihre eigentliche Erfüllung. Als Sänger der Größe Roms wird Petrarca die einst mit Daedalus nach Italien gekommenen, aber längst von dort wieder entflohenen Musen zurückrufen. So lautet die Prophezeiung, die Homer dem Ennius verkündet:

Ille diu profugas revocabit carmine Musas
Tempus in extremum, veteresque Elicone Sorores
Restituet, vario quamvis agitante tumultu;
Francisco cui nomen erit; qui gaudia facta,
Vidisti que cunta oculis, ceu corpus in unum
Colliget: Hispanas acies Libieque labores
Scipiadamque tuum: titulusque poematis illi
Africa . . .[124]

Auf Grund dieser Leistung tritt Petrarca ebenbürtig neben Homer und Ennius, welche gleichfalls jeweils am Beginn einer literarischen Entwicklung stehen, Homer in Griechenland und Ennius in Rom. Als dritter im Bunde eröffnet Petrarca eine neue Blütezeit der Musen, das Zeitalter der Renaissance.

Aber selbst die Berufung auf diese geistigen Ahnen erschien Petrarca nicht ausreichend, um den Dichter gegenüber allen Vorwürfen zu rechtfertigen. Auch Petrarca zieht zur Verteidigung der Poesie die theologische Poetik heran. Sowohl in dem Begleitschreiben [125] zu der seinem in ein Kloster eingetretenen Bruder Gherardo übersandten Ekloge als auch in einer gegen einen Arzt gerichteten Streitschrift [126] erklärt er die grundsätzliche Vereinbarkeit von Dichtung und Theologie. Die ersten Theologen waren Dichter, und aus dieser Zeit stammt der Name „poeta": „et edes amplissimas meditati sunt, que templa dixerunt, et ministros sacros, quos sacerdotes dici placuit, et magnificas statuas et vasa aurea et marmoreas mensas et purpureos amictus; ac ne mutus honos fieret, visum est et verbis altisonis divinitatem placare et procul ab omni plebeio ac publico loquendi stilo sacras superis inferre blanditias, numeris insuper adhibitis quibus et amenitas inesset et tedia pellerentur. Id sane non vulgari forma sed artificiosa quadam et exquisita et nova fieri oportuit, que quoniam greco sermone „poetes" dicta est, eos quoque qui

[123] Africa a. a. O. II, 451—454.
[124] Africa a. a. O. IX, 229—236.
[125] Fam. X, IV.
[126] Invectivarum contra medicum quendam libri IV.

hac utebantur, poetas dixerunt".[127] Die christliche Theologie, wie sie die Bibel enthält, ist gleichsam eine aus Gott kommende Poesie. Die Namen, mit denen Christus in der Bibel bezeichnet wird, wie „Löwe", „Lamm", „Wurm" sind poetisch. Die Gleichnisse, in denen Christus spricht, sind Allegorien. Als Autoritäten für seine Auffassung zitiert Petrarca Ambrosius, Hieronymus und Augustin, d. h. die wesentlichen Vertreter der Bibelpoetik.

Über diese Wiederholung der traditionellen Argumente der theologischen Poetik hinaus setzt sich Petrarca aber noch in den „Invektiven" im einzelnen mit den gegen die Dichtung erhobenen Vorwürfe auseinander. Nachdem er — wie schon in der Rede zur Dichterkrönung — grundsätzlich festgestellt hat, daß der Dichter seine Begabung der Natur verdankt und nicht durch das Studium bestimmter Regeln und die Kunstübung erwirbt, vielmehr wie von einem göttlichen Hauch inspiriert wird — „sic accepimus, caeterarum rerum studia et doctrina et praeceptis et arte constare, Poëtam ipsa natura valere, et mentis viribus excitari, et quasi divino quodam spiritu afflari" [128] — setzt er sich zunächst mit der Kritik auseinander, die Boëthius in seiner „Consolatio Philosophiae" [129] an der Dichtung geübt hat und auf die sich die Gegner der Poesie immer wieder berufen. Petrarca weist darauf hin, daß Boëthius — was auch zutrifft — sich nur gegen die dramatische Dichtung, nicht aber gegen die Poesie im allgemeinen gewandt habe.[130] Ebenso bezieht Petrarca an anderer Stelle [131] auch Platons Verurteilung der Dichtkunst nach dem Vorbild Augustins [132] nur auf das Theater, das er dementsprechend auch selbst als eine unwürdige und unsittliche Kunstübung verurteilt.[133] Wenn man ferner der Dichtung vorwirft, sie habe keinen praktischen Nutzen und sei daher nicht notwendig, so entgegnet Petrarca darauf, die Bewertung einer Tätigkeit dürfe nicht nur von deren praktischem Nutzen abhängen, sonst müßte ja die Arbeit des Bauern am höchsten eingeschätzt werden.[134] Auch daß man die Poesie nicht zu den „artes liberales" zählt, tut nach Petrarcas Meinung ihrer Bedeutung keinen Abbruch; im Gegenteil: „saepe inter magna, non poni, cuiusdam eximiae magnitudinis argumentum est".[135] Man behauptet ferner, die Dichtung sei einem ständigen Wechsel unterworfen. Was

[127] Fam. X, 4.

[128] Invectivarum contra medicum quendam libri quattuor, I, in Opera. Basileae 1581, 1091.

[129] De consolatione Philosophiae I, 1. Prosa.

[130] Invectivae I a. a. O. 1091 f.

[131] Invectivae III a. a. O. 1104 f.

[132] Civ. Dei II, 14.

[133] Den von den Gegnern der Poesie oft zitierten Brief des Hieronymus (an Papst Damasus), in dem die Dichtung eine Speise der Dämonen genannt wird, bezieht Petrarca (Sen. XIV, 11) nur auf die schlechten Dichter, da ja Hieronymus selbst in poetischem Stil geschrieben habe.

[134] Die gleiche Beweisführung in Fam. I, 11.

[135] Invectivae III, a. a. O. 1102; vgl. Sen. XIV, 11: „Dico inter liberales minime numeratam, sed super omnes liberales esse".

sich verändert, so erwidert Petrarca, sind nur die äußeren Formen der Poesie, nicht aber ihr inneres Wesen. Sonst hätte Aristoteles nicht seine Poetik geschrieben.[136] Wer der Dichtung Dunkelheit des Ausdrucks vorwirft, übersieht, daß der schwierige Stil den Leser zu stärkerem Nachdenken anregen soll. Ein letzter Vorwurf, der vor allem Petrarca persönlich traf, richtet sich gegen die Vorliebe der Dichter für ein einsames von der Welt abgeschiedenes Leben. Ein solches Dasein bedeutet nach Petrarca keine Weltflucht, sondern die notwendige Voraussetzung für das Entstehen großer Dichtungen, wobei Petrarca bei seinem starken Selbstbewußtsein hier wohl seine eigene dichterische Existenz im Auge gehabt haben mag.

Man hat Petrarcas „Invectivae", „das eigentliche Manifest der Poetik der Frührenaissance" genannt.[137] In dieser Schrift sind die aus den verschiedensten Quellen entnommenen Argumente zusammengestellt, mit denen der Humanismus in seiner ersten Phase die der „alma poesis" eingeräumte souveräne Stellung zu rechtfertigen suchte. Die Frage, in welchem Verhältnis die hier vertretene Auffassung der Poesie zu der Rhetorik steht, wird jedoch nicht beantwortet.

In einem langen Brief vom 28. Mai 1862 beruhigt Petrarca den mit ihm befreundeten Giovanni Boccaccio, der in einem plötzlichen Entschluß unter dem Eindruck der Ermahnungen eines eifernden Klosterbruders bereit ist, seine Manuskripte zu vernichten und das Dichten aufzugeben. Das Verbot einer Beschäftigung mit der Poesie, das der Mönch Boccaccio auferlegt hatte, mag für andere Altersgenossen Boccaccios gelten, für diesen erscheint es unsinnig: „Nihil enim benefit, quod non et tempore suo fit, sed a puero haustis, uti sobrie, vel in senectutm prohibeatur? Scientem dico, quid ex his ad rerum notitiam, quad ad mores, quid ad eloquentiam, quid postremo ad religionis nostrae patrocinium trahi possit".[138] Weder durch die Ermahnung zur Tugend noch durch das Schreckbild des Todes soll sich Boccaccio von den humanistischen Studien abhalten lassen, die er von Jugend an betrieben hat. Humanistische Studien bedeuteten aber zugleich auch Liebe zur Dichtung.

Diese Liebe zur Dichtung von Jugend an, die Petrarca hier ins Treffen führt, macht Boccaccio selbst zum Ausgangspunkt der autobiographischen Bemerkungen, die er in die „Göttergenealogien" eingeflochten hat. Boccaccio fühlt sich zum Dichter geboren: „me quidem experientia teste ad poeticas meditationes dispositum (natura) exutero matris eduxit, e meo iudicio inhoc natus sum".[139] Vergeblich bemüht sich der Vater, ihn zunächst den Kaufmannsberuf erlernen und dann die Rechte studieren zu lassen. Die in ihm

---

136 Petrarca hat die aristotelische Poetik wahrscheinlich nicht gekannt (s. u. S. 144).

137 K. Borinski, Die Antike in Poetik und Kunsttheorie. I. Leipzig 1914, 110.

138 Sen. I, 4.

139 Genealogiae deorum gentilium XV, 10 (Die Prooemia, Lib. XIV u. Lib. XV, sowie die Conclusio der Genealogiae deorum im Wortlaut des Originals der Laurenziana, in O. Hecker, Boccaccio-Funde. Braunschweig 1902, 162—299; von nun an zitiert als Geneal.).

schlummernde Anlage war bereits zum Durchbruch gekommen, als er kaum das Schreiben gelernt hatte, geschweige denn irgendeine Dichtung gelesen hatte: (Die Parallele zu dem ästhetischen Jugenderlebnis Petrarcas [140] liegt nahe). „Nam satis memor sum, non dum ad septimum etatis annum deueneram, necdum fictiones uideram, non dum doctores aliquos audiueram, uix prima literarum elementa cognoueram, et ecce, ipsa impellente natura, fingendi desiderium affuit".[141] So ist er überzeugt davon, daß Gott ihn zu diesem Beruf bestimmt hat: „cum existimen dei beneplacito me inhac uocatione uocatum".[142] Mehr als bei Petrarca wird bei Boccaccio der überlieferte Topos von der göttlichen Herkunft der Dichtung vom persönlichen Erleben her verlebendigt.

Boccaccios begeistertes Bekenntnis zum Dichterberuf steht im Zusammenhang mit der das 14. und 15. Buch der „Göttergenealogien" zum größten Teil ausfüllenden grundsätzlichen Auseinandersetzung mit dem Problem der Dichtung. Die meisten Gedanken, die Boccaccio hier im Anschluß an „eine umfassend systematische Neubelebung des stärksten Anstoßes der antiken Poesie, der heidnischen Götterwelt" [143] entwickelt und die mit den in seiner Dante-Biographie und seinem Kommentar zur „Divina Commedia" [144] geäußerten Ansichten über das Wesen der Dichtung fast wörtlich übereinstimmen, sind nicht neu, sondern entstammen den vorausgegangenen Polemiken über die Poesie. Boccaccios Verdienst scheint also zunächst nur darin zu bestehen, daß er alle wesentlichen Argumente, welche die Praehumanisten und vor allem Petrarca vorgebracht hatten, unter bestimmten Gesichtspunkten vereinigt.

Die Art, wie Boccaccio die Feinde der Dichter mit sarkastischer Verachtung in ihren Schwächen bloßstellt, erinnert in ihrer Realistik an die genaue Beobachtung des menschlichen Lebens, wie wir sie aus dem „Decameron" kennen. Die harmlosesten Gegner sind die Ignoranten, denen jedes Verständnis für die dichterische Leistung abgeht, da ihnen jede geistige Arbeit sinnlos erscheint. Es folgt die Klasse der Halbgebildeten, die sich über die Dichtung erhaben dünken: „Et, si quando contingat poesis aut poetarum intrare colloquium, tanto cum fastidio illos et poemata, uti integre uiderint omnia et

[140] s. o. S. 54.

[141] Geneal. XV, 10.

[142] Ibid.

[143] Borinski, Die Antike in Poetik und Kunsttheorie a. a. O. 113.

[144] D. Guerri, Il Commento del Boccaccio a Dante. Limiti della sua autenticità e questioni critiche che n'emergono. Bari 1926, hat nachgewiesen, daß der „Comento" in der uns überlieferten Form nicht eine völlig authentische Niederschrift der von Boccaccio auf Einladung der Stadt Florenz gehaltenen Dante-Vorlesungen ist, sondern eine spätere von anderer Hand vorgenommene Bearbeitung der ursprünglichen Aufzeichnungen Boccaccios unter Zuhilfenahme der lateinischen Werke Boccaccios und verschiedener nach Boccaccio erschienener Dante-Kommentare. Uns berührt diese Frage nicht unmittelbar, denn in Bezug auf die Dichtungslehre stimmt der „Comento" mit den in den übrigen Werken enthaltenen Anschauungen überein.

despicienda cognouerint, damnant, uituperant, floccifaciunt, et ase eicere ostendunt, ut uix tollerare possint etiam imprudentes." [145] Mit noch beißenderem Spott überschüttet er die Juristen: Ihr Haupteinwand gegen die Dichtung besteht darin, daß dieselbe keinerlei Geldgewinn abwirft. Das ist erklärlich, denn ihnen fehlt der Sinn für die hohen Ziele, nach denen die Dichter streben.[146] Während die letzteren den Beruf erwählt haben, der den menschlichen Geist in eine höhere Welt führt, „trahentem ad sublimia mentem",[147] verstehen sich die Juristen nur darauf, „nunquid hereditario iure seu enphiteotico potius uel precario titus uel sempronius occupet agellum, num quid certum debitum aut usurarium dicendum sit, nunquid ardens femina solui possit afrigido uiro."[148] Boccaccio geht dann allerdings zu weit, wenn er der Jurisprudenz vorhält, sie sei im Gegensatz zur Poesie gar keine Wissenschaft, da ihr die der Poesie innewohnende Allgemeingültigkeit mangle. Noch gefährlicher als die Juristen waren die frömmelnden und heuchlerischen Theologen: „Hij autem, aduersus quascunque bonas artes coniuratione unanimi facta, ante alia conantur fingere bonum virum, exterminant autem facies suas, ut appareant uigilantes, incedunt insuper deiectis interram oculis, ut nunquam ameditationibus separari uideantur; tardo tamen feruntur gradu, ut sub pondere sublimum speculationum nimio abinsipidis titubare credantur; honesto uestimentorum utuntur habitu, non quia mens honesta sit, sed ut ficta sanctitate decipiant; per rarus est illis sermo grauisque, rogati, non absque premisso suspirio et tempusculo inter posito ac eleuatis incelum oculis paululum responsa concedunt".[149]

Gegenüber den Vorwürfen, die von allen diesen Gegnern gegen die Poesie erhoben werden, gilt es nun dieselbe zu rechtfertigen. Die drei Autoritäten, auf die letzten Endes alle Angriffe auf die Poesie zurückgehen, sind Platon, Boëthius und Hieronymus. Die Gründe, die Boccaccio dagegen ins Feld führt, sind im großen und ganzen die gleichen, wie wir sie bei Petrarca kennengelernt haben,[150] nur daß Boccaccio etwas ausführlicher ist. Zu Platons Absicht, die Dichter aus den Städten zu verbannen, meint er, abgesehen davon, daß Platon sicher nicht alle Dichter ausnahmslos, sondern nur die unwürdigen hätte ausweisen wollen,[151] zögen sich die Dichter freiwillig in die Einsamkeit zurück. Ein erhabenes Beispiel dafür sei Petrarca.[152]

[145] Geneal. XIV, 3.

[146] In ähnlicher Weise wird in der Ekloge „Laurea" dem Streben nach materiellem Gewinn die Genügsamkeit des Dichters, der nicht nach Reichtum trachtet, sondern sein höchstes Glück in der Krönung mit dem Lorbeer findet, gegenübergestellt.

[147] Geneal. XIV, 4.

[148] Ibid.

[149] Geneal. XIV, 5.

[150] Vgl. o. S. 75 ff.

[151] Genauso wie Petrarca (vgl. o. S. 76) interpretierte auch Boccacio diese Platon-Stelle in Unkenntnis des Urtextes. Näheres darüber vgl. A. Hortis, Studi sulle opere latine del Boccaccio. Trieste 1879, 375 ff.

[152] Vgl. Geneal. XIV, 19.

Auch bei der Darstellung der Entstehung der Poesie aus der Theologie kehren ähnliche Gedankengänge wie in Petrarcas Brief an seinen Bruder Gherardo wieder.[153] Der Name Poesie bedeutet ihm wie Petrarca „gewählte Ausdrucksweise“ (exquisita locutio), wofür er ein angeblich sehr altes griechisches Wort „poetes“ als Etymon zitiert. Die (tatsächliche) Ableitung von „poio“ = „fingo“ lehnt er als eine böswillige Erfindung ab, welche die Gegner der Poesie aufgebracht hätten, um durch die Interpretation von „fingo“ als „lügen“ die Dichter herabzusetzen.[154]
Die ersten Dichter geben ihren Gesängen zum Lobe der Gottheit durch Vers und Rhythmus eine gewählte Form. Die Frage, wo diese ersten Dichter aufgetreten sind, wird von Boccaccio nicht ganz eindeutig entschieden. Unter den drei Völkern, die dafür nach der Überlieferung in Betracht kommen, den Babyloniern, den Juden und den Griechen, scheinen ihm die erstgenannten doch zu barbarisch, als daß die Dichtung bei ihnen ihren Ausgang hätte nehmen können; für einen griechischen Ursprung spricht die von Petrarca und Leontius, dem Verfasser einer von Boccaccio benutzten Mythologie, vorgebrachte Theorie; die Entstehung der Dichtung bei den Juden erscheint ihm aber schließlich doch noch glaubwürdiger, sie ist das Werk des Heiligen Geistes, der die Propheten inspiriert hat.[155] Mag sein, daß bei dieser Stellungnahme religiöse Bedenken eine Rolle gespielt haben. In dem Bemühen, einen Ausgleich zwischen den sich widersprechenden Theorien herzustellen, greift Boccaccio die überlieferte Meinung auf, der zufolge der sagenhafte griechische Dichter Musaeus und Moses identisch wären. Hieraus spricht das Bestreben, die antike und die christliche Tradition miteinander in Einklang zu bringen, das schon im Mittelalter in Erscheinung getreten war und nun mit der beginnenden Wiederbelebung des klassischen Altertums eine immer größere Bedeutung gewinnt.

Aus dieser engen Beziehung zwischen Dichtung und Theologie ergibt sich, daß man den Dichtern Unrecht tut, wenn man behauptet, sie erzählten nur wertlose Fabeln. Was der Dichter eine Fabel oder eine Fiktion nennt, ist für den Theologen eine Figur: „quod poeta fabulam aut fictionem nuncupat, figuram nostri theologi uocauere“.[156] Von den vier verschiedenen Arten von Fabeln, die Boccaccio unterscheidet,[157] entsprechen drei der in der Bibel, z.T. von Christus selbst angewandten Sprechweise. Es ist das altbekannte Argu-

---

[153] Vgl. o. S. 75 f. Im Dante-Kommentar führt er diesen Brief Petrarcas auch ausdrücklich als Quelle an, die er an dieser Stelle fast wörtlich übernimmt; vgl. Il Comento alla Divina Commedia e gli altri scritti intorno a Dante, a cura di D. Guerri. Bari 1918, Bd. I, 142 (von nun an zitiert als Comento).

[154] Vgl. Geneal. XIV, 7, Comento I, 141 f. u. Vita di Dante XX, in Il Comento alla Divina Commedia e gli altri scritti intorno a Dante a. a. O., Bd. I (von nun an zitiert als Vita di Dante).

[155] Vgl. Geneal. XIV, 8.

[156] Geneal. XIV, 9.

[157] Ibid.: er teilt sie ein in aesopische, allegorische, historische Fabeln und Altweiber-Fabeln.

ment der theologischen Poetik: Die Rechtfertigung der Poesie durch die Bibel als ein von Gott eingegebenes Dichtwerk. Wie unter den „Figurae" der Bibel ein tieferer Sinn verborgen liegt — sonst wären ja Christus und der Heilige Geist bloße Fabelerzähler — so auch unter der Hülle der Dichtung. Das gleiche Interpretationsverfahren, das Gregor d. Gr. auf die Bibel anwendet, hat daher auch für die Poesie Gültigkeit: „(Gregorio) della sacra Scrittura dice ciò che ancora della poetica dir si puote, cioè che essa in un medesimo sermone, narrando, apre il testo e il misterio a quel sottoposto".[158]

Damit kommt er zur Allegorie: „le poetiche opere non essere vane e semplici favole o meraviglie, come molti stolti estimano, ma sotto sé dolcissimi frutti di veritá istoriografe o filosofiche avere nascoste; per la quale cosa pienamente, sanza le istorie e la morale e naturale filosofia, le poetiche intenzioni avere non si potevano intere".[159] Die Poesie wird somit gegen den Vorwurf der Leichtfertigkeit und des Anreizes zur Sittenlosigkeit [160] durch ihren unter der allegorischen Hülle verborgenen belehrenden Inhalt gerechtfertigt. Sowohl bei der Erklärung der Götterfabeln als auch im Kommentar zur „Divina Commedia" geht er vom vierfachen Schriftsinn aus, dessen Bedeutung er in ähnlicher Weise wie Dante ausführlich erläutert.[161] In einem an Fra Martino da Signa gerichteten Brief gibt er ein Beispiel für die allegorische Interpretation seiner Eklogen.[162] Im Zusammenhang mit der allegorischen Verkleidung des verborgenen Sinns wird auch die häufig getadelte Dunkelheit der Dichtung begründet. Boccaccio vertritt dabei den gleichen Standpunkt wie Petrarca: [163] Je mehr Mühe die Auffindung des verborgenen Sinnes dem Leser kostet, um so größer ist dessen Befriedigung: „Manifesta cosa è che ogni cosa, che con fatica s'acquista, avere alquanto piú di dolcezza che quella che vien senz'affanno".[164]

In den bisher betrachteten Teilen seiner Dichtungslehre unterscheidet sich Boccaccios Rechtfertigung der Dichtung im Grundsätzlichen kaum von den bereits von den Praehumanisten und Petrarca verfochtenen Thesen. Besonders eng ist die Beziehung zu Petrarca, der deswegen auch von Boccaccio selbst mehrfach als Autorität angeführt wurde.[165] Aus Petrarcas Briefen geht

---

158 Vita di Dante XXII.

159 Vita di Dante III.

160 Dieser Vorwurf kann sich nach Boccaccios Ansicht nur auf einige sittenlose erotische Dichter beziehen, so z. B. auf Ovid, obgleich in dessen „Ars amandi" nichts enthalten ist, was die Jugend nicht schon wüßte. Vgl. Geneal. XIV, 15.

161 Vgl. Comento I, 162 f.

162 Vgl. Epistolarum quae supersunt, XXIII, in Opere latine minori, a cura di A. F. Massèra. Bari 1928, 216 ff.

163 Vgl. o. S. 73; Petrarca wird auch von Boccaccio als Autorität zitiert (vgl. Geneal. XIV, 12).

164 Vita di Dante XXII; vgl. auch Geneal. XIV, 12.

165 Außer an den von uns bereits erwähnten Stellen noch in Geneal. XIV, 10 in Bezug auf die von den christlichen Dichtern besungenen Wahrheiten der christlichen Religion.

hervor, daß beide Dichter ein enges Freundschaftsverhältnis verband, wobei Boccaccio immer in großer Verehrung zu dem älteren und berühmteren Freunde aufblickte. Petrarca ist ihm das große Vorbild auf dem Gebiet der lateinischen Dichtung. Als ihm in der Ekloge „Saphos" die Muse Kalliope seine Dichtungen in der Volkssprache vorwirft und er reuevoll bekennt, daß sein Streben jetzt auf die edlere lateinische Dichtkunst gerichtet sei, empfiehlt ihm die Muse als leuchtendes Beispiel Silvanus (Petrarca), den größten Dichter seit dem Tode des Minciades (Virgil):

Solus inaccessum potuit conscendere culmen
nuper Silvanus, nobis nec carior alter
Minciades post fata fuit; . . . .
. . . .
Hunc adeas; dabit ipse tibi quibus usus amicis
Et quibus ipse viis conscendit culmen amatum.[166]

Petrarca ist es auch, von dem er sich in der Einleitung zum 8. Buch des Werkes „De casibus virorum illustrium" dazu ermahnen läßt, nach dem ewigen Dichter-Ruhm zu streben. Denn wie für Petrarca ist auch für Boccaccio der Ruhm der höchste Lohn des Dichters: „La poesia, la qual solamente a' nobili ingegni se stessa concede, poiché con vigilante studio è appresa, non dirizza l'appetito ad alcuna ricchezza, . . . si sforza di fare eterno il nome del suo divoto componitore.[167]

Es überrascht daher keineswegs, daß Boccaccio auch in den theoretischen Fragen der Poetik in Petrarca die maßgebende Autorität erblickte. Der eingangs erwähnte Brief Petrarcas [168], mit dem dieser in dem Freund den erschütterten Glauben an den Dichterberuf wiederherstellen will, erscheint wie ein Symbol für dieses Abhängigkeitsverhältnis.

Man hat aber wohl vielfach diesen Einfluß Petrarcas auf Kosten der Originalität Boccaccios überschätzt. Die Überzeugung, daß die Dichtung einen notwendigen selbständigen Bestandteil der Welt des Geistes darstellt, war zwar auch schon bei einigen Praehumanisten und besonders bei Petrarca vorhanden, aber erst für Boccaccio wurde sie zum beherrschenden Leitgedanken seiner Dichtungslehre. Die Zusammenfassung der bereits bekannten Dichtungslehren dient ihm als Grundlage, auf der er seine eigene Auffassung von der Dichtung entwickelt. Als er im Verlaufe seiner Widerlegung der gegen die Dichtung gemachten Einwände denjenigen antwortet [169], die in den Dichtern Lügner erblicken, beruft er sich zur Rechtfertigung nicht wie sonst in ähnlichen Fällen in erster Linie auf den von der Allegorie verhüllten Wahrheitsgehalt. Die von den Dichtern dargestellten Sachverhalte sind keine

---

[166] Buccolicum Carmen XII. Saphos 195—200, in Opere latine minori a. a. O.

[167] Comento III, 207; vgl. auch Geneal. XV, 7: „nulla est tam humilis uita que dulcedine glorie non tangatur" u. Geneal. XV, 13: „Ego autem, ut adme ueniam, non inficiar me glorie auidum."

[168] Vgl. o. S. 77.

[169] Vgl. Geneal. XIV, 13.

Lügen, denn es handelt sich dabei um keine absichtlichen Täuschungen. Der Dichter erfindet nicht, um zu täuschen, sondern weil es seines Amtes ist zu erfinden. Bezeichnet man ihn als einen Lügner, so kann man mit dem gleichen Recht den Richter, der den Schuldigen zum Tode verurteilt, einen Mörder, den Soldaten, der die feindlichen Felder verwüstet, einen Räuber, den Rechtsberater, der seinen Klienten einen nicht durchaus vorteilhaften Rat gibt, einen Verfälscher der Wahrheit nennen.

Der Dichtung wird damit eine bestimmte Eigengesetzlichkeit zugebilligt: es ist das noch nicht zur klaren Erkenntnis ausgereifte Bewußtsein von dem Vorhandensein einer besonderen dichterischen Wahrheit. Wenn also die heidnischen Dichter in ihren Werken eine Vielheit von Göttern darstellten, so geschieht das — nach Boccaccios Ansicht — weil sie entsprechend ihrem Dichterberuf „erfinden", nicht weil sie an diese Götter geglaubt haben.[170] Das Wesen der Dichtung besteht für Boccaccio eben in diesem „Erfinden": „Poesis enim, quam negligentes abiciunt et ignari, est feruor quidam exquisite inueniendi atque dicendi, seu scribendi, quod inueneris".[171] Die Gabe zu dichten, wird von Gott einigen wenigen eingegeben (wie die am Anfang erwähnten autobiographischen Bemerkungen zeigen, zählt sich Boccaccio zu diesen). Aufgabe des Dichters ist es, mit Hilfe der ihm eigenen Fähigkeit „peregrinas et inauditas inuentiones excogitare, meditatas ordine certo componere, ornare compositum inusitato quodam uerborum atque sententiarum contextu, uelamento fabuloso atque decenti ueritatem contegere."[172] Soll der Dichter aber in der Lage sein, die ihm gestellte Aufgabe zu bewältigen, so muß er über umfassende Kenntnisse verfügen. Der Dichter muß viele Dinge zu beschreiben wissen; er muß — wie in einem anderen Kapitel der Göttergenealogien [173] näher ausgeführt wird — alles, was die Natur hervorgebracht, darzustellen vermögen. Voraussetzung dafür ist die gründliche Kenntnis von Grammatik und Rhetorik, aber damit nicht genug: „liberalium aliarum artium et moralium atque naturalium saltem nouisse principia necesse est; nec non et uocabulorum ualere copia, uidisse monimenta maiorum, ac etiam meminisse et hystorias nationum, et regionum orbis, marium, fluuiorum et montium dispositiones."[174]

Natürliche Begabung erscheint also Boccaccio im allgemeinen nicht zum Dichten ausreichend. Die auch bei Petrarca vorhandene überlieferte Vorstellung einer Vereinigung von Dichter und Gelehrten in ein und derselben Person in Gestalt des universalen „poeta eruditus" übt hier ihren entscheidenden Einfluß aus. Wenn nun Boccaccio als Grundlage der Dichtung wissen-

---

170 Daneben findet sich allerdings auch noch das übliche Argument, daß die heidnischen Dichter nicht das Christentum gekannt hätten und ihnen daher aus ihrer Vielgötterei kein Vorwurf gemacht werden dürfte. (Vgl. Geneal. XIV, 13).

171 Geneal. XIV, 7.

172 Ibid.

173 Vgl. Geneal. XIV, 17.

174 Geneal. XIV, 7.

schaftliche Bildung fordert, so besagt das aber noch nicht, daß für ihn Dichtung und Wissenschaft gleichbedeutend gewesen wären, bzw. sich nur durch die der Dichtung eigene „forma ornata“ unterschieden hätten. Wie in Verbindung mit der Frage der dichterischen Wahrheit, so wird er sich auch beim Abgrenzen der Dichtung gegen die einzelnen Wissenschaften bewußt, daß die Dichtung einen eigenen selbständigen Bereich einnimmt. Von dem Vorhandensein einer subjektiven dichterischen Wahrheit geht er auch als Kriterium aus, um die Dichtung von der Theologie zu unterscheiden. Dichtung und Theologie sind zwar eng miteinander verwandt, aber deswegen nicht identisch: „la teologia niuna cosa presuppone se non vera; la poesia ne suppone alcune per vere, le quali sono falsissime ed erronee e contro la cristiana religione.“[175] Ebenso wenig ist auch die Dichtung der Philosophie gleichzusetzen. Wenn in der Dichtung philosophische Gedanken vorkommen, so ist man deswegen keineswegs berechtigt, den Dichtern vorzuwerfen, daß sie die Philosophen nachäffen. Dichter und Philosophen streben zwar beide nach der Wahrheit, erreichen sie aber auf verschiedenen Wegen: „Phylosophus, ut satis patet, silogiçando reprobat, quod minus uerum existimat, et eodem modo approbat, quod intendit, et hoc apertissime, prout potest; poeta, quod meditando concepit, sub uelamento fictionis, silogismis omnino amotis, quanto artificiosius potest, abscondit.“ [176] Während der Philosoph mit Hilfe von Vernunftsschlüssen vorgeht, konzepiert der Dichter die Wahrheit unter Vermeidung dieses Verfahrens. Auch vom Historiker unterscheidet sich der Dichter grundsätzlich. Dabei bildet Lucan das auch schon vor Boccaccio oft zitierte [177] Beispiel dafür, daß Geschichte in Versform noch lange keine Dichtung ist: „Nam poete non, ut hystoriographi, faciunt, qui aquodam certo principio opus exordiuntur suum, et continua atque ordinata rerum gestarum descriptione infinem usque deducunt (quod cernimus fecisse Lucanum, quam ob caussam multi eum potius metricum hystoriographum quam poetam existimant), uerum artificio quodam longe maiori aut circa medium hystorie, aut aliquando fere circa finem inchoant, quod intendunt, et sibi ad inueniunt causam recitandi, quod exprecedentibus omisisse uidebantur“.[178] Schließlich macht Boccaccio auch den Versuch, die Dichtung von der Rhetorik zu trennen: In der Rhetorik liegt zwar ein der Dichtung verwandtes Element, aber sie ist deswegen doch nicht mit der Dichtung identisch: „habet enim suas inventiones rhetorica. Verum apud tegumenta fictionum nullae sunt rhetoricae partes. Mera poësis est quicquid sub velamento componimus: et exquiritur exquisite“.[179] Als das Charakteristikum der Dichtung erscheint also wieder die Allegorie.

Wenn es demnach Boccaccio nicht gelingt, das Wesen der Dichtung in der

[175] Vita di Dante XXII.
[176] Geneal. XIV, 17.
[177] Vgl. A. Hortis, Studi sulle opere latine a. a. O. 406.
[178] Geneal. XIV, 13; das gleiche Urteil über Lucan findet sich in Comento II, 33.
[179] Geneal. XIV, 7.

Theorie zu erfassen, mag das in der Unzulänglichkeit der überlieferten Terminologie, deren er sich bediente, begründet sein. Denn Boccaccio kennt auch eine Dichtung ohne Bindung an die allegorische Sinngebung. Es ist üblich — so meint Boccaccio — ohne einen verborgenen Sinn zu dichten, wenn man für Frauen schreibt „con ciò sia cosa che le donne sí come poco intelligenti ne sogliano essere schife".[180] Hier taucht, freilich in einer für die Frauen weniger ansprechenden Form, das gleiche Argument wieder auf, mit dem Dante und seine Zeit [181] die Abfassung der Liebesdichtung in der Volkssprache begründet haben. Im „Decameron", dessen Novellen ja bekanntlich in erster Linie der Unterhaltung der liebenden Frauen dienen sollen [182], wird dieses Argument von Boccaccio vertieft, indem an die Stelle der Frauen die Musen treten und damit grundsätzlich der Abstieg der Dichtung von den Höhen theologisch-philosophischer Spekulationen zur realistischen Schilderung der menschlichen Komödie gerechtfertigt wird: „... e forse a queste cose scrivere, quantunque sieno umilissime, si sono elle (le Muse) venute parecchie volte a starsi mecó, in servigio forse ed in onore della simiglianza che le donne hanno ad esse; per che, queste cose tessendo, nè dal monte Parnaso nè dalle Muse non mi allontano quanto molti per avventura s'avvisano" [183].

Die hier zu Tage tretende Neigung, den humanistischen Dichtungsbegriff zu erweitern und aufzulockern zeigt sich auch in dem an anderer Stelle [184] behandelten Verhältnis Boccaccios zur volkssprachlichen Dichtung, im besonderen zu Dante; ferner aber auch in der Haltung, die Boccaccio im Bereich der humanistischen Studien zum griechischen Altertum einnimmt. Obwohl Petrarca an der griechischen Literatur stark interessiert war, stand für ihn doch die absolute Überlegenheit des lateinischen Schrifttums fest.[185] Boccaccio dagegen ist schmerzlich davon berührt, daß durch dieses Überlegenheitsgefühl des Humanismus die griechischen Studien ganz in Verfall geraten sind.[186] Er sieht seine Aufgabe darin, die Kenntnis der griechischen Antike so weit wie möglich zu fördern. Wenn sich auch das ganze Abendland der Latinität zuwendet und diese sich selbst genügt, so würde sie doch, von der griechischen Kultur ergänzt, in noch viel hellerem Glanze erstrahlen.[187] Hat doch selbst ein Virgil sich nicht geschämt, in vielen Fällen den Spuren Homers zu folgen.[188] Boccaccio nimmt für sich den Ruhm in Anspruch, als erster unter den Tos-

[180] Teseida. A cura di A. Roncaglia. Bari 1941, 3.

[181] S. o. S. 34 f.

[182] Il Decameron. A cura di A. F. Massèra. Bari 1927, Proemio.

[183] Decameron 4a giornata, Introduzione, a. a. O. I, 273 f.

[184] S. u. S. 101 f.

[185] Pétrarque a vécu dans l'idée que la littérature romaine aurait été bien supérieure à la littérature grecque." (P. de Nolhac, Pétrarque et l'humanisme a.a.O., II, 127; vgl. Sen. XII, 7: „Denique Graecos et ingenio, et stylo frequenter vicimus et frequenter aequavimus."

[186] Geneal. XV, 7.

[187] Ibid.

[188] Comento II, 28.

kanern sich der griechischen Dichtungen bedient zu haben: „meum est hoc decus, mea est gloria, scilicet inter etruscos grecis uti carminibus“[189].

Wenn auch somit Boccaccio hier und da über den Bereich des Humanismus hinausgreift, fühlt er sich mit dem Humanismus einig in dem Streben nach einer Erneuerung der Dichtung im Zeichen der klassischen Latinität. In der Dichtung soll Roms versunkene Majestät in neuem Glanz erstrahlen: „Et si omnia resarciri nequeant, hoc saltem poetici nominis fulgore eiusque tam maximus infortuniis compatiare atque, ut que potes subleves, pios subice humeros; cum reliquis pro viribus agito, ut inter barbaras nationes Roma saltem aliquid veteris maiestatis possit ostendere ... et ego, choris immixtus festantium tuumque nomen meriti laudibus extollentium, canam: «Iam virgo rediit, redeunt Saturnia regna»“ [190]. Dem Ideal, das er hier dem Freunde aufrichtet, hat er sein eigenes Schaffen geweiht. Noch in der von ihm selbst verfaßten Grabschrift bekennt er sich zur „alma poesis“:

> Hac sub mole iacent cineres ac ossa Iohannis,
> mens sedet ante Deum meritis ornata laborum
> mortalis vite; genitor Boccaccius illi,
> patria Certaldum, studium fuit alma poesis.[191]

Mit dem Umsichgreifen der humanistischen Bewegung war der Widerstand ihrer Gegner noch keineswegs erloschen. Die Polemik über den Wert der antiken Poesie spielt auch in der auf Boccacio folgenden Generation bei Coluccio Salutati noch eine bedeutende Rolle. Immer wieder — im ganzen sechs Mal — sah sich Salutati genötigt, die geliebte Poesie zu verteidigen, bis ihm das letzte Mal der Tod die Feder aus der Hand nahm, so daß er seine letzte Verteidigungsschrift nicht mehr vollenden konnte.[192] Im Grunde ist es immer das gleiche Problem, wie es bei Mussato, Petrarca und Boccaccio vorliegt: Wie lassen sich die Argumente [193] der Gegner der Poesie entkräften und wie läßt sich das Studium der antiken Dichter, wie ihre Nachahmung gegenüber den Ansprüchen der christlichen Ethik rechtfertigen? [194] Die der Dichtung, auch der heidnischen zu Grunde liegende Wahrheit rechtfertigt jede Beschäftigung mit den antiken Autoren. Die Dichtung selbst bleibt nach wie vor der schöne Schleier, der die Wahrheit vor den Augen der Menge verbirgt: „... humane

---

[189] Geneal. XV, 7.

[190] A Jacopo Pizzinga, in Boccaccio, Opere latine minori a. a. O., 197.

[191] Autoepitafio, in Opere latine minori a. a. O., 105.

[192] Vgl. Ep. IV, 15 (Epistolario a. a. O. I, 298 ff.); Ep. IV, 18 (I, 321 ff.); Ep. X, 16 (III, 285 ff.); Ep. XII, 20 (III, 539 ff.); Ep. XIV, 23 (IV, 170 ff.); Ep. XIV, 24 (IV, 205 ff.). Eine ausführliche Darstellung dieser wie auch anderer Polemiken über das Studium der Alten gibt V. Zabughin, Vergilio nel Rinascimento italiano. Bologna (1921—23) I, 109—128.

[193] Diese verwerten auch hier wieder die bereits angeführten Stellen aus Platon, Boëthius u. Hieronymus. Daneben sind noch die „Disticha Catonis“ (III, 8) zu nennen, wo die Dichter als Lügner bezeichnet werden.

[194] Bei Salutati findet sich keine Kritik an den Juristen, als deren eifriger Verteidiger sich Salutati in dem Traktat „De nobilitate legum et medicinae“ zeigt.

vero poetice, que de illa germana veritate immediate non oritur, convenit ut, licet pro signo significandarum rerum, veritatem possit assumere, ficta tamen quedam et ludicra non recuset cum et ipsa feratur et exeat in aliquam veritatem" [195]. Die allegorische Interpretation [196] wird dann auch wieder mit der theologischen Poetik in Verbindung gebracht: Jede Dichtung ist letzten Endes göttlichen Ursprungs; auch aus heidnischen Dichtern, die den christlichen Gott nicht kannten, leuchtet oft der Strahl der göttlichen Wahrheit. Die Hl. Schrift ist selbst Dichtung, auch sie enthält unmoralische Erzählungen, wie man sie so gern als Argument gegen die heidnischen Dichter anführt. Außerdem haben die Kirchenväter die Lektüre der heidnischen Autoren gestattet, wenn sie zu dem Zwecke geschah, die stilistischen Fähigkeiten dabei zu schulen; verdanken doch die Kirchenväter selbst die Überzeugungskraft ihre Schriften dem eingehenden Studium der antiken Literatur.[197]

Die Verbindung zwischen dem von einem göttlichen Hauch inspirierten „poeta theologus" und dem die Kunst der Eloquenz beherrschenden „poeta rhetor" herzustellen, vermag auch Salutati nicht.[198] Die humanistische Rhetorik und die humanistische Verteidigung der Poesie stehen mehr oder weniger beziehungslos nebeneinander, bis der Renaissanceplatonismus eine neue Lösung des Problems der Dichtungslehre versucht.

3. Die Dichtungslehren des Platonismus

Für die Humanistengenerationen nach Salutati trat die Verteidigung der antiken Autoren gegenüber den Vertretern einer rigorosen christlichen Weltanschauung mehr in den Hintergrund. Die Wiederbelebung des griechisch-römischen Altertums war nunmehr eine Tatsache, mit der sich auch die Gegner der neuen Bewegung abfinden mußten. Es fehlte zwar auch nicht in der Folgezeit an Angriffen gegen das Studium der antiken Autoren, — sie gipfelten in der zweiten Hälfte des 15. Jahrhunderts in Savonarolas erbittertem Kampf gegen die mit dem Humanismus verbundene Diesseitsbejahung — für

[195] Ep. X, 16 (III, 292 f.).

[196] Wenn Salutati die allegorische Deutung als Interpretationsverfahren anerkannte, so lehnte er sie als Kunstmittel entschieden ab. In einem Brief Ep. VI, 15 (II, 190 ff.) stellt er ausdrücklich fest, daß die Allegorie ein ernster Menschen unwürdiges Versteckspiel ist.

[197] Während Salutati gegenüber den Vertretern des christlichen Rigorismus die Alten verteidigt, tritt er in seiner Polemik gegen Poggio (s. u. S. 103) für die Modernen (Petrarca) ein; eine Polemik, in der man die ersten Anfänge der großen „Querelle des anciens et des modernes" gesehen hat (vgl. Sabbadini, Il metodo degli umanisti a. a. O. 49).

[198] Eine weitere Verteidigung der Dichtung ähnlich der Boccaccios in den Göttergenealogien enthält das erste Buch von Salutatis Abhandlung „De Laboribus Herculis" (Hsg. v. B. L. Ullman, Zürich 1951), die mir erst nach Beginn der Drucklegung zugänglich war.

die Geschichte der Dichtungslehren ist aber diese Kritik nicht mehr so bedeutsam wie vorher.

In der theologischen Poetik des Frühhumanismus war jedoch ein Element enthalten, das, über die bloße Verteidigung der Dichtung hinausgehend, die Möglichkeit zur Ausbildung einer neuen Dichtungslehre bot, in der die Renaissance bis an die Grenzen der modernen Ästhetik vorstoßen sollte. Dieses Element ist die platonische Lehre von der göttlichen Begeisterung des Dichters. Platon, der den Gegnern der Poesie ihre wichtigsten Waffen geliefert hatte, bietet zugleich auch die Grundlage, auf der die Verehrer der „alma poesis" ihre Inspirationstheorie aufbauen. Im „Phaidros" hatte Platon die zu seiner Zeit populäre Anschauung von dem in einer Art von Verzückung schaffenden Dichter in folgender Weise formuliert: „Die dritte Art (neben der Verzückung der Seher und der der Sühnungen und Weihen) ist die von den Musen ausgehende Besessenheit und Raserei; sie ergreift eine zarte und unberührte Seele, weckt und begeistert sie zu Gesängen und überhaupt zur Poesie, und indem sie tausend Werke der Vorfahren ausschmückt, erzieht sie die Nachkommen. Wer aber ohne diesen Wahnsinn der Musen zu den Toren der Poesie kommt, in der Überzeugung, daß er schon durch die Kunstfertigkeit ein Dichter werden könne, der ist ungeweiht, und die Poesie dieses Verstandesmenschen wird vor der des Begeisterten ruhmlos im Dunkel verschwinden" [199]. Die Lehre von der numinosen Inspiration der Poesie lebte in der Antike fort und wurde u. a. von Cicero in seiner von der Renaissance so hoch geschätzten Rede „Pro Archia Poeta" aufgenommen: „Atque sic a summis hominibus eruditissimisque accepimus, ceterarum rerum studia et doctrina et arte constare, poetam natura ipsa valere et mentis viribus excitari et quasi divino quodam spiritu inflari. Quare suo iure noster ille Ennius sanctos appellat poetas, quod quasi deorum aliquo dono atque munere commendati nobis esse videantur" [200]. Ohne den „Phaidros" zu kennen, übernahm das Mittelalter von der Spätantike als Gemeinplatz den Begriff des „furor poeticus". Mit der Platon-Renaissance des 15. Jahrhunderts greift man nun wieder auf die ursprüngliche Quelle zurück. Neben den „poeta rhetor" tritt damit der gottbegnadete Musenpriester, in dem eine geheimnisvolle Kraft wirkt, die durch keinerlei Studium erworben werden kann.

In diesem Sinn erneuert Leonardo Bruni, der bereits am Anfang des 15. Jahrhunderts eine Reihe platonischer Dialoge, darunter auch den „Phaidros", übersetzt und damit den Renaissanceplatonismus eingeleitet hatte, die Theorie vom göttlichen Wahnsinn des Dichters: „Sunt enim furoris, ut a Platone traditur, species duae: una ex humanis proveniens morbis, mala profecto res ac detestanda: altera ex divina mentis alienatione. Divini rursus furoris partes quatuor, vaticinium, mysterium, poesis, et amor. His vero Deos totidem praeesse veteres putaverunt. Nam vaticinium Apollini, mysterium Diony-

---

[199] Phaidros 244; zit. nach G. Finsler, Platon und die aristotelische Poetik a. a. O. 178.

[200] Pro Archia Poeta 8, 18.

sio, poeticam Musis, amorem Veneri tribuebant" [201]. Wie die prophetische Vorhersage sich weit über die bloße Vermutung erhebt, so steht die aus dem göttlichen Furor hervorgegangene Dichtung über der nur auf menschlichen Kunstbegriffen beruhenden: „quanto vaticinium conjectioni dignitate praestat, tanto poema, quod ex furore sit, sanorum hominum artificio est anteponendum" [202]. Daraus ergibt sich eine Zweiteilung der Dichtung: „Un modo si è per ingegno proprio agitato e commosso da alcun vigore interno e nascoso, il quale si chiama furore ed occupazione di mente" [203]. Zur Veranschaulichung des Gesagten dient das Beispiel der vom mystisch-religiösen Furor ergriffenen Seele des Hl. Franziskus: „Beato Francesco non per iszienza, nè per disciplina scolastica, ma per occupazione e astrazione di mente sì forte applicava l'animo suo a Dio, che quasi si trasfigurava oltre al senso umano e conosceva di Dio più, che nè per istudio nè per lettere conoscono i teologi. Così nella poesia alcuno per interna agitazione e applicazione di mente poeta diviene, e questa è la somma e la più perfetta spezie di poesia" [204]. Neben dieser vollkommensten Gattung der Dichter gibt es dann noch eine andere, die ihre Werke durch Wissenschaft und Studium mit Hilfe des Verstandes schafft: „l'altra spezie è per iscienza, per istudio, per disciplina ed arte e prudenzia" [205].

In der Definition des Begriffs „poeta" werden freilich beide Typen ohne Unterschied einbegriffen: „Il nome del poeta significa eccellente ed ammirabile stile in versi, coperto e adombrato di leggiadria e alta finzione. E come ogni presidente comanda ed impera, ma solo colui si chiama „imperadore", che è sommo di tutti, così, chi compone opere in versi, ed è sommo ed eccellentissimo nel comporre tali opere, si chiama „poeta"." [206] Auf eine tiefere Erkenntnis vom Wesen der Dichtung als diese traditionelle Definition deutet dagegen wieder hin, wenn Bruni, der überzeugte Humanist, ausdrücklich feststellt: Ob einer in der Gelehrten- oder in der Volkssprache schreibt, hat nichts mit der Bewertung der Dichtung zu tun. „Ciascuna lingua ha sua perfezione e suo suono, e suo parlare limato e scientifico" [207]. Eine letzte entscheidende Erkenntnis läßt ihn die Eigengesetzlichkeit der Dichtung postulieren: Aus der Auffassung von der Dichtung als einer Fiktion folgert Bruni einerseits,

[201] Epistolarium Libri VIII. Ed. L. Mehus. Florentiae 1741, VI, 1 (Bd. II, 37).

[202] Ibid. (II, 38).

[203] Vita di Dante, in Leonardo Bruni Aretino, Humanistisch-philosophische Schriften mit einer Chronologie seiner Werke und Briefe, hsg. u. erläutert v. H. Baron. Leipzig u. Berlin 1928, 59.

[204] Ibid.

[205] Vita di Dante a. a. O., 59 f. Bezeichnenderweise zählt Bruni zu dieser zweiten Gattung Dante: „perocchè per istudio di filosofia, teologia, astrologia, aritmetica, per lezione di storie, per revoluzione di molti e vari libri, vigilando e sudando nelli studi acquistò la scienza, la quale doveva ornare ed esplicare con li suoi versi" (Ibid. 60); Dante erscheint als der „poeta doctus", sein Werk als „opus doctrinale".

[206] Ibid. 61.

[207] Ibid.

daß die Fiktion — wenn sie einmal als solche erkannt worden ist — auch keinen moralischen Einfluß auf den Leser haben könne, anderseits, daß die Dichtung nur nach ihrer künstlerischen und nicht nach ihrer moralischen Wirkung beurteilt werden dürfe: „... ingenium poetae admirari soleo, rem autem ipsam, quia ficta esse scio, nequaquam attendere“ [208].

Die Platon-Renaissance, an deren Anfang Leonardo Bruni steht, erreichte ihren Höhepunkt im Werke Marsiglio Ficinos. Wenn dieser sich auch nicht in einer besonderen Abhandlung mit dem Problem der Dichtung auseinandergesetzt hat, kommt er doch auf dieses Problem wiederholt zu sprechen. Er betrachtet die Dichtung im Zusammenhang mit der platonisch-plotinischen Idee der Schönheit. Die Idee der Schönheit ist dem Menschen angeboren als Erinnerung an die Betrachtung der ewigen Schönheit, der sich die Seele während ihrer Präexistenz hingegeben hatte. Der Mensch erfaßt daher das Wesen der Schönheit nicht aus der Erfahrung als harmonische Zusammenfügung einzelner Teile zu einem Ganzen, wie es die Maßästhetik will, sondern er schaut die Idee der Schönheit mit dem Auge seiner Seele. Die Schönheit kann sowohl in dem mit dem Gesicht als auch in den mit dem Gehör aufgenommenen Dingen liegen, wobei zu den letztgenannten einerseits die Musik und anderseits die Dichtung gehören.

Musik und Dichtung verwirklichen also auch die Idee der Schönheit, nur nicht die Schönheit der Form, sondern die des harmonischen Klanges. In der Anamnesis entspricht dieser Erscheinungsform der Schönheit die himmlische Harmonie. Aus der Erinnerung an die in Gott betrachtete Harmonie schafft die Musik: „Alij namque vocum numeris variorumque sonis instrumentorum coelestem Musicem imitantur, quos certè leves ac penè vulgares Musicos appellamus, nonnulli verò graviori quodam firmiorique iudicio divinam ac coelestem harmoniam imitantes, intimae rationis sensum notionisque inversum, pedes ac numeros digerunt, hi verò sunt qui divino afflati spiritu gravissima quaedam, ac praeclarissima carmina ore, ut aiunt, rotundo prorsus effundunt“ [209]. Aus der gleichen Erinnerung entspringt auch die Dichtung, erreicht aber einen höheren Grad der Annäherung an das göttliche Urbild. Denn, während die Musik nur das Gehör durch den Wohlklang ergötzt, erfreut die Dichtung darüber hinaus auch den Geist: „Hanc Plato graviorem Musicam Poësimque nominat, efficacissimam harmoniae coelestis imitatricem, nam levior illa de qua paulo ante mentionem fecimus, vocum dumtaxat suavitate permulcet, Poësis autem, quod divinae quoque harmoniae proprium est, vocum ac numeris gravissimos quosdam, et ut Poëta diceret, delphicos sensus ardentius exprimit, quo fit ut non solum auribus blandiatur, verumetiam suavissimum et ambrosiae coelestis simillimum menti pabulum afferat, ideoque ad divinitatem propius accedere videatur.“ [210]

[208] De studiis et litteris liber, in Humanistisch-philosophische Schriften a. a. O. 18.
[209] De divino furore, Epistolae, Lib. I, in M. Ficinus, Opera. Parisiis 1641, I, 599.
[210] De divino furore a. a. O. 599 f.

Aber eine solche Dichtung ist eben nur möglich, wenn ihre Schöpfer von einem göttlichen Hauch erfüllt sind, „divino afflati spiritu". In einer Betrachtung über die einzelnen Arten des „furor divinus", ähnlich wie sie Bruni angestellt hatte, kommt Ficino zu dem gleichen Ergebnis: Nur der von den Musen inspirierte Dichter kann wahrhaft dichten. In anderem Zusammenhang erbringt er noch weitere Beweise für die göttliche Eingebung der Dichter: Ohne von Gott inspiriert zu sein, hätten die am Anfang der Entwicklung stehenden Dichter Orpheus, Homer, Hesiod und Pindar in ihren Werken nicht von Künsten reden können, welche die Menschheit erst lange nach ihnen zu beherrschen lernte. Der göttliche Einfluß findet ferner auch darin eine Bestätigung, daß viele Dichter nach dem Aufhören des „furor divinus" gar nicht mehr begreifen, was sie geschaffen haben. Schließlich ist die Tatsache, daß nichtgelehrte, ja ungebildete Menschen wie Homer, Hesiod und Lucrez als Dichter Erfolg gehabt haben, nicht ohne göttliches Eingreifen denkbar.[211]

Im Unterschied zu Bruni, der auf halbem Wege stehen geblieben war, da er die Verbindung zwischen dem vom „furor divinus" ergriffenen Dichter und seinem Werk nicht herstellte, gelingt Ficino diese Verbindung mit Hilfe der Lehre von der Anamnesis, die es ihm erlaubt, das dichterische Werk als das Ergebnis der inneren Ideenschau zu begreifen. Während Bruni dem Dichter auf Grund des „furor divinus" zwar eine gewisse Freiheit einräumt, damit aber notwendigerweise in Widerspruch zu der sonst zugestandenen Unterordnung des Werkes unter bestimmte objektive Normen gerät, befreit Ficino auch das dichterische Werk von der Gebundenheit an irgendwelche außerhalb des dichtenden Subjekts liegenden Faktoren. Ficino ist sich jedoch dieses Gegensatzes zu der humanistischen Rhetorik wohl kaum bewußt geworden. Auch in diesem Fall ist der subjektivistische Zug seiner Philosophie, der ihn in vielen Punkten als einen Vorläufer moderner philosophischer Theorien erscheinen läßt,[212] nicht stark genug, um sich völlig durchzusetzen. Überdies mag auch das Problem der Dichtung zu sehr am Rande seiner Interessen gelegen gewesen sein, als daß er die fruchtbaren Ansätze zu einer neuen Dichtungslehre weiter entwickelt hätte.

Das versuchte hingegen Cristoforo Landino.[213] Als Professor für Rhetorik und Poetik am Florentiner „Studio" scheint er zunächst in der Tradition der humanistischen Stillehre zu stehen; in den Interpretationen, die er von lateinischen und volkssprachlichen Dichtern gab, bekannte er sich zum Ideal der Eloquenz durch Imitatio. Wie die meisten Humanisten macht Landino zwischen Eloquenz und Poesie keinen Unterschied: „elocutionis praecepta com-

[211] Vgl. Theologia Platonica XIII, 2, in Opera a. a. O. I, 281.

[212] Vgl. G. Saitta, Marsilio Ficino e la filosofia dell'umanesimo. Firenze 1943.

[213] Vgl. A. Buck, Dichtung und Dichter bei Cristoforo Landino, in Romanische Forschungen 58/59 (1947), 233—246.

munia pene cum oratore habet poeta" [214]. Nach dem Muster der humanistischen Rhetoriken feiert Landino die Eloquenz in einer begeisterten Lobrede, die den Abschluß seiner einleitenden Vorlesung zur Interpretation von Petrarcas Sonetten [215] darstellt und fast wörtlich in der seinem Kommentar zur „Divina Commedia" vorausgeschickten Lebensbeschreibung Dantes [216] wiederkehrt.

Gleichfalls aus der Tradition übernimmt Landino die Argumente der theologischen Poetik. Aber er begnügt sich nicht, diese Argumente zu wiederholen, sondern versucht sie philosophisch zu vertiefen mit Hilfe des Platonismus. Zunächst setzt er sich mit den Stellen der platonischen Dialoge auseinander, die seit jeher den Gegnern der Poesie als Stütze für ihre Angriffe gedient hatten, und kommt dabei zu dem Schluß, Platon habe die Dichtung nur in den Fällen verworfen, wo sie die Seele beunruhigt, im übrigen aber ihren erzieherischen Wert durchaus anerkannt. Was die positive Seite von Platons Einstellung zur Poesie anbetrifft, verbreitet sich Landino naturgemäß über die Lehre vom „furor divinus", deren Darstellung er fast wörtlich von Ficino übernimmt.[217] Besonderen Nachdruck legt Landino auf die Feststellung, daß die dichterische Fähigkeit infolge ihres göttlichen Ursprungs völlig unabhängig von menschlichem Fleiß und menschlicher Gelehrsamkeit ist. Ferner betont er die große Ähnlichkeit, die zwischen Dichter und Propheten besteht, wofür er in der Bezeichnung „vates", in der beide Begriffe enthalten sind, eine Bestätigung erblickt. Aus der griechischen Etymologie von „poeta" zieht er eine für seine Dichtungslehre entscheidend wichtige Folgerung. Seiner Meinung nach liegt die Bedeutung des griechischen Verbs, von dem er „poeta" ableitet, in der Mitte zwischen dem „Schaffen" Gottes aus dem Nichts und dem „Machen" des Menschen, der etwas aus bereits vorhandenen Stücken zusammensetzt. Danach wird das Wesen des Dichters gekennzeichnet: „si parte dal fare e al creare molto s'appresta" [218]. Gott selbst ist ein Dichter und die Welt sein Gedicht: „Et è Iddio sommo poeta, ed è il mondo suo poema" [219]. Wie Gott mit Zahl, Maß und Gewicht schafft, so der Dichter mit der Zahl und dem Maß der Silben und dem Gewicht der Sentenzen. Der Dichter wird als Schöpfer einer eigenen Welt anerkannt und damit zugleich die Selb-

---

[214] Horatii Flacci Opera cum interpretatione Christofori Landini. Venetiis 1486, fol. CVII.

[215] Orazione facta per C. L. da Pratovecchio quando cominciò a leggere in Studio i sonetti di M. F. Petrarca, in Miscellanea di cose inedite e rare. Raccolta e pubblicata per cura di F. Corazzini. Firenze 1853, 125 ff.

[216] Vita di Dante Alighieri, in Dante con l'espositioni di C. Landino, et d'Alessandro Vellutello ... ridotto alla sua vera Lettura per F. Sansovino Fiorentino. Venetia 1587.

[217] Vgl. Furor divino, in Dante con l'espositioni di C. L. a. a. O. und Disputationes Camaldulenses, Lib. III. Florentiae, Nicolaus Laurentii, Saec. XV.

[218] Discorsi che cosa sia poesia et poeta, et della origine sua divina et antichissima, in Dante con l'espositioni di C. L. a. a. O.

[219] Ibid.

ständigkeit der Dichtung gegenüber den anderen Tätigkeiten des menschlichen Geistes und ihre Unabhängigkeit von irgendwelchen Vorbildern. Kraft ihres göttlichen Ursprungs steht die Dichtung außerhalb der „artes liberales": „Non enim una aliqua ex iis artibus est quas prisci illi propter excellentiam suam liberales appellarunt, neque humana dicenda est disciplina" [220].

Die Welt der Dichtung ist jedoch nicht ohne weiteres zugänglich; ihrem Ursprung entsprechend ist sie voll tiefer göttlicher Geheimnisse, die der Leser erst enträtseln muß, um in den wahren Genuß der Poesie zu gelangen. Die einzige Möglichkeit zu dieser Enträtselung bietet die allegorische Deutung. Diese erfreute sich im Kreise der Florentiner Platoniker einer besonderen Beliebtheit. Auf Grund der Vorstellung von den Kosmos durchwaltenden geheimnisvollen Entsprechungen zwischen den verschiedenen Welten sah man in der Allegorese den gegebenen Weg, diese Zusammenhänge aufzudecken.[221] Mit Hilfe der Anwendung dieses Deutungsverfahrens auf die Literatur interpretierte man die platonische Lehre in die Dichtung hinein. Unter diesem Gesichtspunkt nimmt Landino die seit der Spätantike geübte allegorische Virgilerklärung wieder auf [222]: Virgil hat als ein Schüler Platons in der „Aeneis" das Schicksal der menschlichen Seele dargestellt, indem sich Aeneas allmählich von seinen Lastern reinigt und von einem Leben der Lust zu einem tätigen Leben im Dienste des Staates aufsteigt, um schließlich in einem beschaulichen Leben in der Betrachtung Gottes das höchste Gut zu erreichen. Nach dem Muster dieser Virgil-Interpretation unternimmt er dann auch die Kommentierung der „Divina Commedia": „Ora perchè io ho novellamente interpretato l'allegorico senso della Eneide di Virgilio giudicai, che non dovesse essere inutile, nè ingiocondo a miei cittadini, se parimente io investigassi con quanto maggiore studio per me si potesse, gli occulti, ma al tutto divinissimi sensi della Commedia di Dante Alighieri poeta Fiorentino, et come il Latino poeta in Lingua Latina havea espresso, così il Toscano in Toscana interpretassi." [223] Landino geht dabei von der Überzeugung aus, daß Dante in der „Divina Commedia" das gleiche Ziel verfolgte wie Virgil in der „Aeneis": Die „Divina Commedia" enthält die gleichen platonischen Lehren wie die „Aeneis". Die Tatsache, daß Dante sich Virgil als Führer erwählt hat, bezeugt den inneren Zusammenhang zwischen den beiden Werken.

Damit vertritt Landino die gleiche Anschauung, die Ficino in der Vorrede zu seiner vierzehn Jahre vor Landinos Kommentar erschienenen Über-

[220] Commento a Virgilio, c. 86 (Firenze 1487); zit. nach E. Garin, Testi inediti e rari di C. Landino e F. Filelfo. Firenze (1949), 9.

[221] Vgl. Pico della Mirandola, Heptaplus. De septiformi sex dierum geneseos enarratione ad Laurentium Medicem. Ed. E. Garin. Firenze 1942, 192.

[222] Vgl. E. Wolf, Die allegorische Vergilerklärung des Cristoforo Landino, in Neue Jahrbücher f. das klass. Altertum 22 (1919), 453—479.

[223] Proemio, in Dante con l'espositioni ... a. a. O.; zu Landinos Dante-Kommentar vgl. M. Barbi, Della fortuna di Dante nel secolo XVI. Pisa 1890, 150 ff. u. A. Buck, Dante im Urteil der Literarästhetik des italienischen Humanismus, in Dt. Dante-Jahrbuch 28 (1950), 1—15.

setzung von Dantes „Monarchia" niedergelegt hatte. Auch für Ficino ist Dante ein Platoniker [224]; die Darstellung der drei Jenseitsreiche in der „Divina Commedia" geht auf Platon zurück [225]; Vermittler der platonischen Lehren ist Virgil [226]. Kein Wunder, daß Ficino Landinos Kommentar mit einem begeisterten Schreiben begrüßte, in dem er die Freude ausdrückt, welche die Stadt Florenz darüber empfindet, daß Dante endlich nach zwei Jahrhunderten die ihm gebührende Ehre zuteil wird.[227]

Neben den platonischen Lehren vermittelt die „Divina Commedia" auch noch eine sprachliche Schulung. Nach Landino soll der Leser aus der Lektüre Dantes doppelten Nutzen ziehen: An der Sprache Dantes soll er seine Eloquenz schulen; mit den Lehren Dantes die Sitten verbessern und den Geist bereichern an Dantes „humanitas": „accio che imitando costui, possiate adornar i vostri parlamenti d'eccellente eloquenza, e la vita vostra, et i costumi di prudenza, et di bontà: et la mente di dottrina, et humanità" [228]. Dante wird damit in die Bildungssphäre des Humanismus erhoben; er erscheint als Idealtyp des humanistischen Dichters in der Volkssprache.[229] Es kann kein Zufall sein, daß Landino seinem Kommentar zur „Divina Commedia" die wichtigste zusammenhängende Darstellung seiner Dichtungslehre vorangehen läßt. Er sah in Dante den Verkünder eines platonisch gefärbten Humanismus. Aber er vermochte nicht, die in der Einleitung aus dem Platonismus abgeleitete neue Auffassung von der Dichtung im Kommentar an Dante zu veranschaulichen. Es gelingt ihm nicht, die Vorstellung des aus der Ideenschau frei schaffenden Dichters mit dem humanistischen Ideal der Eloquenz in Einklang zu bringen.

Ungeachtet dieses inneren Zwiespaltes, der Landinos Dichtungslehre durchzieht, bedeutet sie doch im Rahmen der humanistischen Poetik eine Auflockerung des Gesetzes der Imitatio zugunsten des Prinzips der freien Schöpfung. Sie zeigt, welchen Einfluß der zu neuem Leben erstandene Platonismus auf die Theorie von der Dichtung auszuüben imstande war. Zweifellos ist auch Poliziano in seiner Stellungnahme gegen den Ciceronianismus [230] weit-

---

[224] „Dante Alighieri ... in professione philosopho poetico, benchè non parlassi in lingua greca con quel sacro padre de'philosophi, interprete della verità Platone, niente di meno in ispirito parlò in modo con lui che di molte sententie Platoniche adornò i libri suoi" (Proemium ad Bernardum Nerum et Antonium Manettum, in Supplementum Ficinianum. Hsg. v. P. O. Kristeller. Florentiae 1937, II, 184).

[225] „Tre regni troviamo scripti dal nostro rectissimo duce Platone: Uno de'beati, l'altro de'miseri, el terzo de'peregrini. Beati chiama quelli che sono alla ciptà di vita restituiti, miseri quelli che per sempre ne sono privati, peregrini quelli che fuori di detta ciptà sono, ma non indicati in sempiterno exilio. In questo terzo ordine pone tutti e viventi et de'morti quella parte che a temporale purgatione è deputata" (Ibid.).

[226] Dante „col vaso di Virgilio beendo alle Platoniche fonti" (Ibid.).

[227] Vgl. Dante con l'espositioni a. a. O.

[228] Proemio, in Dante con l'espositioni a. a. O.

[229] s. u. S. 101 ff.

[230] s. o. S. 63 f.

gehend durch die platonischen Lehren beeinflußt.[231] Noch deutlicher wird dieser Einfluß in den „Nutricia", der vierten seiner unter dem Namen „Silvae" zusammengefaßten poetischen Vorreden, welche eine begeisterte Apotheose der Poesie darstellt. Gelehrtes Wissen hat hier alles zusammengetragen, was zum Preise der Dichtung gesagt worden ist. Die Poesie erscheint als die göttliche Kraft, welche die Menschheit aus dem primitiven Zustand der Roheit und geistigen Stumpfheit befreit, indem sie ihr in wohlgeformter Redeweise Lehren erteilt:

Tu formare rudes, tu prima extundere duro
Abstrusam cordi scintillam, prima fovere
Ausa prometheae coelestia semina flammae.
Nam simul ac, pulchro moderatrix unica rerum
Suffulta eloquio, dulcem sapientia cantum
Protulit, et refugas tantum sonus attigit aures,
Concurrêre ferum vulgus;[232]

Der Dichter als Vermittler dieser göttlichen Kraft ist selbst von ihr durchdrungen; die Harmonien der himmlischen Sphärenmusik klingen im Dichter wieder und entflammen ihn zu eigenem Schaffen. Der „furor poeticus" strahlt eine magnetische Kraft aus[233]; Dichter reiht sich an Dichter wie eine einzige große Kette. So geht aus dem einleitenden allgemeinen Teil der historische Überblick hervor, in dem der Verfasser die ihm bekannten Dichter von den mythischen Urzeiten bis zum Ausgang der Antike aufzählt und jedem eine — wenn auch oft recht kurze — Würdigung zuteil werden läßt.[234]

Als im Laufe des 16. Jahrhunderts der Platonismus zu einer Art Modephilosophie wurde und die platonischen Lehren, wenn auch in vereinfachter Form, in dem allgemeinen Gedankengut der Gebildeten Aufnahme fanden, machten sich trotz des in der Poetik herrschenden Aristotelismus immer wieder Ansätze zu einer platonisch bestimmten Dichtungslehre bemerkbar. Selbst ein so überzeugter Aristoteliker wie Girolamo Muzio, dem wir die erste in italienischer Sprache abgefaßte Poetik auf aristotelischer Grundlage verdanken[235] betont ausdrücklich, daß ohne den „furor poeticus" keine wirkliche Dichtung entstehen kann:

Che non vi gioverà dottrina, od arte
Se non v'elegge 'l ciel, se'l petto pieno
Non vi sentite di calor ch'accenda
Ne' vostri cor foco altro, che mortale.
Perchè senza tal foco i vostri versi
Rimarran senza spirto, e senza vita.[236]

---

[231] Vgl. Saitta, M. Ficino e la filosofia dell'umanesimo a. a. O. 224 f.

[232] Nutricia 72—82, in Le Selve e la Strega. Prolusioni nello Studio Fiorentino (1482—1492). Per cura di I. Del Lungo. Firenze 1925, 120 f.

[233] Zum Vergleich der dichterischen Kraft mit der des Magneten vgl. den „Ion", dessen Kommentar Ficino besonders am Herzen lag.

[234] Im Verhältnis zu den antiken nehmen die volkssprachlichen italienischen Dichter einen weit geringeren Raum ein.

[235] Arte poetica (1551).

[236] Tre libri di Arte poetica, III, in Mutio, Rime diverse. Vinegia 1551, fol. 93.

Wenn hier noch die Berufung auf den „furor poeticus" nicht viel mehr bedeutet als einen Gemeinplatz, so stellt der Dialog „Naugerius sive de poetica" (1555) [237] des Girolamo Fracastoro einen ernsthaften Versuch dar, den herrschenden Aristotelismus mit platonischen Gedankengängen organisch zu verbinden, um auf dieser Grundlage zu einer neuen Dichtungslehre zu gelangen. Die Möglichkeit dazu bot die Doppeldeutigkeit des Mimesis-Begriffs in der aristotelischen Poetik: Einerseits bedeutet hier Mimesis die Wiedergabe der historischen Wirklichkeit, wird also realistisch gefaßt; anderseits wird unter Mimesis die Darstellung des universalen Gehalts der Dinge verstanden, wird also Mimesis idealistisch begriffen. Von dieser zweiten Bedeutung geht Fracastoro aus und behauptet, das Ziel des Dichters sei weder die Unterhaltung des Lesers, noch dessen moralische Belehrung, sondern einzig und allein die Darstellung der Dinge unter dem Gesichtspunkt ihrer universalen Idee, die mit ihrer idealen Schönheit identisch ist. Nur so unterscheidet sich der Dichter von den übrigen Schriftstellern: „ij enim singulare imitantur, hoc est rem nudam uti est, Poeta vero non hoc, sed simplicem ideam pulchritudinibus suis vestitam, quod universale Aristoteles vocat" [238]. Nur der göttlich inspirierte Dichter vermag diese ideale Schönheit zu schauen und entsprechend darzustellen. Im Gegensatz zu Platons Behauptung, der Dichter wisse nicht von dem, worüber er redet, vertritt Fracastoro die Ansicht, der Dichter kenne die von ihm behandelten Dinge, aber er kenne sie eben als Dichter und nicht als Philosoph. Damit wird der mittelalterlich-humanistische Begriff des weisen Dichters aufgegeben und durch einen neuen Begriff des Dichters, der sein Gesetz in sich selbst trägt, ersetzt. Aber auch Fracastoro gelang es nicht, eine Verbindung zwischen der dichterischen Inspiration und ihrer Objektivierung in der Dichtung herzustellen. Sobald es sich um die Beurteilung der Dichtung als solcher handelt, bleiben auch für Fracastoro die Vorschriften der Rhetorik geltend.

Unter dem Einfluß platonischer Gedankengänge steht auch Antonio Sebastiano, genannt Minturno, bei der Interpretation der aristotelischen Poetik in seinem Traktat „De poeta" (1559).[239] Für Minturno schafft der Dichter lediglich auf Grund göttlicher Inspiration. Daher ist es auch unmöglich, eine bestimmte Poetik für verbindlich zu erklären, vielmehr gibt es soviel Poetiken wie Dichter. Aus der Abhängigkeit des Dichters vom „furor poeticus" folgert er weiterhin, daß der Dichter nicht zwischen gut und böse unterscheiden könne, da ihm die Begeisterung das dazu nötige Erkenntnisvermögen nehme. Eine moralische Wirkung der Dichtung ist daher schlechterdings aus-

---

[237] It. Übers.: Il Navagero ovvero dialogo sulla poetica, a cura di A. Gandolfo. Bari 1947; vgl. dazu B. Croce, Il dialogo del Fracastoro sulla Poetica, in Quaderni della critica Nr. 9 (1947), 59—61.

[238] Hieronymi Fracastori Veronensis Opera. Genevae 1637, I, 340; zu Fracastoros Poetik vgl. A. Scolari, La poetica di G. Fracastoro, in Scritti di varia letteratura e di critica. Bologna 1937 und E. Garin, Der italienische Humanismus a. a. O., 202 ff.

[239] De Poeta libri sex. Venetiis 1559.

geschlossen; der Zweck der Dichtung liegt in ihr selbst, in der vollendeten Darstellung. Unter der Einwirkung der gegenreformatorischen Geisteshaltung stellte sich Minturno vier Jahre später erneut die Frage nach dem Verhältnis von Dichtung und Moral; und dieses Mal beantwortet er sie im Sinne des „pio aristotelismo", in dessen Zeichen die vier Bücher seiner „Arte poetica" aus dem Jahre 1563 stehen.[240]

In der Kritik am Aristotelismus taucht der Begriff der dichterischen Begeisterung, des „entusiasmo" am Ausgang der Renaissance noch einmal auf in der Abhandlung „Della Poetica", die Francesco Patrizio (oder Patriz(z)i) 1586 veröffentlichte. Patrizios Kritik richtet sich vor allem gegen das aristotelische Prinzip der Nachahmung. Die Dichtung darf nach Patrizio nicht mit der Nachahmung gleichgesetzt werden: „E così non la imitazione, fa la poesia, ma altra cosa per ancora non palese".[241] Ohne das Verhältnis der Dichtung zur Nachahmung näher zu bestimmen, verlegt Patrizio den Ursprung der Dichtung in den „entusiasmo". Dieser wird definiert als „un commovimento d'animo naturale e formato per le fantasie rappresentate dal lume che nell'anima infonde alcuna Deità, o Genio, o Demone; e opera secondo il soggetto che quel lume riceve, senza sapere ciò che si faccia o dica l'illuminato".[242] Aber Patrizio wußte mit diesem platonischen Begriff der dichterischen Begeisterung nichts anzufangen, wie schon darin zum Ausdruck kommt, daß er neben den Dichtern aus „entusiasmo" solche „per natural inclinazione", aus natürlicher Veranlagung, und solche „per sapienza", auf Grund ihrer Weisheit, unterscheidet.[243] Die durch seine literarische Bildung genährte Überzeugung von der Notwendigkeit einer normativen Poetik war zu stark, als daß er imstande gewesen wäre, aus dem im Begriff des „entusiasmo" enthaltenen subjektiven Moment eine neue Dichtungslehre zu entwickeln und so den vom Objekt ausgehenden klassizistischen Regelkodex zu überwinden.[244] Wieder, wie schon bei den Florentiner Platonikern und bei Fracastoro, scheitert der Versuch, die Poesie mit Hilfe des Platonismus aus ihrer Bindung an die Rhetorik, bzw. an die normative Poetik zu lösen.

4. *Humanismus und volkssprachliche Dichtung*

Seiner Entstehung nach bedeutete der Humanismus eine Abkehr von der volkssprachlichen Tradition der mittelalterlichen Literatur Italiens. Petrarca

[240] Vgl. G. Toffanin, La fine dell'umanesimo. Torino 1920; A. De Sanctis, Di Antonio Minturno umanista del Cinquecento, in Archivio d. Soc. romana di Storia Patria 50 (1927), 309—318 u. u. S. 150 f.

[241] Della Poetica di F. Patrici, la Deca Disputata IV. Ferrara 1586, 88.

[242] Deca Disputata I, a. a. O. 24.

[243] Deca Disputata I, a. a. O. 27.

[244] Vgl. B. Croce, Francesco Patrizio e la critica della rettorica antica, in Problemi di estetica. 3a ediz. riveduta. Bari 1940, 301—312; I. Kamalic, Francesco Patrizzi, 1529—1597, nella cultura e sopratutto nella poetica cinquecentesca. Diss. Freiburg i. Schw. 1934.

distanzierte sich ausdrücklich von seinen italienischen Gedichten[245] und auch Boccaccio glaubte sich für seine Neigung zur volkssprachlichen Dichtung, die er sich von der Muse Kalliope vorhalten läßt, entschuldigen zu müssen.[246] Je weiter sich der Humanismus ausbreitete, desto schärfer wurde der Gegensatz zwischen volkssprachlicher und humanistischer Tradition. Die italienische Literatur schien von der lateinischen durch einen unüberbrückbaren Abgrund getrennt zu sein. In der Kritik, die Niccolò Niccoli in Leonardo Brunis „Dialogus at Petrum Paulum Istrum" [247] an der großen italienischen Dichtung des Trecento, insbesondere an Dante übt, spiegelt sich die ganze Verachtung des bildungsstolzen Humanisten gegenüber der Volkssprache und ihrer Literatur wieder: In Entgegnung auf die Lobpreisung der „drei Kronen von Florenz" durch Coluccio Salutati kritisiert Niccoli nacheinander Dante, Petrarca und Boccaccio auf das heftigste. Dante kommt am schlechtesten davon. Niccoli wirft ihm vor, er habe Virgil falsch verstanden [248] und sich auch sonst in Bezug auf die Antike Unrichtigkeiten zuschulden kommen lassen. Er habe eben nicht unmittelbar aus den Klassikern geschöpft, und daher fehle es ihm an Latinität. Wie kann man es wagen, ihn einen Dichter zu nennen und ihn sogar Virgil vorzuziehen, wo er nicht einmal richtig Lateinisch gekonnt hat! „Nos vero non pudebit, eum poetam appellare, et Virgilio etiam anteporre, qui latine loqui non possit".[249] Er ist nur ein Dichter für die kleinen Leute, für das ungebildete Volk. „Quamobrem, Coluci, ego istum poetam tuum a concilio litteratorum seiungam atque eum lanariis, pistoribus atque eiusmodi turbae relinquam".[250] Aber auch Petrarca läßt sich nicht mit den Autoren der Antike vergleichen und Boccaccio noch viel weniger als die beiden anderen. Ein Brief Ciceros, ein Gedicht Virgils sind mehr wert als alle Werke der drei Trecentisti. „Ego me hercule unam Ciceronis epistolam, atque unum Virgilii carmen omnibus vestris opusculis longissime antepono".[251]

Gerade aber von der großen Dichtung des Trecento aus begannen die Vertreter des „volgare" ihre Verteidigung der volkssprachlichen Tradition. Von den drei Kronen von Florenz ist es in erster Linie Dante, dessen gewaltiges Weltgedicht als erhabener Beweis für die Ausdrucksfähigkeit des „volgare" angeführt wird. Schon Cino Rinuccini, dessen Lebenszeit noch zum größten Teil in das Trecento fällt, wendet sich in einer scharfen Invektive gegen die aus den Kreisen des aufkommenden Humanismus stammenden Verleum-

[245] s. o. S. 57.

[246] „Non ego te vidi pridem vulgare canentem in triviis carmen, misero plaudente popello?" (Buccolicum Carmen XII. Saphos 48—49, in Opere latine minori a. a. O.) Boccaccio entschuldigt sich darauf, es habe sich um eine Jugendleidenschaft gehandelt.

[247] Leonardo Aretini ad Petrum Paulum Istrum dialogus. Zum erstenmal vollständig hsg. v. Th. Klette. Greifswald 1889, Liber I.

[248] Purg. XXII, 40.

[249] L. Aretini ad D. P. Istrum dialogus a. a. O. 62.

[250] Ibid. 63.

[251] Ibid. 64.

der der drei großen Florentiner und verteidigt besonders Dante. Die Verächter des Dichters der „Divina Commedia“ diskutieren, ob Homer oder Virgil der größere gewesen sei und halten Dante für einen „poeta da calzolai“. Sie erkennen nicht, daß die Sprache des Dichters ihre Rechtfertigung im Werk als solchem findet: „non dicono che'l parlar poetico è quello che sopra agli altri come aquila vola, cantando con maravigliosa arte e fatti groliosi degli igniominiosi uomini e pognendo per nostro ben vivere inanzi agli occhi tutte le storie“.[252] Was Dante anbelangt, so steht er in jeder Beziehung über Virgil. Er hat bewiesen, daß das Florentinische für die Behandlung jedes auch noch so tiefgründigen Gegenstandes geeignet erscheint. Im „Paradiso degli Alberti“, der bedeutendsten Apologie der volkssprachlichen Literatur aus der ersten Hälfte des Quattrocento, wird im Anschluß an die Erklärung des 25. Gesanges von Dantes „Purgatorio“ ausdrücklich festgestellt: „l'edioma fiorentino è si rilimato e copioso, che ogni astratta e profonda matera si puote chiarissimamente con esso dire, ragionarne e disputarne“.[253] Damit wird grundsätzlich die Anerkennung des Italienischen als Literatursprache gefordert. Darüber noch hinausgehend richtet ein anderer Verteidiger der volkssprachlichen Tradition, Domenico da Prato, in einem Widmungsschreiben zu seinen Gedichten einen unmittelbaren Angriff gegen das Grundgesetz der gesamten humanistischen Dichtungslehre, das Prinzip der Imitatio. Die Humanisten erklären, man könne nichts tun noch sagen, was nicht schon von den Alten besser getan und gesagt worden wäre, womit sie aber, folgerichtig gedacht, ihre eigenen Arbeiten als überflüssig bezeichnen: „Et se tutto è stato detto a bastanza, secondo che dicono, a che favellano?.[254] Weit entfernt von dieser Einsicht, rühmen sich die Humanisten ihrer Fähigkeit, lateinisch und griechisch schreiben zu können und haben doch nicht einmal freie Phantasie genug, um ein Sonett zu verfassen: „Non si millantino adunque essi bilingui, se non ànno (che certo non l'ànno) libera fantasia pur d'un sonetto comporre“.[255]

Die von den Verteidigern der großen Dichtung des Trecento erhobene Forderung nach der Anerkennung des Italienischen als Literatursprache war seit Dante nicht wieder verstummt. In seiner unter dem Eindruck des Aufblühens der volkssprachlichen Dichtung in der Toskana verfaßten „Summa artis rithmici“ (1332) hatte der Paduaner Richter Antonio da Tempo den Vorrang des Toskanischen als Literatursprache verkündet: „lingua tusca magis apta est ad literam sive literaturam (quam aliae linguae), et ideo est magis

[252] Invettiva contro a cierti caluniatori di Dante e di messer Francesco Petrarca e di messer Giovanni Boccacci... In Il Paradiso degli Alberti. Hrsg. v. A. Wesselofsky. Bologna 1867, I, 2. Teil, 310.

[253] Il Paradiso degli Alberti a. a. O. III, 84.

[254] Dal Cod. Laurenz. plut. XLI, cod. XXXI, in Il Paradiso degli Alberti a. a. O. I, 2. Teil, 324.

[255] Ibid., 329.

communis et intelligibilis" [256]). Aber als mit Boccaccio der letzte der großen Dichter des Trecento starb, durch deren Werke das „volgare" in nur einem halben Jahrhundert den Rang einer der bedeutendsten Literatursprachen erreicht hatte, fehlten die Dichter, welche die von Antonio da Tempo registrierten und erläuterten Formen der italienischen Lyrik — allein beim Sonett unterscheidet er sechzehn verschiedene Arten — hätten in neuem Glanz erstrahlen lassen können. Beim Tode Boccaccios klagte Franco Sacchetti:

Or è mancata ogni poesia
e vote son le case di Parnaso
po'che morte n'ha tolto ogni valore.[257]

Auf das Zeitalter der „drei Kronen von Florenz" folgte „il secolo senza poesia", das poesielose Jahrhundert; die italienische Dichtung wurde Epigonendichtung, die von dem Erbe der großen Literatur des Trecento zehrte. Das daraus erwachsende Gefühl der Abhängigkeit kommt in bezeichnender Weise in dem bescheidenen Versuch einer volkssprachlichen Dichtungslehre zum Ausdruck, den Antonio Pucci in seiner aus einem Kranz von zwölf Sonetten bestehenden „Arte del dire in rima" unternommen hat. In einem dieser Sonette, in denen sich Vorschriften über den Aufbau dieser Dichtungsform mit moralischen Belehrungen abwechseln, heißt es:

Ma d'una cosa t'amaestro avante:
che tu (ti) vegne spesso spermentando
sopr'a'sonetti che furon di Dante.
Se ti correggi pe'sonetti suoi
per nulla guisa mai fallire puoi.[258]

Als dann die italienische Dichtung nach der schöpferischen Pause der Epigonenzeit in der zweiten Hälfte des 15. Jahrhunderts wieder auflebt, knüpft sie jedoch nicht direkt an diese Tradition an; zwischen der volkssprachlichen Dichtung des Trecento und derjenigen am Ende des Quattrocento liegt ein Vorgang von entscheidender Bedeutung: das Eindringen des Humanismus in die volkssprachliche Tradition. Das Wiederaufleben der italienischen Dichtung vollzieht sich also nicht im Gegensatz zum Humanismus, sondern sie entfaltet sich aus ihm heraus. Die Oppositionsstellung, in der sich humanistische und volkssprachliche Tradition anfangs befinden, wird in einer Syn-

[256] Trattato delle rime volgari. Per cura di G. Grion. Bologna 1869, 174; da A. da Tempo im Vorwort behauptet, er habe einen bis dahin noch nicht behandelten Gegenstand in Angriff genommen, scheint ihm Dantes „De Vulgari Eloquentia" nicht bekannt gewesen zu sein, ein Beweis für die geringe Verbreitung des Werkes. Da Tempos Abhandlung, in der alle einheimischen Dichtungsformen systematisch erfaßt werden, ist bis ins 16. Jahrhundert eine „maßgebende Poetik und Richtschnur für alle lyrischen Dichtungsformen in der italienischen Landessprache" (Behrens, Die Lehre von der Einteilung der Dichtkunst a. a. O. 60 f.).

[257] F. Sacchetti, Il libro delle rime. A cura di A. Chiari. Bari 1936, CLXXXI, 194.

[258] L'Arte del dire in rima. Sonetti di A. Pucci, pubbl. da A. D'Ancona, in Miscellanea di filologia e linguistica in memoria di N. Caix e U. A. Canello. Firenze 1886, 294.

these beider Traditionen überwunden. Der Humanismus gliedert sich in die nationalitalienische Geistesgeschichte ein. Eine solche Eingliederung war aber nur möglich, weil der Humanismus — soweit er wirklich fruchtbar ist — eben stets eine Auseinandersetzung des modernen Geistes mit der Antike und nicht eine Restauration einer vergangenen Kultur darstellt.

Zunächst erwacht das philologische Interesse der Humanisten an der Volkssprache. Im Mittelpunkt steht die bekannte Diskussion zwischen Leonardo Bruni und Flavio Biondo über die Ursprünge des Italienischen.[259] Bruni vertrat die Ansicht, das Italienische wäre schon die Volkssprache der alten Römer gewesen, so daß es sich bei dem Unterschied zwischen Latein und „volgare" um eine seit jeher bestehende soziale Differenzierung handelte. „Ego autem ut nunc est, sic etiam tunc (apud veteres) distinctam fuisse vulgarem linguam a literata existimo".[260] Diese Theorie wird jedoch von der Mehrzahl der Humanisten abgelehnt, deren Wortführer Flavio Biondo ist. Dieser sieht den Anlaß für die Entstehung des Italienischen in den Germaneneinfällen, durch welche die einheimische Sprache Italiens umgewandelt wurde.[261] So konnte Biondo auch behaupten, daß im Italienischen die sprachlichen Qualitäten des „sermo urbanus" bis zu einem gewissen Grade fortlebten, sich vor allem eine bestimmte Regelmäßigkeit erhalten hätte. Damit war theoretisch bereits die Möglichkeit zur Anerkennung der Volkssprache durch den Humanismus gegeben. In der Feststellung von Regelmäßigkeiten innerhalb des „volgare" lag der erste Ansatz zur Ausbildung einer Vulgärgrammatik auf humanistischer Grundlage.

Dem philologischen Interesse der Humanisten an der Volkssprache geht parallel ein literarisches Interesse an den in der Volkssprache abgefaßten Dichtungen. Wenn der Humanismus in der zweiten Hälfte des Quattrocento sich wieder für Dante zu interessieren beginnt, kehrt er damit zu einer Einstellung zurück, wie sie bereits den ersten Humanisten eigen gewesen war. Petrarca hatte sich allerdings über Dante erhaben gedünkt.[262] Aber Boccaccio begrüßt Dante als den ersten Wiedererwecker der Musen, die aus Italien verbannt gewesen waren: „Dante, il qual primo doveva al ritorno delle muse, sbandite d'Italia, aprir la via".[263] Damit wird Dante an den Beginn der Renaissance gestellt und die italienische Literatur in die große Erneuerungsbewegung einbezogen, als die sich der Humanismus deutete. Durch Dante wird erst die Schönheit des florentinischen Idioms offenbar, indem er der

[259] Vgl. H. Meier, Die Entstehung der romanischen Sprachen und Nationen. Frankfurt a. M. (1941), 9 ff.

[260] Epist. VI, 10 a. a. O. II, 62.

[261] Vgl. Biondos Brief „De verbis romanae locutionis", in B. Nogara, Scritti inediti e rari di Biondo Flavio, Roma 1927, 115—130; auf Biondos Seite standen Poggio Bracciolini, Valla, Filelfo, Alberti, Guarino und Marsuppini.

[262] Vgl. zum folgenden A. Buck, Dante im Urteil der Literarästhetik des italienischen Humanismus a. a. O.

[263] Vita di Dante, in Comento alla Divina Commedia a. a. O. I, 8.

Volkssprache Regel und Ordnung gibt.[264] Sein Werk zeigt, welche Ausdrucksfähigkeit die italienische Sprache besitzt, die jedem Gegenstand gerecht werden kann. Diese Verdienste um das Italienische verschaffen Dante unter den Italienern die gleiche Stellung, die Homer unter den Griechen, Virgil unter den Römern innegehabt haben.[265] Dante wird auf die Ebene der Klassiker der Antike gehoben. Er hat nicht, wie manche behaupten, ein rohes ungeschliffenes Werk für das niedere Volk geschrieben, sondern eine Kunstdichtung und hat sich dabei bemüht, die klassischen Autoren Virgil, Horaz und Statius nachzuahmen, „come le sue opere dimostrano".[266] Das ist nichts anderes als ein Versuch, die Erhebung Dantes zum Klassiker mit Hilfe des Grundbegriffs der humanistischen Poetik, der Imitatio, zu rechtfertigen.

Als Klassiker kann dann Dante für Boccaccio zum Vertreter der Dichtung schlechthin werden. Von Dante kann man lernen, was Dichtung ist und worin ihre Aufgabe besteht.[267] Die von Boccaccio verfaßte Dante-Biographie wird daher auch dem Autor zum Anlaß, sich grundsätzlich mit dem Problem der Dichtung auseinanderzusetzen.[268] Die „Divina Commedia" erscheint Boccaccio als das vollkommenste Beispiel für die Verwirklichung der theologischen Poetik, denn die Wahrheit, die Dante unter dem Schmuck der Rede verbirgt, ist die katholische Glaubenswahrheit, „la cattolica verità".[269] Was Gregor der Große von der Hl. Schrift gesagt hat, gilt auch für Dantes Werk: „questo libro essere un fiume piano e profondo, nel quale l'agnello puote andare e il leofante notare, cioè in esso si possono i rozzi dilettare e i gran valenti uomini esercitare".[270] Gleich der Bibel ist die „Divina Commedia" ein Buch, das für keinen bestimmten Stand, weder für die Gebildeten noch für die Ungebildeten, sondern für die ganze Menschheit geschrieben worden ist. Ein „heiliges Gedicht" hatte Dante selbst sein Werk genannt, und Boccaccio ist der erste, der das Epitheton „divina" zu „Commedia" hinzufügt.[271]

Wenn Boccaccio die „studia humanitatis" mit der volkssprachlichen Tradition für vereinbar hielt, griff er damit der historischen Entwicklung voraus. Coluccio Salutati ist zwar auch ein überzeugter Bewunderer Dantes, des in „allen göttlichen und menschlichen Dingen hochgelehrten" Dichters,[272] und preist die „Divina Commedia" als ein unübertreffliches Werk;[273] aber

[264] Ibid.

[265] Ibid., 25.

[266] Ibid., 24.

[267] „possent qui vellent a poeta novo summere quid poesis et circa quod eius versaretur officium" (A. Jacopo Pizzinga, in Opere latine minori a. a. O. 195.

[268] B. entwickelt hier die Grundzüge der theologischen Poetik (s. o. S. 77 ff.).

[269] Comento a. a. O. 162.

[270] Ibid., 163.

[271] Vita di Dante a. a. O. 52.

[272] Ep. V, 19 (Epist. a. a. O. II, 101).

[273] Ibid. XI, 10 (III, 371 ff.).

er kann seine Bedenken gegen die Verwendung der Volkssprache durch Dante nicht unterdrücken. Hätte Dante lateinisch geschrieben, so hätte er Virgil und Homer übertroffen.[274] Nachdem zu Beginn des 15. Jahrhunderts die Entfremdung zwischen dem Humanismus und Dante ihren Höhepunkt erreicht hatte,[275] veröffentlicht derselbe Leonardi Bruni, der sich durch den Mund Niccolis zum Sprecher der rein negativen humanistischen Dante-Kritik gemacht hatte, im Jahre 1436 in italienischer Sprache eine „Vita di Dante". Wie schon Boccaccio, so verknüpft auch Bruni mit der Biographie Dantes grundsätzlich literarästhetische Erwägungen. Nicht in einer lateinisch geschriebenen Rhetorik oder Poetik, sondern in der italienischen Lebensbeschreibung des größten volkssprachlichen Dichters des Mittelalters entwickelt Bruni die Grundzüge seiner platonisch beeinflußten Dichtungslehre.[276] Die Bewunderung, welche Dantes große Dichtung in ihm erweckt, hat ihn sicher darin bestärkt, der Sprache dieses Werkes — wenigstens theoretisch — dieselbe Stellung einzuräumen wie dem vergötterten Latein.[277] Landino vollendet dann in seinem Dante-Kommentar[278] die von Boccaccio eingeleitete und von Bruni fortgeführte Entwicklung, indem er Dante definitiv in die Bildungssphäre des Humanismus aufnimmt.

Ungefähr analog zum Nachleben Dantes im Humanismus wandelt sich das humanistische Urteil über Petrarca, obgleich die Diskussion über die volkssprachlichen Dichtungen Petrarcas zunächst noch einen weit geringeren Raum einnahm als die Auseinandersetzung mit der „Divina Commedia". Kurz nach Petrarcas Tod schrieb Salutati einen Panegyrikus, in dem Petrarca in Bezug auf seine lateinischen Werke über die Autoren des griechisch-römischen Altertums, als italienischer Dichter über Dante gestellt wird.[279] Abgesehen davon, daß die modernen Dichter den antiken schon dadurch überlegen sind, weil sie durch die christliche Offenbarung erleuchtet werden, hat Petrarca Virgil und Cicero übertroffen, da er sich sowohl in der Poesie als auch in der Prosa ausgezeichnet hat, während Virgil ein schlechter Redner und Cicero ein elender Dichter gewesen sind. Im Anschluß an diese Lobeshymne Salutatis entwickelte sich eine lange Polemik zwischen Salutati und Poggio, der die Partei der antiken Autoren ergriff und diese für unübertrefflich erklärte.[280] Auch im Hinblick auf Petrarca setzt mit Bruni der Umschwung in der Haltung des Humanismus im Quattrocento ein. In seiner „Vita del Petrarca" stellt Bruni Petrarca nicht nur an den Anfang der hu-

[274] „tam latiali (Virgilio) quam greco preferendum Homero, si latine potuisset, sicut materni sermonis elegantia cecinisse" (Ep. XII, 7 [III, 491]).

[275] S. o. S. 98 f.

[276] S. o. S. 89.

[277] S. o. Ibid.

[278] S. o. S. 94.

[279] Ep. III, 15 (Epist. a. a. O. I, 176 ff.).

[280] Vgl. E. Walser, Poggius Florentinus. Leben u. Werke. Leipzig-Berlin 1914, 29ff.

manistischen Bewegung,[281] sondern läßt ihm auch als italienischen Dichter Gerechtigkeit widerfahren. In der Folgezeit sollte der „Canzoniere" viel mehr als die „Divina Commedia" eine Brücke zwischen der volkssprachlichen und der humanistischen Tradition bilden.

Wenn diese Belege für das zunehmende Interesse des Humanismus an der Volkssprache und ihrer Literatur gleichsam einen sichtbaren Beweis für die Annäherung zwischen den beiden Traditionen darstellen, so vollzieht sich gleichzeitig innerhalb jeder einzelnen Tradition eine nicht auf den ersten Blick ohne weiteres erkennbare Entwicklung, die am besten als eine innere gegenseitige Durchdringung zu charakterisieren ist. Bei der Betrachtung der Humanisten des Quattrocento hatten wir verschiedentlich festgestellt, daß ihr Latein keineswegs ein durchgehend streng klassisches Gepräge hatte, ja daß sogar der Verkünder der kritisch strengsten Stillehre, die das Jahrhundert kannte, Lorenzo Valla in seinen eigenen Schriften ein lebendiges Latein schrieb, das mit den Vorschriften der „Elegantiae" bei weitem nicht immer in Einklang stand. Wie die nähere Untersuchung der humanistischen Schriften des Quattrocento zeigt,[282] war das Humanistenlatein dieser Epoche immer in den Fällen, wo es sich um originelle Werke handelt, eine durchaus lebendige Schöpfung, dagegen gekünstelt und stilistisch unselbständig, wenn der betreffende Autor nichts Eigenes und Neues zu sagen hatte. Das Humanistenlatein erscheint — zumindest in seinen wirklich bedeutsamen Zeugnissen — als eine moderne mit dem Erleben der Gegenwart in Verbindung stehende Sprache, womit jeder innere Gegensatz zur volkssprachlichen Ausdrucksweise eigentlich aufgehoben wird: „Il latino degli umanisti fu . . ., un idioma diverso dal volgare, una lingua — ossia un atteggiamento del pensiero — non diversa dal volgare." [283]

Wie das Humanistenlatein unter der Einwirkung der modernen Volkssprache steht, so wird auch umgekehrt die Volkssprache durch das Latein beeinflußt. Die italienische Literatursprache geht beim Humanismus in die Schule.[283a] Es ist der Vorgang, den C. Landino in der Forderung formuliert hat: „È necessario esser latino, chi vuol essere buon toscano." [284] In die Tat umge-

---

[281] „Francesco Petrarca fu il primo, il quale ebbe tanta grazia d'ingegno che riconobbe e rivocò in luce l'antica leggiadria dello stile perduto e spento" (Vita del Petrarca, ed. G. C. Galletti. Firenze 1847, 53).

[282] Vgl. R. Spongano, Un capitolo di storia della nostra prosa d'arte (la prosa letteraria del Quattrocento). Firenze 1941.

[283] R. Spongano a. a. O., 19; auf Grund besonderer Stilmerkmale wie z. B. der Bevorzugung der demonstrativen Anknüpfung gegenüber der relativen des klassischen Lateins weist Spongano im einzelnen das Vorhandensein einer modernen inneren Sprachform im Humanistenlatein nach.

[283a] Vgl. P. O. Kristeller, L'origine e lo sviluppo della prosa volgare italiana, in Cultura neolatina 10 (1951), 147 f.

[284] Orazione di C. Landino quando cominciò a leggere in Studio i sonetti di F. Petrarca a. a. O., 131.

setzt haben diese Forderung diejenigen Humanisten, die begannen, in großem Umfang italienisch zu schreiben und zu dichten.

Das erste größere von einem Humanisten italienisch abgefaßte Werk ist die „Vita Civile“ des Matteo Palmieri. Wenn auch der neue Typ der humanistischen italienischen Kunstprosa noch nicht volkommen durchgebildet ist, so lassen sich doch schon ihre charakteristischen Züge erkennen: Unter dem Einfluß der Vertiefung in die klassische Latinität strebt die italienische Kunstprosa nach einem monumentalen Gepräge, ein Streben, das sich in einer architektonischen Struktur der einzelnen Satzteile äußert. Was Palmieri begonnen hatte, setzte Leon Battista Alberti fort und zwar mit ungleich größeren stilistischen Fähigkeiten. Er macht sich in seiner Prosa weit mehr als Palmieri von der Anlehnung an die lateinischen Stilmuster frei; sein „volgare“ wird zunehmend selbständiger, behält allerdings nach wie vor einen latinisierenden Grundton. Alberti vertritt auch theoretisch seine Hinwendung zur Volkssprache. Bei aller Hochschätzung der lateinischen Sprache fühlt Alberti, daß die Zukunft der Volkssprache gehört: „Et chi sarà quel temerario che pur mi perseguiti biasimando s'io non scrivo in modo che lui non m'intenda? Piú tosto forse e prudenti mi loderanno s'io, scrivendo in modo che ciascuno m'intenda, prima cerco giovare a molti che piacer a pochi: ché sai quanto siano pochissimi a questi dí e litterati. Et molto qui a me piacerebbe se chi sa biasimare ancora altanto sapesse dicendo farsi lodare. Ben confesso quella antiqua latina lingua essere copiosa molto et ornatissima: ma non però veggo in che sia la nostra oggi toscana tanto da averla in odio, che in essa qualunque benché optima cosa scripta ci dispiaccia.“ [285] Das Italienische wird den gleichen Rang einnehmen wie das Latein, vorausgesetzt, daß sich die Gelehrten, d. h. also die Humanisten, seiner annehmen: „Et sia quanto dicono quella antica appresso di tutte le genti piena d'auctorità, solo perché in essa molti dotti scrissero, simile certo sarà la nostra s'e'docti la vorranno molto con suo studio et vigilie essere elimata et polita.“ [286]

Alberti suchte auch dieses Programm nach Kräften zu verwirklichen. Zu diesem Zweck veranstaltete er einen poetischen Wettbewerb, den „certame coronario“, für den ein bestimmtes Thema, nämlich die wahre Freundschaft, in Form einer italienischen Dichtung zu behandeln war. Wenn auch der Wettbewerb selbst — wie kaum anders möglich — keine nennenswerte Dichtung in italienischer Sprache zeitigte, so lassen die im latinisierten Namen des Wettbewerbs zum Ausdruck kommende Erinnerung an ähnliche Veranstaltungen im alten Rom und das gleichfalls mit klassischen Reminiszenzen beschwerte Thema den „certame coronario“ zu einem Symbol werden für die

[285] I primi tre libri della famiglia. A cura di F. C. Pellegrini e R. Spongano. Firenze (1946), L. III, 232 f.

[286] Ibid. 233.

Bemühungen um die Übertragung der humanistischen Geisteshaltung auf die volkssprachliche Tradition.[287]

Im Vorwort zum 3. Buch der schon zitierten „Libri della famiglia“ wiederholt Alberti die bereits von Biondo getroffene Feststellung,[288] daß die Volkssprache eine regelmäßige Struktur besitzt, womit, wie schon gesagt, die Voraussetzung für die Ausarbeitung einer italienischen Grammatik gegeben ist. Es ist nicht einwandfrei erwiesen, ob die anonym überlieferten „Regole della volgar lingua fiorentina“, auch bekannt unter dem Namen „Grammatichetta vaticana“, von Alberti selbst stammen; jedenfalls stehen sie mit der von ihm so energisch betriebenen Anerkennung des „volgare“ als gleichberechtigter Literatursprache in engstem Zusammenhang.[289]

Ausgehend von der Diskussion über das Verhältnis von Literatursprache und Umgangssprache im alten Rom vertritt der Verfasser im Vorwort der Grammatik die Ansicht, daß die lateinische Sprache von allen gesprochen wurde und zwar auf Grund der Aufstellung von Grammatiken. Dasselbe will er für die florentinische Umgangssprache tun: „Questa arte quale ella sia in lingua nostra, leggietemi e intenderetela.“ [290] Wie er die Berechtigung zur Abfassung seiner Grammatik vom Latein ableitet, so bleibt auch im Verlauf der Darstellung der Einfluß des lateinischen Vorbildes stets spürbar, ja sogar die Sprache der Grammatik selbst weist typische Merkmale jener latinisierenden italienischen Prosa auf, die wir bei den italienisch schreibenden Humanisten angetroffen haben.

Als mutmaßlicher Verfasser der „Regole della lingua fiorentina“ ist neben Alberti auch Lorenzo de'Medici genannt worden.[291] Es mag dahingestellt bleiben, ob sich ein lückenloser Beweis dafür erbringen läßt; die Tatsache allein, daß der Magnifico als Verfasser in Betracht kommt, kennzeichnet seine Einstellung zu den Bestrebungen um die Schaffung eines literarisch anerkannten „volgare“. Im Unterschied zu Alberti ist Lorenzo de'Medici jedoch einerseits weit unabhängiger von der humanistischen Tradition, und anderseits ist er als Dichter in der Lage, durch sein Werk dem Italienischen nicht nur in der Prosa, sondern auch in der Poesie zur Geltung zu verhelfen.

Lorenzo de'Medici knüpft bewußt an die große Tradition der italienischen

[287] Anläßlich dieses Wettbewerbs bot Leonardo Dati den ersten Versuch einer Übertragung klassischer Metren ins Italienische, ein Versuch, den auch Alberti selbst unternahm und der in der Folgezeit in der italienischen Dichtung verschiedene Male wiederholt worden ist, aber erst in Carduccis „Ode barbari“ als künstlerisch gelungen bezeichnet werden kann. Vgl. La poesia barbara dei secoli XV e XVI. A cura di G. Carducci. Bologna 1881.

[288] Vgl. o. S. 101.

[289] Vgl. C. Trabalza, Storia della grammatica italiana. Milano 1908, 15.

[290] Regole della lingua fiorentina, hrsg. als Anhang in C. Trabalza, Storia della grammatica italiana a. a. O., 535.

[291] Vgl. C. Trabalza, Storia della grammatica italiana a. a. O., 532.

Literatur des Duecento und Trecento, an den „dolce stil novo“ und an Dante an. Am Anfang des Kommentars, den er nach dem Vorbild der „Vita Nuova“ und des „Convivio“ zu einem Teil seiner Dichtungen verfaßt, rechtfertigt er — getreu dem Beispiel Dantes — dieses Unternehmen und gibt damit gleichzeitig eine Art poetisches Programm. Er setzt sich mit den drei Gründen auseinander, die ihn bis dahin abgehalten hatten, seine Sonette zu kommentieren: die Besorgnis, sich selbst zu erklären, der Gegenstand der Gedichte, nämlich die Liebesleidenschaft, und die Abfassung der Sonette und infolgedessen auch des Kommentars in der Volkssprache. In der Widerlegung dieser Gründe entwickelt er seine Poetik: Jeder kann seine Gedichte am besten selbst erklären; wenn er mit seinen Versen auch nicht nützt, so bereitet er doch demjenigen Vergnügen, der darin einen verwandten Geist verspürt. Was den Gegenstand anbetrifft, so ist die Liebe im Zusammenleben der Menschen notwendig, sie ist „argumento di gentilezza e grandezza d'animo“,[292] ist „cagione d'invitare gli uomini a cose degne ed eccellenti“, „appettito di bellezza“.[293] Hiermit nimmt Lorenzo bewußt das Ideengut des „dolce stil novo“ wieder auf, was er noch dadurch verdeutlicht, daß Guido Guinizelli, Guido Cavalcanti und Dante ausdrücklich als Zeugen dieser Liebesauffassung angeführt werden. Zugleich macht sich hier aber auch der Einfluß der von Marsilio Ficino erneuerten platonischen Eroslehre bemerkbar, die ihrerseits auch an den „dolce stil novo“ anknüpft.[294]

Die Frage der Verwendung der Volkssprache schließlich nimmt er zum Anlaß zu einer Verteidigung des „volgare“, wie sie seit Dante niemand mehr geschrieben hatte. Er formuliert am Muster der klassischen Literatursprachen vier Bedingungen, auf Grund derer einer Sprache Würde und Vollkommenheit zugesprochen werden müssen: genügende Ausdrucksfähigkeit, harmonische Form, Gemeinnützigkeit der behandelten Gegenstände, universale Verbreitung. Die Erfahrung hat gezeigt, daß das Florentinische den ersten drei Bedingungen entspricht. Vor allem sind es die drei großen Dichter des Trecento, Dante, Petrarca und Boccaccio, die sich ohne weiteres mit den klassischen Autoren messen können. Was die Verbreitung der Sprache anbelangt, so hängt diese Bedingung nicht nur von den inneren Qualitäten einer Sprache, sondern auch von äußeren Umständen ab. Das Florentinische ist noch eine verhältnismäßig junge Sprache; es kann noch durch weitere bedeutende Dichter zu einer größeren Vervollkommnung und Verbreitung gelangen, „tanto

---

[292] Il comento sopra alcuni de'suoi sonetti. Opere a cura di A. Simioni. Bari 1939, I, 14.

[293] Ibid.

[294] Bei der Interpretation der Alkibiadesrede in Ficinos Gastmahlkommentar dienen Guido Cavalcantis Gedichte als Beleg für die gleiche Liebesauffassung. Vgl. W. Mönch, Die italienische Platonrenaissance und ihre Bedeutung für Frankreichs Literatur- und Geistesgeschichte (1450—1550). Berlin 1936. 113 ff.; zum Einfluß des Platonismus auf Lorenzos Dichtungen vgl. A. Buck, Der Platonismus in den Dichtungen Lorenzo de'Medicis. Berlin 1936.

piú aggiugnendosi qualche prospero successo ed augumento al fiorentino imperio".[295]

Lorenzo de'Medicis Beweisführung läßt deutlich die neuen Gesichtspunkte erkennen, unter denen er das Problem der italienischen Literatursprache betrachtet. Indem er der humanistischen Rhetorik die Wertmaßstäbe entnimmt und auf die volkssprachliche Tradition anwendet, stellt er zum ersten Mal die drei Trecentisten als eine Art italienischer Klassiker den griechischen und lateinischen Autoren gegenüber, ohne daß aber dieselben deswegen schon zu unbedingten Vorbildern für die Gegenwart proklamiert werden. Im Gegenteil, Lorenzo hält durchaus an der Möglichkeit der Weiterentwicklung der florentinischen Literatursprache fest und verbindet mit dieser Möglichkeit den originalen Gedanken, daß der Verlauf der politischen Geschichte, die Ausbreitung des „fiorentino imperio", diese Sprachentwicklung fördern könnte; ein Ansatz zu einer nationalpolitischen Betrachtungsweise der „Questione della lingua", der wohl auf den praktischen Politiker in Lorenzo zurückgeht.

Zusammenfassend stellt Lorenzo nach Abschluß der Beweisführung fest, daß es das Natürliche ist, in seiner eigenen Muttersprache zu schreiben. Auch hier klingt die Erinnerung an Dantes „Convivio" durch, aber Lorenzo fügt eine weitere neue Begründung hinzu: „massime perché la ebrea e la greca e la latina erano nel tempo loro tutte lingue materne e naturali, ma parlate o scritte piú accuratamente e con qualche regola o ragione da quelli che ne sono in onore e in prezzo, che generalmente dal vulgo e turba popolare." [296] Damit bekräftigt er nochmals die beherrschende Grundtendenz seines ganzen Programms: Das Latein wird von dem hohen Postament, auf das es der Humanismus erhoben hatte, auf die gleiche Ebene mit der Volkssprache versetzt. Und man kann aus dem zuletzt angeführten Zitat noch weiter folgern: Gab man der Volkssprache in entsprechender Weise, wie es einst mit dem Latein geschehen war, „qualche regola o ragione", so konnte sie das Latein völlig ersetzen. Diesen letzten Schritt tat ein paar Jahrzehnte später Pietro Bembo in seinen „Prose della volgar lingua".

Lorenzo de' Medicis Dichtungen spiegeln die in seiner Poetik zum Ausdruck kommende selbständige Haltung gegenüber der humanistischen Tradition wider. Aus der Sprache seiner Prosa sind die letzten störenden Latinismen verschwunden,[297] in seinen Gedichten lebt nicht nur die große italienische Lyrik des Trecento wieder auf, sondern auch der reiche Schatz der volkstümlichen Literatur, die seit jeher neben der Kunstdichtung geblüht hat. Aber doch ist es nicht ein bloßes Wiederanknüpfen dort, wo die Dichtung des „dolce stil novo" und die Petrarcas aufgehört hatten, ist es nicht ein einfaches Übernehmen der volkstümlichen Dichtungsmotive. Wenn auch Lorenzo nicht

[295] Comento sopra alcuni de'suoi sonetti a. a. O., 21.

[296] Ibid., 22.

[297] Vgl. R. Spongano, Un capitolo di storia della nostra prosa d'arte a. a. O., 34 f.

als Humanist im strengen Sinn des Wortes gelten kann, so hat er doch eine eingehende humanistische Bildung erhalten und stets an den humanistischen Bestrebungen lebhaften Anteil genommen. So vollzieht sich in ihm die Erneuerung der volkssprachlichen Dichtung im Geiste des Humanismus. Dank seiner genialen Vielseitigkeit vereint er beide Traditionen, ohne in Widersprüche zu geraten. Indem es ihm gelingt, der volkssprachlichen Dichtung im Rahmen des Humanismus ein eigenes Gepräge zu erhalten, eröffnet er die Reihe der großen italienischen Dichter der Renaissance.

Aber auch diejenigen Dichter, die sich noch als ausgesprochene Humanisten fühlen, wie Poliziano, Pontano und Sannazaro bejahen die volkssprachliche Tradition, indem sie sich in ihren lateinischen Dichtungen häufig an Motiven der volksprachlichen Literatur inspirieren und z. T. sogar selbst italienisch dichten. Es ist nicht mehr wie in Palmieris und Albertis lehrhafter Prosa der bewußte Wille, die Volkssprache an die Stelle des Lateins zu setzen, sondern es ist die ästhetische Freude des Künstlers an der Musikalität der mit Hilfe des Humanismus geglätteten verfeinerten Muttersprache, die die Gedichte eines Poliziano und die Prosa eines Sannazaro entstehen läßt.

Für Polizianos Verbundenheit mit der volkssprachlichen Tradition ist uns neben seinen Dichtungen auch ein Beweis theoretischer Natur überliefert, wenn man in ihm den Verfasser der früher Lorenzo de'Medici zugeschriebenen „Epistola a Don Federigo d'Aragona" sieht, wofür unseres Erachtens alle Anzeichen sprechen.[298] In diesem Begleitschreiben zu einer Sammlung alter toskanischer Dichtungen, die Lorenzo de'Medici an Federigo d'Aragona übersandte, gibt Poliziano einen kurzen Überblick über die Entwicklung der italienischen Lyrik seit Guittone d'Arezzo. Ein verhältnismäßig breiter Raum wird dabei Guido Cavalcanti gewährt, an dessen Liebestheorie ja der Florentiner Platonismus anknüpfte.[299] Bezeichnend für den humanistisch verfeinerten Geschmack des Verfassers ist seine Beurteilung von Cino da Pistoia: „il quale primo, al mio parere, cominciò l'antico rozzore in tutto a schifare, dal quale né il divino Dante, per altro mirabilissimo, s'è potuto da ogni parte schermire." [300] Die dem Brief beigefügten Dichtungen beweisen, daß niemand die toskanische Sprache als „poco ornata e copiosa" verachten darf.[301]

In seinen italienischen Dichtungen verwirklicht dann Poliziano die Durchdringung der volkssprachlichen und der humanistischen Tradition in schlechthin vollendeter Weise. Gleichsam zum Symbol für die Vereinigung der beiden Traditionen wird der „Orfeo", in dem sich die mittelalterliche „Sacra rappresentazione" und die antike Schäferdichtung zu einer neuen Gattung ver-

---

[298] Vgl. M. Barbi, Studi sul Canzoniere di Dante. Firenze 1915, 220—225; J. M. S. Cotton, Per l'attribuzione al Poliziano dell'Epistola a Don Federigo d'Aragona, in Giornale storico della letteratura italiana 16 (1935), 282—285.

[299] S. o. S. 107, Anm. 294.

[300] Lorenzo de'Medici, Opere a. a. O., I, 7.

[301] Ibid., 5.

binden: dem Hirtendrama der Renaissance, dessen Theorie allerdings erst in der Blütezeit dieser Gattung, d. h. im 16. Jahrhundert entwickelt wird.[302]

Wie für Poliziano als Dichter die Grenze zwischen lateinischer und italienischer Sprache aufgehoben war so auch für Giovanni Pontano, wenigstens in dessen besten lateinischen Gedichten, deren Sprache einen Grad von Unmittelbarkeit und Frische erreicht, wie er im allgemeinen nur in einer lebenden Sprache erreicht werden kann. Unbeschadet der Regeln der Rhetorik, zu denen sich Pontano in der Theorie [303] bekennt, dichtet er lateinisch mit einer stilistischen Freiheit, wie sie ihm die innere Sprachform des „volgare" gewährte: „l'umanista sente italiano e latino come forme vive e intercomunicanti della stessa lingua, fra cui il confine è segnato soltanto dall'orecchio e dal gusto dello scrittore".[304]

Einige Dichtungen Pontanos sind im Stil der Ekloge geschrieben. Auch Pontano erneuerte also — wie schon Poliziano — wenngleich auch in anderer Form die klassische Hirtendichtung. Aber weit mehr noch als Pontano fühlte sich dessen Schüler Jacopo Sannazaro zu dieser Dichtungsgattung hingezogen. Er schuf in lateinischer Sprache sogar eine neue Spielart der Ekloge, die Fischereklogen (Eclogae piscatoriae). Das Latein dieser Eklogen paßt sich ebenso wie das seiner übrigen Werke ähnlich wie bei Pontano geschmeidig dem Gegenstand der Dichtung an. Aber Sannazaros eigentliche Bedeutung für die italienischen Dichtungslehren liegt nicht auf dem Gebiet seiner lateinischen Werke noch etwa in einer besonders ausgearbeiteten Poetik, sondern in der Tatsache, daß er mit seiner „Arcadia" die klassische Bukolik endgültig in der italienischen Literatur heimisch gemacht und damit den von Poliziano auf dem Gebiet des Hirtendramas unternommenen Versuch weit nachhaltiger unter der Form des Hirtenromans wieder aufgenommen und zu einem vollen Erfolg geführt hat. Die ersten Ansätze zum Hirtenroman lagen bereits bei Boccaccio vor, der Sannazaro auch teilweise als Muster dient. Aber zwischen Boccaccios Schäferdichtungen und der „Arcadia" liegt die Erfahrung des Humanismus des Quattrocento. Die „Arcadia" ist neben Anklängen an Boccaccio und (in der Lyrik) an Petrarca voll von klassischen Reminiszenzen.[305] In ihrer Prosa verschmelzen die verschiedenen Stilelemente miteinander zu einer Einheit: „all'eleganza classica si sposa la grazia del volgare" [306], so daß die „Arcadia" für die literarische Prosa der Folgezeit geradezu vorbildlich wird.[307]

---

[302] Vgl. K. Vossler, Tassos Aminta und die Hirtendichtung, in Aus der romanischen Welt. Leipzig (1940), I, 65—90.

[303] So z. B. in den Dialogen „Actius" und „Antonius".

[304] S. Mariotti, Per lo studio dei dialoghi del Pontano, in Belfagor 2 (1947), 332.

[305] „non come rustico pastore ma come coltissimo giovene" kommt der Verfasser nach Arkadien (Arcadia. Introduzione e note di E. Carrara. Torino [1926], 153).

[306] R. Spongano, Un capitolo di storia della nostra prosa d'arte a. a. O., 38.

[307] Als Hirtenroman wird die „Arcardia" das Vorbild für die gesamte Schäferdichtung der Folgezeit; vgl. H. Petriconi, Das neue Arkadien, in Antike u. Abendland III. Hamburg 1948, 187—200.

Trotz der Gewähltheit des Stils, die zuweilen fast zur Manieriertheit wird, betont Sannazaro immer wieder die Einfachheit und Schlichtheit der Hirtendichtung. So wendet er sich am Schluß an die Hirtenflöte, das Symbol seines dichterischen Schaffens: „Nè ti curare se alcuno, usato forse di udire più esquisiti suoni, con ischifo gusto schernisse la tua bassezza, o ti chiamasse rozza: chè veramente, se ben' pensi, questa è la tua propria e principalissima lode“ [308]. Der „niedrige“ Stil als der ursprüngliche gewinnt hier einen neuen Wert als Lebensstil und ist das vom Dichter erstrebte Ziel. So sagt er an anderer Stelle:

...... all'uscir delle dilette selve,
Mi sentii ritener da un forte laccio,
Per cui cangiar convienmi vita, e stile
. . . .
Rendetemi a' pastori ed alle selve,
Al cantar primo, a quelle usate fiamme
. . . .
Ch'io tornar possa al mio rustico stile;[309]

Diesem Verlangen nach Ursprünglichkeit, dieser Sehnsucht nach dem Idyll entspricht der immer größer werdende Abstand zwischen Literatur und Leben. Die Hirtendichtung ist die eine Gattung, in der sich die Literatur bei der Flucht aus der Wirklichkeit eine auf einer ästhetischen Illusion aufgebaute Scheinwelt schafft, die andere Gattung ist die Ritterdichtung. Sie entsteht und entwickelt sich ohne eine systematische Poetik, die erst geschrieben wird, nachdem das bedeutendste Werk der ganzen Gattung, Ariosts „Orlando Furioso“ gedichtet worden war. Wir sind daher für die Darstellung der Dichtungslehre des Ritterepos zunächst nur auf die Werke selbst angewiesen, die gerade angesichts ihres besonderen Charakters in Bezug auf dieses Problem wenig ergiebige Ausbeute versprechen.

Bei der Betrachtung der Anfänge des italienischen Schrifttums haben wir erwähnt [310], daß Italien im Mittelalter keine eigene ritterliche Heldendichtung von literarischer Bedeutung entwickelt hatte. Der italienische Stadtbürger als der hauptsächliche Träger der literarischen Entwicklung stand dem Rittertum als Lebensform innerlich fremd gegenüber. Er sah die ritterlichen Helden der französischen Epen losgelöst von dem sie tragenden nationalen Boden als phantastische Gestalten, deren teils wunderbare, teils komische Erlebnisse ihm zur Unterhaltung dienten. Die Zusammenstellung dieser ritterlichen Abenteuer blieb im allgemeinen den Bänkelsängern überlassen.

Mit Luigi Pulci, dem Vertreter der volkstümlichen Dichtung am Hofe Lorenzo de'Medicis, wird die Ritterdichtung zum ersten Mal in die Sphäre der

[308] Arcadia a. a. O., 152.

[309] J.Sannazaro, Le Opere volgari. Padova 1723, Canzone V, S. 353 f. vgl. W. Krauss, Über die Stellung der Bubolik in der ästhetischen Theorie des Humanismus, in Ges. Aufsätze zur Literatur und Sprachenwissenschaft Frankfurt a.M. (1949), 76 f.

[310] Vgl. o. S. 12.

Kunst erhoben, indem der Dichter dem überlieferten Stoff ein persönliches Gepräge verleiht. Er erhebt nicht den Anspruch, ein großer Dichter genannt zu werden:

Io non domando grillande d'alloro,
di che i greci e' latin chieggon corona;
io non chieggo altra penna, altro stil d'oro,
a cantar d'Aganippe e d'Elicona.
Io me ne vo pe' boschi puro e soro
con la mia zampognetta che pur suona,
e basta a me trovar Tirsi e Dameta;
ch'io non son buon pastor, non che poeta.[311]

Und an anderer Stelle:

Io me n'andrò con la barchetta mia,
quanto l'acqua comporta un piccol legno;
e ciò ch'io penso con la fantasia,
di piacere a ognuno è il mio disegno;[312]

Pulci nimmt damit schon die gleiche Haltung gegenüber seinem Werk ein wie später die Verfasser der humanistischen Ritterepen: Der Dichter ergötzt sich an dem freien Spiel seiner Phantasie, der in der unwirklichen ritterlichen Welt keinerlei Grenzen gesetzt sind.

In Gestalt von Matteo Maria Boiardo ergreift der Humanismus von der Ritterdichtung Besitz. Auf der Grundlage der Verschmelzung des karolingischen und bretonischen Sagenkreises entsteht das erste romantische Epos des Humanismus, der „Orlando Innamorato". Zwar ist Boiardos Formgefühl im Gegensatz zu dem Pulcis humanistisch verfeinert, aber noch hat er keine Kenntnis von den Regeln des klassischen Epos, wie sie von Aristoteles in der Poetik festgelegt worden waren. Unbeschwert von theoretischen Skrupeln gestaltet er die phantastische Welt seiner Helden, nur darauf bedacht, ergötzliche und neue Abenteuer zu berichten:

Per odir cose dilettose e nove,
Stati attenti e quïeti, ed ascoltati
La bella istoria che'l mio canto muove;
E vedereti i gesti smisurati,
L'alta fatica e le mirabil prove
Che fece il franco Orlando per amore
Nel tempo del re Carlo imperatore.[313]

Was Boiardo noch an künstlerischer Formvollendung mangelt, wird ein Größerer im folgenden Jahrhundert besitzen. Auf den „Orlando Innamorato" wird im Cinquecento das größte Epos der Renaissance, Ariosts „Orlando Furioso" folgen.

---

[311] Il Morgante. A cura di G. B. Weston. Bari 1930, XXVIII, 138, II, 476.

[312] Ibid. 140, II, 476.

[313] Orlando Innamorato L. I, I, 1, Tutte le opere di M. M. Boiardo a cura di A. Zottoli. Milano (1936—1937), I, 165.

5. *Antihumanismus und Dichtung*

In die gleiche Zeit, in der mit der beginnenden Durchdringung der volkssprachlichen und der humanistischen Tradition der Triumph des Humanismus in der italienischen Geistesgeschichte unbestritten zu sein schien, gehört auch das Werk zweier Männer, die — obgleich in ihrem Denken und Wollen voneinander grundverschieden — sich doch beide in einer Oppositionsstellung zu der herrschenden humanistischen Geisteshaltung befinden: Girolamo Savonarola und Leonardo da Vinci. Die beiden sind in ihrer antihumanistischen Einstellung Exponenten von zwei Geistesströmungen, die in bewußtem Gegensatz zu dem auf der Wiederbelebung der klassischen Literatur begründeten humanistischen Bildungsideal stehen: Savonarola bekämpft die heidnische Diesseitigkeit des Humanismus vom Standpunkt der christlichen Moral aus; Leonardo da Vinci wendet sich gegen die einseitige literarische Ausrichtung des Humanismus vom Standpunkt der Naturwissenschaft aus. Rigoroses Christentum und literaturfeindliche Naturwissenschaft waren seit jeher die Gegner des Humanismus gewesen. Wir haben gesehen, wie sich die ersten Humanisten gegen die Vertreter dieser beiden Richtungen, die eifernden Mönche und die hochfahrenden Ärzte, verteidigen mußten.[314] Während aber die tatsächliche Bedeutung dieser Widersacher nur gering war und sich in der Hauptsache in einer negativen Funktion erschöpfte, nehmen Savonarola und Leonardo eine hervorragende Stellung in der italienischen Geistesgeschichte ein und bauen auf ihrem Antihumanismus eine eigene Weltanschauung auf. Innerhalb dieser Weltanschauung finden wir bei beiden auch Elemente einer Kunstlehre, die naturgemäß im Widerspruch zu der humanistischen Ästhetik stehen muß.

Savonarola hegt grundsätzlich ein starkes Mißtrauen gegen die Kunst: „Ars tamen conatur imitari naturam. Et quia non potest eam aequare: dicimus ea proprie artis esse, quae artifices operantur, et non vere naturam imitantur."[315] Die Werke der Natur sind stets denen der Kunst vorzuziehen: „Omnibus hominibus naturaliter magis placent opera simpliciaquam artificialia. Opera enim simplicia ... procedunt ab inclinatione formae inditae à Deo. Et ideo opera simplicia sunt opera Dei ... Opera autem artificialia procedunt à forma artis: quae à lumine intellectus nostri inventa est. Unde opera artis sunt opera quae immeditate procedunt ab inventione humana."[316] Aus Savonarolas Worten spricht die platonische Voreingenommenheit gegen die Kunst als eine nur unvollkommene Wiedergabe der Wirklichkeit.

Mit dem gleichen Mißtrauen wie die Kunst im allgemeinen betrachtet Savonarola auch die Dichtung. Zunächst verurteilt er einmal — mit Recht — die rein formale Auffassung der Dichtung: „... si quis credit artem poeticam

[314] Vgl. o. S. 69 ff.

[315] Hieronymi Savonarolae De simplicitate vitae christianae libri. V. Lugduni Batavorum 1638, III, 1, 87.

[316] Ibid. III, 2, 87 f.

solum docere dactilos et spondeos syllabas longas et breves, ornatumque verborum, magno profecto errore tenetur."[317] Der gedankliche Inhalt der Dichtung ist das Entscheidende, demgegenüber das formale Element jedwede Bedeutung verliert. Wenn die Alten das Metrum und den Vers in der Dichtung verwandten, so geschah das nur, um den Inhalt ansprechender zu gestalten, auf daß er die Menschen um so leichter zur Tugend führte. An sich ist diese Form ganz gleichgültig: „Potest enim poeta uti argumento suo et per decentes similitudines discurrere sine versu."[318] Der Hauptakzent liegt für Savonarola auf dem „discurrere"; die Dichtung wird als ein Teil der Logik betrachtet: „Impossibile est enim quemquam qui logicam ignorat vere posse esse poetam."[319] Sie ist keine selbständige Wissenschaft, geschweige denn eine „göttliche Wissenschaft", wie die Anhänger der theologischen Poetik behaupteten. Die Tatsache, daß in der Bibel auch poetische Bilder vorkommen, berechtigt noch keineswegs dazu, die Dichtung der Theologie gleichzusetzen.

Wenn auch Savonarola in seiner intellektualistischen Auffassung vom Wesen der Poesie stark von Thomas von Aquino abhängig ist, so wird doch seine Gegnerschaft zum Humanismus im allgemeinen und zur humanistischen Dichtungslehre im besonderen zuweilen Anlaß zu einer durchaus originellen Stellungnahme. Er erkennt, daß die bedingungslose Verehrung der Antike einer Fesselung des selbständigen Denkens gleichkommt: „Quidam enim adeo perstrinxerunt se, et carceri antiquorum intellectum proprium adeo manciparunt, ut nedum contra eorum consuetudinem aliquod proferre nolint, sed ne(c) velint dicere quod illi non dixerunt."[320] Gegenüber den blinden Anbetern der klassischen Poesie als des alleingültigen Vorbildes, tritt er als Sprecher für die Belange der Gegenwart auf: Die Autorität der Antike ist keineswegs absolut feststehend. Die Gegenwart hat ein Recht darauf, ihre eigenen Ideen in einer eigenen Form auszudrücken. Als Beispiel dient ihm dafür der Ausdruck „virtuosus", der von den Alten nicht gebraucht worden ist und daher nach der Ansicht der orthodoxen Humanisten auch in der Gegenwart nicht verwendet werden dürfe: „Quia enim antiqui hoc nomine virtuosus usi non sunt, nostri quoque pro magno crimine habent siquis eo nomine utatur quasi nos nequeamus imponere nomina rebus, nec nova invenire vocabula ac novos loquendi modos."[321]

Wie Savonarola die absolute Herrschaft der „alma poesis" vom Ideal einer neu aufzurichtenden christlichen Weltordnung aus einschränkt, so tut es Leonardo da Vinci von der auf Erfahrung begründeten Naturwissenschaft aus. Der italienische Humanismus hatte den naturwissenschaftlichen Schriften des Altertums so gut wie keine Beachtung geschenkt. Für diesen Teil des antiken Gedankengutes hatte sich dagegen schon lange vor dem Aufkommen des italienischen Humanismus die arabische Wissenschaft interessiert, und hatte

[317] Opus perutile de divisione ordine ac utilitate omnium scientiarum Hieronymi de Ferraria in poeticen apologeticus, IV. Venetiis 1534, fol. 15.
[318] Ibid. IV, fol. 15. [319] Ibid. IV, fol. 15. [320] Ibid. IV, fol. 15.
[321] Ibid. IV, fol. 16.

dann in der Form des Averroismus dem Abendland eine gewisse Kenntnis der naturwissenschaftlichen Anschauungen der Antike vermittelt. Der italienische Humanismus, der dem Averroismus feindselig gegenüberstand, setzte diese Tradition nicht fort, sondern offenbarte sich von vornherein als eine rein philologisch-historisch eingestellte Bewegung. Für den Typ des humanistischen Literaten liegt die Antike im wesentlichen beschlossen im Werk der Dichter, Redner und Philosophen des griechisch-römischen Altertums.

Wenn somit dem Humanismus infolge dieser zu engen Interpretation der Antike fast jedwede Anregung zu einer naturwissenschaftlichen Fragestellung fehlte, begann sich jedoch in der Renaissancephilosophie allmählich eine naturalistische Strömung auszubilden, die sich gegenüber der Autorität der antiken Autoren auf die Naturerfahrung berief. Einer der frühesten Vertreter dieses Naturalismus ist Leonardo. Er nimmt entschieden Stellung gegen den sterilen Autoritätsglauben der Humanisten. Wer sich immer nur auf andere beruft, arbeitet nur mit dem Gedächtnis, aber schafft nichts Eigenes, das nur aus einer natürlichen Begabung entspringen kann: „Chi disputa allegando l'altorità, non adopra lo 'ngegno, ma più tosto la memoria. Le buone lettere so' nate da un bono naturale; e perchè si de' più laldare la cagion che l'effetto, più lalderai un bon naturale sanza lettere, che un bon litterato sanza naturale.“ [322] Der Mensch mit natürlicher Begabung stützt sich nicht auf Autoren, sondern nur auf die eigene Erfahrung: „Se bene, come loro, non sapessi allegare gli altori, molto maggiore e più degna cosa a leggere allegando la sperienzia, maestra ai loro maestri. Costoro vanno sgonfiati e pomposi, vestiti e ornati, non delle loro, ma delle altrui fatiche; e le mie a me medesimo non concedano; e se me inventore disprezzeranno, quanto maggiormente loro, non inventori, ma trombetti e recitatori delle altrui opere, potranno essere biasimati.“ [323] Obgleich er selbst schriftstellerisch tätig ist, fühlt er sich nicht als „litterato“: „So bene che per non essere io litterato, che alcuno prosuntuoso gli parrà ragionevolmente potermi biasimare coll'allegare io essere omo sanza lettere.“ [324] Man wird ihm vorwerfen, er könnte deshalb seine Gedanken nicht in formvollendeter Weise zum Ausdruck bringen: „Diranno, che per non avere io lettere, non potere ben dire quello di che voglio trattare.“ [325] Solche Vorwürfe können ihn nicht berühren. Der Stil seiner Prosa ist allein bestimmt durch die von ihm verkündeten Grundsätze. Er ist dementsprechend frei sowohl von der Schwerfälligkeit der scholastischen Wissenschaftssprache als auch von den Künsteleien des Humanismus und ist nur Ausdruck seines ewig suchenden und forschenden Geistes.

---

[322] Il Codice Atlantico di Leonardo da Vinci nella Biblioteca Ambrosiana di Milano, riprodotto e pubbl. dalla. R. Accademia dei Lincei, a cura di G. Piumati. Milano 1894—1904, Fol. 76 r. a. Dementsprechend lehnt er auch für den Maler die Nachahmung ab: „Il pittore arà la sua pittura di poca eccellenza, se quello piglia per altore l'altrui pitture; ma s'egli imparerà dalle cose naturali farà bono frutto ...“ (Codice Atlantico a. a. O., Fol. 141 r. b.).

[323] Ibid. Fol. 117 r. b. [324] Ibid. Fol. 119 v. a. [325] Ibid.

Wie aber Leonardos Philosophie sich nicht nur auf die Sinneserfahrung begründet, so beschränkt sich auch seine Kunstlehre keineswegs nur auf einen flachen Empirismus. Dieser Empirismus wird platonischen Gedankengängen untergeordnet, wie sie von der Florentiner Akademie, im besonderen von Marsilio Ficino verbreitet worden waren.[326] Der Künstler wird zum gottähnlichen Wesen erhoben. Der Maler — denn er gilt Leonardo als die vollkommenste Verkörperung des Künstlers [327] — soll zwar ein Spiegel der Natur sein und hierin äußert sich ein empiristischer Zug, aber das Hauptgewicht liegt auf der selbstschöpferischen Tätigkeit. Sie ist es, die den Geist des Künstlers gottähnlich werden läßt: „la deità ch'à la scienzia del pittore fa che la mente del pittore si trasmuta in una similitudine di mente divina, imperochè con libera potestà discorre alla generazione di diverse essenzie di varii animali, piante, frutti, paesi, campagne, ruine di monti, loghi paurosi e spaventevoli ..." [328] Wie Gott das Universum geschaffen hat, so erschafft der Mensch als Künstler die Welt der künstlerischen Konzeption, die als eine neue Welt mit eigenen Gesetzen neben das Diesseits und Jenseits tritt.

Leonardo war nicht Systematiker genug, um eine in sich geschlossene Ästhetik auf dieser Idee von der schöpferischen Kraft des Künstlers aufzubauen; aber selbst, wenn er es versucht hätte, so wäre wohl sogar auch ein Leonardo kaum in der Lage gewesen, diese Idee in ihrer Auswirkung für die Kunstlehre voll und ganz zu erfassen. So bleiben es nur Ansätze zu einer Umwälzung aller herrschenden ästhetischen Begriffe, Ansätze, wie wir sie ähnlich in der Folgezeit auch bei anderen Vertretern des Naturalismus antreffen werden, bis dann die Umwälzung selbst von Seiten der Geisteswissenschaft her beginnt und dem Begriff der schöpferischen Phantasie zum Siege verhilft.

---

[326] Vgl. L. Venturi, La critica e l'arte di Leonardo da Vinci. Bologna (1919), 7 f. Die häufig verkannte Abhängigkeit Leonardos von den geistigen Strömungen im zeitgenössischen Florenz betont E. Garin, La cultura fiorentina nell'età del Leonardo. Estratto da „Belfagor", fasc. 3, 1952.

[327] Der Maler übertrifft sowohl den Dichter als auch den Musiker und den Bildhauer. Im Zusammenhang mit unserer Untersuchung interessiert besonders, wie Leonardo die Überlegenheit des Malers gegenüber dem Dichter demonstriert: „Solo il vero uffizio del poeta è fingere parole di gente che insieme parlino, e sol queste rappresenta al senso dell'audito tanto come naturali, perchè in sè sono naturali create dall'umana voce, e in tutte l'altre consequenzie è superato dal pittore. Ma molto più sanza comparazione son le varietà in che s'astende la Pittura che quelle in che s'astendono le parole, perchè infinite cose farà il pittore che le parole non le potrà nominare per non aver vocaboli appropriati a quelle. (Trattato della pittura. Hrsg. v. H. Ludwig. Wien 1882, 15; zit. nach Leonardo omo sanza lettere, a cura di G. Fumagalli. Firenze (1938), 240). Die Diskussion über den Vorrang unter den verschiedenen Künsten war ein Lieblingsthema der Renaissance, das uns auch bei der Behandlung von Castigliones „Cortegiano" wieder begegnen wird (vgl. u. S. 134, Anm. 67).

[328] Trattato della Pittura a. a. O., 68; zit. nach Leonardo omo sanza lettere a. a. O., 237.

IV. Die Hochrenaissance

1. Das Problem des Klassizismus

Das allmähliche Eindringen des Humanismus in die volkssprachliche Tradition hatte bereits am Ausgang des 15. Jahrhunderts eine humanistisch inspirierte italienische Dichtung entstehen lassen. War diese auch z. T. einer mehr oder weniger unbewußten ästhetischen Freude einzelner Humanisten an der Volkssprache entsprungen, so hatte es daneben auch nicht gemangelt an Äußerungen des bewußten Strebens, die Anerkennung des Italienischen als einer dem Latein zumindest gleichwertigen Literatursprache durchzusetzen. Voraussetzung dafür war die planmäßige Übertragung der humanistischen Form auf die volkssprachliche Tradition. Auch dazu finden sich die ersten Ansätze schon im 15. Jahrhundert; man denke an L. B. Alberti und an die „Grammatichetta vaticana".[1] Aber es blieben nur vereinzelte Versuche; noch fehlte die systematische Behandlung des ganzen Problemkreises.

Diese beginnt, als die italienische Renaissance mit dem 16. Jahrhundert in ihren klassischen Zeitraum eintritt. Die Hochrenaissance ist eine Periode höchster kulturschöpferischer Entfaltung und zugleich eine Zeit, in der sich das kulturelle Schaffen seiner selbst bewußt wird und in zunehmendem Maße danach trachtet, an die Stelle des Individuellen das Typische zu setzen. Auf ihrem Höhepunkt angelangt, fühlt die Renaissancebewegung stärker denn je das Bedürfnis nach der Norm, der Regel, durch die sie sich selbst eine feste Form geben will. Es ist die in jeder Klassik wiederkehrende Dialektik zwischen Schöpfungsdrang und Normbewußtsein, die auch die Entwicklung der italienischen Hochrenaissance bestimmt. Das Ergebnis ist auf dem Gebiet der Literatur die Aufstellung eines Regelkanons durch die kritische Reflexion, die Umwandlung der schöpferischen Klassik in die Doktrin des Klassizismus.

Die Ausarbeitung des klassizistischen Regelsystems in der volkssprachlichen Literatur vollzieht sich in zwei Stufen. Zuerst wird die Anerkennung der Volkssprache als ebenbürtige Literatursprache durch die Übertragung der Stilprinzipien der humanistischen Rhetorik auf das Italienische besiegelt. In engem Zusammenhang mit der Ausbildung der klassizistischen Stillehre steht die Frage nach der Definition der Volkssprache, die als „Questione

[1] S. o. S. 106.

della lingua" einen Angelpunkt der literarkritischen Diskussionen dieses und der folgenden Jahrhunderte bildet.

In einer zweiten Phase bemühen sich die volkssprachlichen Dichter um die Übertragung der antiken Gattungen auf die italienische Literatur. Neben die in der volkssprachlichen Tradition überlieferten Formen der petrarkesken Lyrik, des romantischen Ritterepos und der Novelle treten die wiedererweckten Gattungen der Tragödie, der Komödie und des Epos, sowie einzelne lyrische Dichtungsformen der Antike. Diese Entwicklung erhält einen entscheidenden Antrieb durch die Beschäftigung mit der neu entdeckten aristotelischen Poetik, in deren Interpretation das zeitgenössische Normbewußtsein die ersehnte Grundlage für den Aufbau einer umfassenden Dichtungslehre erblickt. Diese klassizistische Poetik stellt dann die Regeln auf, welche über die Grenzen Italiens hinaus das literarische Schaffen ganz Europas für Jahrhunderte maßgeblich bestimmen.

Gegen das auf Aristoteles begründete klassizistische Regelsystem erhebt sich bereits innerhalb der Literaturkritik eine gewisse Opposition, die zwar Keime einer zukunftsträchtigen Entwicklung enthält, zunächst aber letzten Endes doch nur die abgelehnten Regeln durch neue ersetzt. Die Auflehnung gegen das klassizistische Regelsystem von seiten einzelner Dichter ist dagegen absolut; hier spricht bereits der Wille zur Überwindung jeder normativen Poetik im Zeichen der Freiheit des schöpferischen Genies.

2. *Sprache und Stil*

Die ästhetische Freude am Wort der antiken Autoren war eine der Haupttriebfedern der humanistischen Bewegung; der Pflege der wohlgeformten Rede, die Eloquenz als kunstvolle Sprachbeherrschung war das Ziel, nach dem die Humanisten strebten. Von hier aus gesehen, erschien die Dichtung in erster Linie als Formproblem; die Dichtungslehre reduzierte sich auf die Stilistik. Beherrschendes Stilprinzip war die Imitatio; die Nachahmung bestimmter antiker Stilmuster, bzw. die Befolgung der aus diesen Stilmustern abgeleiteten Regeln. In dem Maße, wie der Humanismus fortschritt und seine philologische Methode verfeinerte, wurde die individuelle Freiheit des Stils immer weiter eingeschränkt, bis schließlich das humanistische Latein zur toten Sprache erstarrte.

Als sich nun das Italienische anschickte, gleichberechtigte Literatursprache neben dem Latein zu werden, war das nur möglich auf dem Wege über die Aneignung der humanistischen Stilprinzipien. Nachdem sich diese Aneignung in der dichterischen Praxis bereits in der zweiten Hälfte des Quattrocento angebahnt hatte, wird sie im Cinquecento auch in der Theorie vollzogen. Daher erscheint auch die volkssprachliche Dichtungslehre zunächst in erster Linie als Stillehre. Dabei mußte jedoch zugleich auch die Frage gelöst werden, was man denn in Bezug auf Wortschatz, Formenlehre und Syntax unter italienischer Volkssprache zu verstehen hatte; m. a. W. mit der Stillehre verband sich von vornherein die „Questione della lingua".

Diese Verbindung der beiden Problemkreise begegnet uns daher schon bei dem Begründer der klassizistischen Stillehre des Italienischen, bei Pietro Bembo. In der Geschichte der italienischen Dichtungslehren ist Bembos Werk einer der großen Wendepunkte, an denen eine Entwicklung zum Abschluß gelangt und eine andere neue beginnt. Überblickt man die gesamte Entwicklung der italienischen Dichtungslehren, so gibt es eigentlich nur noch zwei Einschnitte von ähnlicher Wichtigkeit: Der eine liegt zwei Jahrhunderte vorher, als Dante durch seine Dichtung und seine Dichtungstheorie das Italienische zu einer Literatursprache erhob, die den übrigen romanischen Literatursprachen in keiner Weise mehr nachstand; der andere rund zweieinhalb Jahrhunderte nachher, als mit dem Eindringen der romantischen Ästhetik in Italien eine neue Dichtung entstand und die Herrschaft der klassizistischen Poetik zu Ende ging.

Bembo war als Dichter zweifellos eine Gestalt zweiten Ranges. Aber darauf kam es nicht an; denn es handelte sich nicht darum, einer neuen Dichtung zum Durchbruch zu verhelfen, sondern das Verhältnis einer bereits bestehenden geistigen Bewegung zur Dichtung kritisch zu prüfen und festzulegen. Das ist es, wodurch sich Bembos Stellung in der Geschichte der italienischen Dichtungslehren von der Dantes und der romantischen Dichter unterscheidet. Während sowohl bei Dante als auch bei den Romantikern die Theorie von der Dichtung her ihren schöpferischen Antrieb empfing, ist bei Bembo die Lehre das Primäre, das dann an der Dichtung gleichsam exemplifiziert wird. Bembos Bedeutung für die Entwicklung der italienischen Dichtungslehren und für die italienische Dichtung selbst ist deswegen keineswegs geringer als die Dantes und der Romantiker, ja vielleicht noch größer; denn sie entsprach der dem italienischen Wesen angeborenen Neigung zum Formalismus weit mehr als jede andere Poetik.

Prinzipiell enthält Bembos Werk gegenüber der sich allmählich anbahnenden Durchdringung der volkssprachlichen Dichtung mit dem Humanismus keine wesentlich neuen Gedanken; er ist nur der Vollstrecker einer dem Zeitgeist gemäßen Entwicklung.[1a] Aber er ist derjenige, der das entscheidende Wort zum erstenmal klar ausspricht und damit einen Vorgang zum Bewußtsein bringt, der sich bisher im allgemeinen noch jenseits der Sphäre der kritischen Überlegung vollzogen hatte. Bembo stellt die italienische Dichtungssprache unter das Gesetz des Humanismus. Indem er damit den Grundstock zu einem literarischen Klassizismus legt, übt er einen bestimmenden Einfluß auf das Gepräge der italienischen Dichtung aus, dessen Auswirkung sich bis in die Gegenwart verfolgen läßt.

[1a] Im Gegensatz zu der herrschenden Meinung sieht neuerdings G. Santangelo, Il Bembo critico e il principio d'imitazione. Firenze 1950, in Bembo gewisse Ansätze zu modernen ästhetischen Begriffen, ohne jedoch mit seiner Argumentierung in allen Punkten überzeugen zu können.

Bembos grundsätzliche Auffassung von der Dichtung zeigt im wesentlichen dieselben Charakteristika wie die des ihm vorangegangenen Humanismus: Die Dichtung hat seit jeher eine hohe zivilisatorische Aufgabe gehabt, sie hat die Menschen erst zu einem höheren Leben geführt: „I Poeti ... che furono primi maestri della vita ne' tempi, che gli uomini rozzi e salvatichi non bene insieme ancora si raunavano, insegnati dalla natura, che avea dato loro la voce e lo ingegno acconcio a ciò fare, i versi trovarono, co' quali cantando ammollivano la durezza di quei popoli, che usciti degli alberi e delle spelunche senza più oltre sapere che cosa si fossero, a caso errando ne menavan la lor vita siccome fiere."[2] Auch der traditionelle Hinweis auf die allegorische Interpretation kehrt wieder: „nelle loro (degli uomini primitivi) sonnacchiose menti non poteva ragione entrare, che lor si dicesse; trovarono (i poeti) le favole altresì, sotto il velame delle quali la verità, siccome sotto vetro trasparente ricoprivano. A questa guisa del continuo dilettandogli con la novità delle bugie, ed alcuna volta tra esse scoprendo loro il vero, ora con una favola, e quando con un'altra gl'insegnarono a poco la vita migliore."[3]

Aber die Frage nach dem Gehalt der Dichtung, ihrer Aufgabe für die menschliche Gemeinschaft liegt für Bembo an der Peripherie seines Interessenkreises. Seine Aufmerksamkeit gilt in erster Linie der Form, und diese ist nach wie vor auch für ihn eine vom Inhalt völlig getrennte Größe. Von der Einhaltung bestimmter formaler Vorschriften hängt das Gelingen eines Dichtwerks ab. Über den Gegenstand einer Dichtung kann man geteilter Meinung sein; wenn aber die von der Poetik vorgeschriebenen Stilregeln befolgt werden, muß das Lob in jedem Falle notwendigerweise folgen: „Non dico già tuttavia, che un suggetto, più che un altro, non possa, piacere. Ma questo rispetto non è di necessità, dove quegli altri, de' quali si è oggi detto (nämlich die formalen Merkmale) sono molti, e ciascuno per se necessarissimo a doverne essere il componente lodato, e pregiato compiutamente." [4]

Die Stilregeln sind für die lateinische Sprache festgelegt. Aber — und damit tut Bembo den ersten entscheidenden Schritt — man muß auch für die Volkssprache entsprechende [5] Normen aufstellen. Die für Bembo selbstverständliche Voraussetzung dafür ist die innere Verbundenheit der beiden Traditionen, der volkssprachlichen und der lateinischen. Lateinisch geschriebene Bücher gibt es nunmehr genug: „... la latina lingua, la quale è in maniera di

---

[2] Gli Asolani, I, Opere del Cardinale Pietro Bembo. Milano, Classici Italiani 1808—1810, I, 31 f.

[3] Ibid. 32.

[4] Prose della volgar lingua, II, 3, Opere a. a. O., X, 334.

[5] Auf die Frage, welche Eigenschaften man bei der Beurteilung einer volkssprachlichen Dichtung zu beachten habe, antwortet Carlo Bembo, durch den der Verfasser jeweils seine eigene Meinung zum Ausdruck bringt: „Elle (le parti da considerare) sono in gran parte quelle medesime, ... che si considerano eziandio ne' Latini componimenti." (Prose II, 3, Opere a. a. O., X, 281).

libri ripiena, che oggimai vi soprabbondano";[6] weiter lateinisch schreiben hieße „portare alberi alla selva";[7] jetzt ist die Reihe an der Volkssprache. Es erscheint als ein natürlicher Ablösungsvorgang, daß somit das Italienische an die Stelle des Lateins tritt. Ohne daß sich Bembo dessen bewußt wird, drückt er damit aber aus, daß der Humanismus — wenigstens in der Form, in der er im Quattrocento aufgetreten war — abgeschlossen ist; er hat seine Aufgabe erfüllt, indem er dem Italienischen sein Gepräge aufgedrückt hat.[8]

Daß das Italienische würdig war, an die Stelle des Lateins zu treten, ist für Bembo kein Problem mehr. Wie schon Dante weist Bembo zunächst darauf hin, daß es das Natürliche ist, sich in der eigenen Muttersprache und nicht auf lateinisch auszudrücken; denn „a noi la Volgar lingua, non solamente vicina si dee dire che ella sia, ma natia e propria, e la Latina straniera." [9] Latein ist eine in den Schulen erlernte Sprache, die einerseits nur wenige beherrschen und die anderseits auch nicht immer angewendet wird: (la latina), „che non dalle nutrici nelle culle, ma da' maestri nelle scuole, e non tutti, anzi pochi l'apprendiamo; e presa, non a ciascuna ora la usiamo, ma di rado, e alcuna volta non mai." [10] Bembo vergleicht diese Stellung des Lateins mit der des Griechischen bei den Römern: „Che sì come i Romani due lingue aveano, una propria e naturale, e questa era la Latina, l'altra straniera, e quella era la Greca: così noi due favelle possediamo altresì, l'una propria e naturale e domestica, che è la volgare, istrana e non naturale l'altra, che è la latina."[11] Auf den Einwand, das Italienische hätte schon zur römischen Zeit als Volkssprache neben dem Latein als Literatursprache bestanden und wäre daher von den Römern als des literarischen Gebrauchs unwürdig angesehen worden, — man sieht, es handelt sich um die von Bruni aufgestellte These [12] — antwortet Bembo mit der von Biondo und der Mehrzahl der Humanisten vertretenen Theorie der Entstehung des Italienischen unter der Einwirkung der Germaneneinfälle.[13]

Wenn der Humanist Bembo so vorbehaltlos für die Rechte der Volkssprache eintritt und damit die das ganze 15. Jahrhundert währende Diskussion über die Ebenbürtigkeit des Italienischen im wesentlichen abschließt, so ist er damit — wir wir eingangs sagten — der Vollstrecker einer natürlichen Entwicklung, die eines Tages irgendwie ihren Ausdruck finden mußte. Aber

---

[6] Prose III, 1, Opere a. a. O., XI, 8.

[7] Prose I, 6, Opere a. a. O.,'X, 28.

[8] Hier tritt die geistesgeschichtliche Entwicklung zu Tage, die H. W. Eppelsheimer, Petrarca. Bonn 1926, 54, so treffend gekennzeichnet hat: „Die Romanisierung des Italienischen, durch die er sich selbst gleichsam aufzehrt, jedenfalls überflüssig macht, scheint mir die eigentliche Leistung des Humanismus."

[9] Prose I, 6, Opere a. a. O., X, 24.

[10] Ibid.

[11] Ibid.

[12] Vgl. o. S. 101.

[13] Vgl. Prose I, 6, Opere a. a. O., X, 25 ff.

daß gerade Bembo sich zum Sprecher des „volgare“ erhebt, ist sicher zu einem guten Teil den Beziehungen zuzuschreiben, die ihn mit den Vorkämpfern der volkssprachlichen Dichtung im Quattrocento verbinden.

Bembos Vater Bernardo[14] war als venetianischer Gesandter in Florenz mit dem Kreis um Lorenzo de'Medici, vor allem mit diesem selbst, in Berührung gekommen, hatte an den Bestrebungen dieses Kreises nach einer Verbindung von humanistischer und volkssprachlicher Tradition lebhaften Anteil genommen und sich bemüht, in Venedig eine ähnlich gerichtete Bewegung ins Leben zu rufen. Sein Sohn Pietro übernahm das Erbe des Vaters und wurde damit bis zu einem gewissen Grade der Fortsetzer von Lorenzo de'Medicis Werk. Er sammelte und studierte die provenzalischen und die frühen italienischen Dichtungen und kopierte die erste uns erhaltene volkssprachliche Grammatik des Quattrocento, die „Regole della volgar lingua fiorentina“.[15]

Als nun Bembo dann selbst den Entschluß faßte, eine Grammatik der Volkssprache zu schreiben, lag es nahe, daß er dabei die „Regole“ verwertete. In der Tat zeigt ein Vergleich der beiden Werke, daß dies der Fall war.[16] Allerdings gingen Bembos Absichten weit über das hinaus, was der Verfasser der „Regole“ im Sinn gehabt hatte. Während dieser hauptsächlich auf die florentinische Umgangssprache zurückgeht und deren Gebrauch festlegt — wobei ihm freilich das lateinische Vorbild immer als Richtschnur dient — geht Bembo in seinen „Prose“ auf die Literatursprache zurück und strebt für dieselbe eine umfassende Gesetzgebung an. Um die eigentliche Grammatik gruppiert er die Darstellung der vorangegangenen sprachlichen und literarischen Entwicklung, sowie eine Poetik, die das literarische Programm der Zukunft enthält. Bembo sieht seine Aufgabe von vornherein vom Standpunkt der Dichtungslehre aus, und darin unterscheidet sich sein Werk nicht nur von den „Regole“, sondern auch von der neun Jahre vor den „Prose“ veröffentlichten Grammatik des Francesco Fortunio.[17]

Bembos Absicht läßt sich mit der Dantes vergleichen. Ähnlich wie Bembo hatte Dante angesichts der Vielheit der italienischen Dialekte eine italienische Literatursprache schaffen wollen, indem er ihr die gleiche Beständigkeit wie dem Latein, der „gramatica“ zu verleihen suchte. Auch Bembo geht von der Fülle der Variationen aus, die die zeitgenössische Volkssprache aufweist und die es einem schwer machen, die richtige Ausdrucksweise zu finden:

---

[14] Vgl. zu dem folgenden V. Cian, Per Bernardo Bembo. Le sue relazioni coi Medici, in Giornale storico della letteratura italiana 28 (1896), 348—364, und Per Bernardo Bembo. Le relazioni letterarie, i codici e gli scritti. Ibid. 31 (1898), 49—81.

[15] Vgl. o. S. 106.

[16] Vgl. V. Cian, Le „Regole della lingua fiorentina“ e le prose bembiane, in Giornale storico della letteratura italiana 54 (1909), 120—130.

[17] Fortunio geht zwar auch wie Bembo (vgl. u. S. 123 f.) von der Sprache des Trecento aus, aber in der Darstellung beschränkt er sich auf die rein grammatischen Erscheinungen.

„maravigliosa cosa è a sentire, quanta variazione è oggi nella Volgar lingua pur solamente, con la quale noi e gli altri Italiani parliamo, e quanto è malagevole lo eleggere, e trarne quello esemplo, col quale più tosto formar si debbano, e mandarne le scritture.“ [18] Um diesem Übelstand abzuhelfen, will Bembo die entsprechenden Regeln für den richtigen Gebrauch des „volgare“ aufstellen. Während sich nun Dante bei seinem Beginnen in der Theorie nur auf die verhältnismäßig eng begrenzte Dichtungssprache des „dolce stil novo“ stützen konnte und dann in der „Divina Commedia“ kraft seines dichterischen Schöpfertums selbst erst das Ideal einer umfassenden Literatursprache verwirklicht, kann Bembo auf die große Tradition des Trecento zurückgreifen. Die damals in der Sprache von Florenz schreibenden Dichter haben die Gestalt des „volgare“ bestimmt, sie sind vorbildlich für die rechte Art zu schreiben. Damit folgt dem ersten entscheidenden Schritt, nämlich dem grundsätzlichen Entschluß, die Volkssprache als Literatursprache zu betrachten, der zweite: Das humanistische Stilprinzip der „Imitatio“ wird auf die volkssprachliche Literatur übertragen; d. h. die formale Nachahmung bestimmter Stilmuster wird zur Grundlage der volkssprachlichen Dichtung erklärt.

Die Verkündung dieses Grundgesetzes der humanistisch bestimmten volkssprachlichen Dichtungslehre mußte sich in doppelter Hinsicht auswirken. Zunächst wurde die Vorherrschaft des florentinischen Dialekts gegenüber den anderen italienischen Dialekten bei der Bildung der Schriftsprache eindeutig anerkannt: „la Fiorentina lingua ... di tutte l'altre volgari ... di gran lunga primiera“.[19] Auf die Frage, warum Bembo die „Asolani“ auf florentinisch und nicht venetianisch geschrieben habe, antwortet sein Bruder Carlo: „Hallo fatto per quella cagione, per la quale molti Greci, quantunque Ateniesi non fossero, pure più volontieri i loro componimenti in lingua Attica distendeano, che in altra; sì come in quella, che è nel vero più vaga, e più gentile“.[20] Der Grund für die besondere Anmut des Florentinischen besteht in verschiedenen Besonderheiten dieses Idioms.[21] Das eigentlich entscheidende Moment ist aber eben die Tatsache, daß das Florentinische im Unterschied zu anderen Dialekten bedeutende Schriftsteller aufweisen kann, die ihrerseits einen regulierenden Einfluß auf die Sprache ausgeübt haben.[22] Denn „tanto sono le lingue belle, e buone più, e meno l'una dell'altra, quanto elle più o meno hanno illustri, e onorati scrittori“.[23] Die Sprache erscheint also Bembo im wesentlichen als Literatursprache, die durch das Werk einzelner Schriftsteller bestimmt wird. Die Beschränkung dieser Schriftsteller auf das

[18] Prose I, 3, Opere a. a. O., X, 17.
[19] Prose I, 11, Opere a. a. O., X, 62.
[20] Prose I, 11, Opere a. a. O., X, 59.
[21] Vgl. Ibid. S. 60.
[22] Vgl. Ibid. S. 61.
[23] Ibid.

Trecento und zwar im wesentlichen auf Petrarca [24] und Boccaccio hat notwendigerweise zur Folge — und das ist die andere Auswirkung des von Bembo aufgestellten Prinzips — daß ein Abstand zwischen Literatursprache und Umgangssprache entsteht, wodurch die Literatur Gefahr laufen konnte, die Verbindung mit dem Leben zu verlieren, sobald die ihr gestatteten Ausdrucksmöglichkeiten, die ja einer vergangenen Epoche entstammen, nicht mehr den jeweiligen Gegenwartsbedürfnissen entsprechen. Diese Möglichkeit hat auch Bembo erkannt. Giuliano de'Medici, der Vertreter einer bedingungslosen Verwendung des „volgare" in der Literatur, erhebt gegen die Beschränkung auf die Nachahmung der Sprache Petrarcas und Boccaccios Einspruch mit der Begründung, daß sich die Sprachen ja wandeln und man nicht für die Toten, sondern für die Lebenden schreiben sollte. Die Antwort Bembos beruht auf der an sich richtigen Erkenntnis, daß die Schriftsprache als Literatursprache sich immer von der Umgangssprache durch einen gehobenen Ton unterscheidet: „la lingua delle scritture ... non dee a quella del popolo accostarsi, se non inquanto, accostandovisi, non perde grandezza; che altramente ella discostarsene dee, e dilungare, quanto le basta a mantenersi in vago, e gentile stato".[25]

Aber diese richtige Erkenntnis wird unter dem Einfluß der humanistischen Ideen überspitzt. Das Bestreben der italienischen Literatur soll darauf gerichtet sein, ähnlich wie die griechischen und lateinischen Klassiker eine die Zeiten überdauernde Form zu erreichen, mithin sich einer Sprache zu bedienen, die möglichst dem Wandel entzogen ist und infolgedessen von der lebenden Sprache des Volkes getrennt sein muß.[26] Das Volk ist ja auch gar nicht entscheidend für die Bewertung der Literatursprache, sondern immer nur einige wenige gelehrte Kenner, nach deren Urteil sich die Menge richtet: „Non è la moltitudine ... quella che alle composizioni di alcun secolo dona grido e autorità; ma sono pochissimi uomini di ciascun secolo; al giudicio de' quali, perciocchè sono essi più dotti degli altri riputati, danno poi le genti, e la moltitudine fede, che per se sola giudicare non sa direttamente".[27]

Um nun diese auf der Grundlage einer „Imitatio" der Trecentisten beruhende Literatursprache verwirklichen zu können, bedarf es einer genauen Bestimmung ihrer charakteristischen Elemente. Diese Bestimmung wird nach zwei Gesichtspunkten vorgenommen: Entsprechend der Auswahl der Worte (Elezione) und entsprechend ihrer Anordnung im Satz (Disposizione).

---

[24] Indem Bembo auf die Abhängigkeit Petrarcas von den Trobadors hinweist, betont er deren bestimmenden Einfluß auf die Entstehung der italienischen Literatursprache und veranlaßt damit seine Zeit, sich intensiv mit der Trobadordichtung zu beschäftigen. (Vgl. S. Debenedetti, Gli studi provenzali in Italia nel Cinquecento. Torino 1911; E. Kohler, Le provençalisme de P. Bembo et l'élaboration des „Prose della volgar lingua", a. a. O.).

[25] Prose I, 13, Opere a. a. O., X, 68.

[26] Vgl. Ibid.

[27] Ibid. 71.

Bei der Wortwahl herrscht das bis zu gewissem Grade jedem Klassizismus eigene Ausleseprinzip: der Purismus. Nachdem zunächst die Worte entsprechend der üblichen Dreiteilung gemäß dem zu behandelnden Gegenstand (materia grande, mezzana, bassa) in drei verschiedenen Gruppen geordnet worden sind, wird die für die gesamte Wortwahl verbindliche Regel verkündet: „... generalissima e universalissima regola è in ciascuna di queste maniere e stili, le più pure, le più monde, le più chiare sempre, le più belle, e più grate voci scegliere".[28] Diese Regel ist unbedingt einzuhalten. Falls es einmal vorkäme, daß die dem Dichter unter Berücksichtigung dieser Regel zur Verfügung stehenden Ausdrucksmöglichkeiten nicht ausreichten, um irgendeine Vorstellung wiederzugeben, so soll der Dichter lieber auf diese Wiedergabe verzichten als seine Rede mit unschicklichen Worten zu verunzieren.[29]

Für die Anordnung der Worte im Satz ist das letzte entscheidende Kriterium die Harmonie des Satzganzen. In engem Zusammenhang mit dieser Harmonie stehen die beiden Faktoren, die jeder Dichtung Schönheit verleihen: „Gravità" und „Piacevolezza", die ihrerseits wieder durch drei Elemente bedingt werden: „Suono", „Numero" und „Variazione".[30] Der Inhalt der beiden Begriffe „Gravità" und „Piacevolezza" wird möglichst genau umschrieben: „sotto la gravità ripongo l'onestà, la dignità, la maestà, la magnificenza, la grandezza, e le loro somiglianti; sotto la piacevolezza ristringo la grazia, la soavità, la vaghezza, la dolcezza, gli scherzi, i giuochi, e se altro è di questa maniera".[31] Beim näheren Eingehen auf die diese beiden Begriffe bedingenden Momente werden Vokale und Konsonanten, Reime, Rhythmen und Akzente auf ihre Bedeutung in Bezug auf die Erlangung der gewünschten Wirkung dargestellt.

Im Verlauf dieser Darstellung taucht immer wieder der Begriff der „Gravità" auf, demgegenüber die „Piacevolezza" mehr und mehr zurücktritt. Wir erinnern uns, daß der gleiche Begriff der „Gravità" bei der Gegenüberstellung von Literatur- und Volkssprache als das wesentliche Merkmal der ersteren angeführt wurde. „Gravità", besser noch ihr Synonym „Grandezza" gehört zu den wichtigsten Grundbegriffen der Vorstellungswelt der Hochrenaissance.[32] In diesem Begriff begegnen sich die literarische Entwicklung

---

[28] Prose II, 3, Opere a. a. O., X, 283 f.

[29] Vgl. Ibid. 284.

[30] Vgl. Ibid. 296.

[31] Ibid. 296.

[32] G. Weise, der sich mit der Bedeutung dieses Begriffs in der italienischen Renaissance eingehend befaßt hat (vgl. seine Aufsätze: Italien und das heroische Lebensgefühl der Renaissance, in German.-Rom. Monatsschr. 22 (1934), 333—343; Die heroisierende Lebensauffassung der Renaissance und die Novellen des Bandello, in Archiv für das Studium der neueren Sprachen 166 (1935), 234—248) und darüber eine zusammenfassende Arbeit ankündigt, (Die heroische Idealität der Renaissance und ihre Wurzeln in der geistigen Tradition des Humanismus) weist auf die Rolle hin, die neben anderen ähnlichen zur ästhetischen Qualifikation verwendeten Ad-

und die der bildenden Kunst, die sich von dem Gefühl für die erhabene Größe durchdrungen zeigt. Mit dem Begriff der Größe ist in der bildenden Kunst sowohl als auch in der Literatur der der Würde verbunden; zur „Grandezza" gehört der „Decoro": „... da servare è il decoro degli stili, o convenevolezza".[33] Das Dekorum besteht darin, daß der Dichter das schickliche Maß zu halten versteht, daß er die „Gravità" und natürlich auch die „Piacevolezza" nicht übertreibt. Es ist die zur klassischen Norm erhobene Vorstellung der „Convenientia", die wir bereits aus den Rhetorikern des Quattrocento kennen.

Beide Begriffe, der der erhabenen Größe und der des schicklichen Maßes, bilden zusammen mit dem puristischen Prinzip der Wortwahl, das letzten Endes auch auf die Konvenienz zurückzuführen ist, die Grundlage der klassischen Stillehre, die in Bembo ihren ersten Theoretiker gefunden hat.

Als Beispiel für die vorbildliche Verwirklichung der dem Dichter gestellten Forderungen dienen Petrarca und Boccaccio. Dante, der anfangs mit ihnen zusammen als einer der Begründer der Literatursprache im Trecento genannt worden war, scheidet aus. Nicht nur das; einige seiner Verse werden sogar sozusagen als negatives Beispiel für den Verstoß gegen die schickliche Ausdrucksweise zitiert;[34] seine „Commedia" wird mit einem schönen, aber von Unkraut überwucherten Getreidefeld, mit einem nicht beschnittenen Weinstock verglichen.[35] Bei aller Verehrung, die Bembo gegenüber Dante, „grande e magnifico Poeta" [36] empfindet,[37] erscheint ihm jedoch Petrarca als der größere Meister, da für ihn das rein formale Können für die Meisterschaft entscheidend ist. Zu Petrarca fühlt er sich in einer Art künstlerischer Wahlverwandtschaft besonders hingezogen; er hat mit ihm die Vorliebe für das Artistische, den überfeinerten Kunstsinn gemeinsam, steht ihm allerdings an Originalität bei weitem nach. Für die Ähnlichkeit in der Art und Weise, wie beide Dichter ihre Werke schaffen, ist die Gegenüberstellung der Beschreibung, die Bembo von dem dichterischen Schaffen Petrarcas gibt, mit der Charakterisierung, die Bembos dichterische Technik durch einen modernen Kritiker erfährt, überaus bezeichnend. Bembo schreibt von Petrarca: „se alcuna minuta voce era, che potesse meglio dirsi, egli la mutava e rimutava, infinattantochè dire meglio non si potesse a modo alcuno".[38] V. Cian kennzeichnet Bembos

jektiven „gerade das Adjektiv „alto" in der Literatur der Hochrenaissance als Träger einer steigernden und erhöhenden Auffassung spielen sollte". (Die geistige Welt der Gotik und ihre Bedeutung für Italien. Halle 1939, 409.)

[33] Prose II, 3, Opere a. a. O., X, 330.

[34] Ibid. 285.

[35] Ibid. 337.

[36] Prose II, 1, Opere a. a. O., X, 274.

[37] Ein so guter Kenner Bembos wie V. Cian ist der Ansicht, daß Bembo sogar den ausgesprochenen Dante-Kult seines Vaters Bernardo in gewisser Weise fortsetzt. Vgl. V. Cian, Un decennio della vita di M. Pietro Bembo. (1521—1531), Torino 1885, 79, 87 ff.; und Per Bernardo Bembo. Le sue relazioni coi Medici a. a. O.

[38] Prose II, 3, Opere a. a. O., X, 286.

Dichtung mit folgenden Worten: „quella maniera di elaborazione poetica, che non era il gitto spontaneo d'una ispirazione creatrice, ma il cesellare squisito e corretto, ma freddo della materia, il carezzare quasi voluttuoso della forma".[39]

Auf Grund dieser besonderen Veranlagung ist Bembo dann auch — nicht nur in der Form, sondern auch im Inhalt — einer der vollkommensten Nachahmer, den Petrarca je gefunden hat. Sein dichterisches Schaffen in dieser Hinsicht entspricht in allen Stücken dem von ihm aufgestellten Programm, „poetica in actu" und „poetica in potentia" sind identisch. Bembo wird damit in Theorie und Praxis zum Begründer des eigentlichen Petrarkismus. Petrarkisten hatte es auch im Quattrocento gegeben; gegen Ende des Jahrhunderts und am Beginn des folgenden genossen sogar drei von ihnen, nämlich Cariteo, Tebaldeo und Serafino Aquilano, ein hohes Ansehen. Bembos Petrarkismus entsteht aber gerade in bewußter Reaktion auf diese Schule, die Petrarca nur als eine Fundgrube von stilistischen Künsteleien und gedanklichen Spitzfindigkeiten ausgebeutet hatte, wobei sie in ihrer Manier bereits an den „Secentismo" erinnert. Bembo fordert demgegenüber eine Rückkehr zu Petrarcas Werk als einer unteilbaren Ganzheit. Dabei schenkt er den in Petrarca vorhandenen Ansätzen zu einer platonischen Liebesauffassung unter dem Einfluß der von der Florentiner Akademie ausgehenden Verbreitung der Eros-Lehre besondere Beachtung,[40] so daß von nun an in der Nachahmung des „Canzoniere" eine stark platonische Tendenz hervortritt, die bei Petrarca in diesem Maße gar nicht zu finden ist.

Was Petrarca für die Poesie, das ist Boccaccio für die Prosa. Petrarca vereint in sich die Anmut der gesamten volkssprachlichen Dichtung, Boccaccio ist für die Prosa geboren.[41] Wenn auch bei Boccaccio nicht das gleiche Gefühl einer inneren Zusammengehörigkeit wie bei Petrarca mitschwingt, so stellt hier doch die Cicero-Nachahmung, die Bembo aus Boccaccios Stil herausspürt, einen engen Kontakt mit dem Schöpfer der italienischen Kunstprosa her. Wieder wie schon in der Poesie gibt Bembo auch in seiner Prosa das praktische Beispiel für die verkündete Theorie. Der Stil der „Prose" selbst und der seiner Briefe, sowie die noch stärker latinisierte Sprache der „Istoria Viniziana" stehen am Anfang des Boccaccismus, so wie sein „Canzoniere" den Petrarkismus einleitete. Ciceronianismus, Petrarkismus und Boccaccismus: In diesen drei Begriffen liegt Bembos Werk beschlossen. Diese drei Be-

[39] Un decennio della vita di M. Pietro Bembo a. a. O., 38.

[40] Bembo hat sein Bekenntnis zur platonischen Liebestheorie in den „Asolani" niedergelegt. Wie stark er hierbei von der Platonischen Akademie von Florenz beeinflußt wurde, beweist die Tatsache, daß in einem von ihm selbst geschriebenen Codex, in dem die „Asolani" enthalten sind, zahlreiche Zitate aus Ficinos Werken als Randbemerkungen erscheinen (vgl. V. Cian, Per Bernardo Bembo. Le relazioni letterarie, i codici e gli scritti a. a. O., 51).

[41] Prose II, 1, Opere a. a. O., X, 275.

griffe offenbaren seine Bedeutung für die Entwicklung der italienischen Literatur, im positiven wie im negativen Sinne.

Die Verbindung der beiden Traditionen, die sich in Bembo endgültig vollzieht, bedeutet die Überwindung des Gegensatzes zwischen humanistischer und volkssprachlicher Literatur, den die Renaissancebewegung im italienischen Geistesleben heraufbeschworen hatte. Faßt man die Art und Weise, wie sich diese Verbindung vollzog, ins Auge, so kann man mit H. Gmelin [42] sagen, Bembos „geschichtliche Tat ist die Übertragung des puristischen Imitationsprinzips aus dem Humanismus in die Vulgärliteratur". Auf der Grundlage der Kanonisierung [43] der beiden großen Dichter des Trecento entwirft er in Theorie und Praxis nach dem Vorbild der humanistischen Rhetorik die Richtlinien für eine Stilistik in der Volkssprache, durch die das Italienische in die Sphäre des Humanismus erhoben wird. Es ist der Vorgang, den Ariost in den bekannten Versen des „Orlando Furioso" gekennzeichnet hat:

> Bembo, che'l puro e dolce idioma nostro,
> levato fuor del volgar uso tetro,
> quale essere dee, ci ha col suo esempio mostro.[44]

Als nahezu unumschränkter Diktator des literarischen Geschmacks übt er einen beherrschenden Einfluß auf die italienische Literatur des Cinquecento, namentlich auf die Lyrik aus.[45] An Autorität wird er seinem großen Vorbild Petrarca gleichgeachtet, ja er löst diesen sogar bis zu einem gewissen Grade ab: Der „Petrarchismo" tritt vielfach in der Form des „Bembismo" in Erscheinung.

Aber in den Auswirkungen von Bembos „geschichtlicher Tat" lag auch eine ernste Gefahr für die weitere Entwicklung der italienischen Literatur. Wenn Bembo einerseits die Kluft zwischen humanistischer und volkssprachlicher Dichtung schloß, so beschwor er anderseits die Gefahr herauf, daß sich eine neue Kluft bildete: eine Kluft zwischen Literatur und Leben. Obwohl Bembo grundsätzlich forderte, jeder solle in der ihm natürlichen Sprache schreiben, droht doch sowohl durch die Festlegung auf den Wortschatz der Klassiker des Trecento, als auch durch die Übertragung der humanistischen Stilprin-

[42] Das Prinzip der Imitatio in den romanischen Literaturen der Renaissance a. a. O., 212.

[43] Es ist das erste Beispiel einer Kanonbildung in den modernen europäischen Literaturen; vgl. E. R. Curtius, Europäische Literatur und lateinisches Mittelalter a. a. O., 267.

[44] Orlando Furioso. A cura di S. Debenedetti. Bari 1928, XLVI, 15.

[45] „Sarebbe difficile assai il poter formarsi oggidì un'idea adeguata dell'influenza viva ed efficace ch'egli esercitava attorno a sè, dell'ammirazione entusiastica, del culto quasi idolatra, di cui aveva saputo circondarsi" (Cian, Un decennio ... a. a. O. 178). Zu Bembos Freunden gehören Ariost, Poliziano, Sannazaro, Castiglione, Sadoleto, Bibbiena, Varchi, Fracastoro, Vida, Della Casa, Giovio, Trissino, Molza, Caro, Navagero, Cellini, Aretino; vgl. Cian, P. Bembo, in Giornale storico della letteratura ital. 88 (1926), 234.

zipien eine Isolierung der Literatursprache von der lebendigen Sprachentwicklung in einem klassizistischen Purismus und damit die Erstarrung der Dichtung im Akademismus; eine Gefahr, der auch tatsächlich in der Folgezeit ein großer Teil der italienischen Literatur erlegen ist.

Die mit Bembos „Prose della volgar lingua“ aufgeworfene Frage nach der Gestaltung der Literatursprache mußte mehr oder weniger allen denjenigen, die sich theoretisch mit dem Aufkommen einer italienischen Nationalliteratur auseinandersetzten, als eine Kardinalfrage erscheinen. Die „Questione della lingua“, die zum ersten Mal von Dante und dann später von Lorenzo de'Medici gestellt worden war, tritt nunmehr in den Vordergrund des Interesses.[46] Wie der von Bembo vertretene Purismus sich in der Dichtung weitgehend durchsetzte, so fanden natürlich dementsprechend seine theoretischen Erwägungen auch in der Diskussion über die Ursprünge und die Fortbildung der Literatursprache besondere Beachtung.

In der aus dieser Diskussion erwachsenden umfangreichen Literatur verdient Sperone Speronis „Dialogo delle lingue“ (1542) besondere Beachtung als diejenige Abhandlung, welche die beste Zusammenfassung der für die italienische Literatur fortan jahrhundertelang verbindlichen Theorie des Vulgärhumanismus bietet.[47] Speroni läßt in seinem Dialog Bembo dessen Theorie nochmals bekräftigen gegenüber dem Gesprächspartner Lazzaro Bonamico, einem überzeugten Latinisten. Die auf Petrarca und Boccaccio fußende toskanische Sprache ist der lateinischen durchaus gleichwertig; denn beide Sprachen folgen den gleichen Stilgesetzen: „se le parole sono diverse, l'arte del comporle e dell' adunarle è una cosa medesima nella latina e nella thoscana“.[48] Wenn die Volkssprache dem Latein noch unterlegen erscheint, so nur deswegen, weil sie am Anfang ihrer Entwicklung als Literatursprache steht. Bei entsprechender Pflege wird sie die gleiche Vollkommenheit erreichen wie das klassische Idiom. Sie hat ihre Blütezeit noch vor sich, während aus der griechischen und lateinischen Sprache jedes wirkliche Leben gewichen ist.

Dadurch daß Speronis Bembo den „toten“ klassischen Sprachen die wandlungsfähige lebendige Volkssprache gegenüberstellt, macht er den auch beim historischen Bembo vorhandenen Widerspruch zwischen der grundsätzlichen Anerkennung der noch entwicklungsfähigen Volkssprache als dem natürlichen Ausdrucksmittel und dem Stilideal eines klassizistischen Purismus nur noch deutlicher. Es gelingt daher Speronis Bembo auch nicht, sich gegen die

[46] Vgl. V. Vivaldi, Le controversie intorno alla nostra lingua dal cinquecento ai giorni nostri. Catanzaro 1894—1898 (2a ediz. 1925); Th. Labande-Jeanroy, La Question de la langue en Italie. Paris 1925; A. Buck, Das Problem der Nationalsprache in der italienischen Geistesgeschichte, in Zeitschr. f. deutsche Geisteswissenschaft 4 (1942), 179—189; B. Migliorini, La questione della lingua, in Questioni e correnti di storia letteraria. Milano (1949), 1—75 (mit ausführlicher Bibliographie).

[47] Vgl. G. Toffanin, Il Cinquecento. Milano 1941, 105.

[48] Dialogo delle lingue, Vinegia 1542, abgedruckt im Anhang von P. Villey, Les sources italiennes de la „Deffense et illustration de la langue françoise“. Paris 1908, 121.

folgerichtige Argumentierung des „Cortegiano", der mit Castiglione [49] den Sprachgebrauch der Gebildeten in ganz Italien als Norm für die Volkssprache fordert, überzeugend zu verteidigen.

Noch weniger kann er sich gegen die Argumente Perettos behaupten, hinter dem sich Speronis Lehrer Pomponazzi verbirgt. Indem Peretto — wie Pico in seinem Brief an Barbaro [50] — eine Vorrangstellung der klassischen Sprachen in Bezug auf die Wahrheitsfindung nicht anerkennt, wendet er sich nicht nur gegen die Latinisten, sondern auch gegen die Vulgärhumanisten: „io ho per fermo, che le lingue d'ogni paese, così l' arabica e l'indiana come la romana et l'atheniese, siano d'un medesmo valore".[51] Man kann auch in den den humanistischen Stilgesetzen nicht unterworfenen Dialekten von Mailand und Mantua (Pomponazzi stammte aus Mantua) philosophieren, vorausgesetzt, daß man richtig, d. h. der logischen Struktur unseres Denkens entsprechend philosophiert. Die Humanisten irren, wenn sie meinen, allein durch das Erlernen der klassischen Sprachen auch in den Besitz der Wahrheit zu gelangen, „non altramente, che se lo spirito d'Aristotele, a guisa di folletto in cristallo, stesse rinchiuso nell'alphabeto di Grecia et con lui insieme fosse costretto d'entrar loro nell'intelletto a fargli propheti".[52] Das Studium der klassischen Sprachen stellt vielmehr eine Zeitverschwendung dar, welche die Moderne daran hindert, auf dem Gebiet der Philosophie ebenso schöpferisch wie die Antike zu sein: „noi altri moderni viviamo indarno gran tempo, consumando la miglior parte de nostri anni, laqual cosa non avveniva a gli antichi; ... porto ferma oppenione che lo studio della lingua greca et latina sia cagione dell'ignorantia; che se'l tempo, che intorno ad esse perdiamo, si spendesse da noi imparando philosophia, per avventura l'età moderna generarebbe quei Platoni et quegli Aristotili, che produceva l'antica".[53] Damit wird der humanistische Glaube an die Identität von Sachbildung und sprachlich-rhetorischer Bildung zerstört. Um den modernen Geist von dem Ballast des Sprachstudiums zu befreien, fordert Peretto die Übertragung der antiken Autoren in die Volkssprache, damit auf diesem Wege die Erkenntnisse der antiken Philosophie und Wissenschaft jedem Lernfreudigen zugänglich gemacht werden.

Mochte auch Speroni unter dem Einfluß seines Lehrers Pomponazzi die Verstiegenheiten der humanistischen Wortbegeisterung ablehnen, so wird man doch seine Einstellung zum Humanismus nicht ohne weiteres mit der Perettos identifizieren dürfen. Die literarische Form des Gesprächs bot die von den Renaissance-Autoren so gern genutzte Gelegenheit, voneinander abweichende oder sich widersprechende Anschauungen einander gegenüberzustellen, ohne daß jedesmal ein bestimmter Gesprächspartner in allen Punkten die Meinung

---

[49] S. u. S. 133 f.
[50] S. o. S. 64 ff.
[51] Dialogo delle lingue a. a. O. 138.
[52] Ibid. 143.
[53] Ibid. 137.

des Autors vertreten müßte. Im Hinblick auf sein literarisches Schaffen steht Speroni auf dem Boden eines Vulgärhumanismus, für den nach dem Vorbild Bembos die Übertragung der humanistischen Rhetorik auf die Volkssprache die selbstverständliche Voraussetzung für die Ausbildung der italienischen Literatursprache darstellt.

Die Tatsache jedoch, daß Speroni die Sprache als philosophische und wissenschaftliche Mitteilung von der Sprache der Dichtung und der Rhetorik viel schärfer trennt [54] als Bembo, läßt ein vertieftes Verständnis für die verschiedenen Funktionen der Sprache vermuten; eine Vermutung, die der „Dialogo della rettorica“ bestätigt. Dort erfaßt Speroni das Verhältnis der Rhetorik und Dichtung zur Wahrheit nicht mehr nur mit dem herkömmlichen Begriff des „ornatus“, sondern erblickt die Aufgabe der kunstvollen Rede darin, „Zeichen der Wahrheit“ zu sein.[55]

Auch für Benedetto Varchi ist Bembo das leuchtende Vorbild der Stilkunst, Bembo „del quale io non dissi mai tanto che molto non mi paresse dir meno di che la bontà e dottrina sua meritarono.“[56] Nach dem Verfall der italienischen Sprache im Quattrocento ist Bembo der erste, der wirklich Petrarca nachzuahmen im Stande war. In der Poesie übertrifft die Volkssprache durch die Harmonie ihrer Verse an Schönheit die Metren der klassischen Sprachen. Diese Volkssprache ist einzig und allein das Florentinische. In dieser Sprache haben die drei Klassiker Dante, Petrarca und Boccaccio geschrieben, und ihr die auch für die Gegenwart noch gültige Form gegeben, denn „gli scrittori sono quelli che fanno . . . le lingue nobili.“[57] Aber Varchi legt sich doch nicht so ausschließlich auf die Sprache des Trecento fest wie Bembo. Er will daneben auch den lebendigen Sprachgebrauch berücksichtigt wissen.

Gegen eine zu strenge Auslegung des von Bembo vertretenen Purismus protestierte auch Annibal Caro, der im übrigen in seinen Dichtungen ein auf den Spuren Bembos wandelnder überzeugter Petrarkist war. Lodovico Castelvetros Kritik an einer seiner Kanzonen gibt Caro Veranlassung, sich in seiner „Apologia degli Academici di Banchi“ grundsätzlich zur Frage der Literatursprache zu äußern. Bei aller Anerkennung der sprachlichen Vorbildlichkeit Petrarcas und Boccaccios darf diese Vorbildlichkeit doch nicht so weit gehen, daß dadurch das natürliche Recht der Sprache, sich mit den Zeiten zu wandeln, verloren geht: „Voglio che la perfezion del dire . . . sia infino a ora, in questa lingua, spezialmente nel Petrarca e nel Boccaccio; ma non voglio per questo distrugger la natura d'essa lingua, che non possa, come l'altre, crescere e scemare“[58]. Der Irrtum der strengen Puristen liegt darin, daß sie die moderne Sprache nach dem gleichen Gesetz der Nachahmung eini-

---

[54] Dialogo delle lingue a. a. O. 145 f.
[55] Vgl. Garin, Der italienische Humanismus a. a. O. 195.
[56] L'Ercolano, in B. Varchi, Opere. Trieste 1859, II, 68.
[57] Ercolano a. a. O. 70.
[58] Apologia degli Academici di Banchi, in Opere. Per cura di U.A.Amico. Firenze 1864, I, 39.

ger auserwählter Schriftsteller regeln wollen wie die toten klassischen Sprachen. Die lebende Sprache bedarf dagegen neuer Worte. Als Autorität für diese Ansicht kann sich Caro auf Horaz' Poetik berufen:

.... Licuit, semperque licebit
Signatum praesente nota procudere nomen;[59]

Bei der Einführung neuer Wörter muß man allerdings sehr behutsam vorgehen: „perchè nè anco io voglio che siano bene usate quelle (voci) che senza giudizio e senza scelta sono state intromesse da chiunque si sia, e cavate da qual si voglia idioma. L'opinion mia non è che si faccia fascio d'ogni erba, ma sì ben ghirlanda d'ogni fiore; non che si adopri la falce, come dicono che adoperò Dante, ma che se ne colga a discrezione, come ha fatto il Petrarca; non quelli appunto che colse il Petrarca, ma di quella sorte s'intende che s'abbiano a côrre."[60] Beispielhaft für eine solche maßvolle Einstellung ist Bembo, dem das große Verdienst zukommt, die Sprache vor überstürzten Neuerungen bewahrt zu haben. Aber selbst er hat eine Reihe von Ausdrücken verwandt, die in Petrarca nicht vorkommen. Man sieht, Caros Opposition gegen den Purismus erweist sich im Grunde genommen als recht zahm und mündet sozusagen in einen gemäßigten „Bembismo".

Während sich aber sowohl Varchi als auch Caro im allgemeinen doch innerhalb von Bembos Ideenkreis bewegten, hatte Niccolò Machiavelli rund ein Jahrzehnt vor dem Erscheinen von Bembos „Prose" die „Questione della lingua" unter wesentlich anderen Gesichtspunkten dargestellt. Auch für ihn gibt es keinen Zweifel an dem florentinischen Ursprung der Sprache. In einem fingierten Zwiegespräch mit Dante beweist er diesem eindeutig, daß seine Sprache nicht eine gemein-italienische „lingua curiale", sondern florentinisch gewesen ist. Im Verlauf dieses „Dialogo intorno alla nostra lingua" zeigt sich Machiavelli auf dem Gebiet der Sprachbetrachtung als der gleiche realistische Beobachter, wie er aus der Schilderung der politischen Ereignisse bekannt ist. Er gibt zu, daß das Florentinische eine Reihe von anderswoher übernommenen Worten enthält. Aber entscheidend ist, daß das Florentinische diese Worte sich assimiliert, d. h. sie sich phonetisch angeglichen hat. In diesem Vorgang sieht Machiavelli das wesentliche Kriterium für den Begriff der Nationalsprache: „quella lingua si chiama d'una patria, la quale convertisce i vocaboli ch'ella ha accattati da altri, nell'uso suo, ed è sí potente che i vocaboli accattati non

[59] Ibid. 32.

[60] Ibid. 29 f. An dieser Stelle folgt eine Auslegung des Imitatio-Begriffs, die an das verbreitete Vater-Sohn-Gleichnis erinnert, das wir bei Petrarca und Cortesi (vgl. o. S. 55 u. 64) erwähnt haben: „Non sarebbe pazzo uno, che, volendo, imparare di camminare da un altro, gli andasse sempre dietro, mettendo i piedi appunto donde colui li lieva? La medesima pazzia è quella che dite voi, a voler che si facciano i medesimi passi, e non il medesimo andare del Petrarca. Imitar lui, vuol dire che si deve portar la persona e le gambe come egli fece, e non porre i piedi nelle sue stesse pedate. Egli si valse giudiziosamente, in tutte le lingue, die tutti le buone voci; col medesimo giudizio è lecito di valersene ancora ad ognuno." (Ibid. 30).

la disordinano, ma ella disordina loro; perché quello ch'ella reca da altri, lo tira a sé in modo che par suo."[61]

Das Florentinische ist also die Grundlage der italienischen Volkssprache: an den florentinischen Dialekt müssen sich die nicht-florentinischen Autoren halten, wenn sie neue Ausdrücke verwenden wollen. Machiavelli bleibt also nicht wie die Puristen bei der Sprache des Trecento stehen, sondern will die Literatursprache aus dem lebendigen Sprachgebrauch ergänzen und fortentwickeln.

Der Anlaß für die Abfassung von Machiavellis „Dialogo" waren die Diskussionen über die Sprachenfrage, an denen Machiavelli bei den Zusammenkünften in den Orti dei Rucellai teilgenommen hatte. Machiavellis Hauptgegner in diesen Diskussionen war Giangiorgio Trissino. Er behauptete gegenüber den Anhängern der „fiorentinità" die These der „italianità", d. h. des Bestehens einer gemein-italienischen Sprache und führte als Kronzeugen für seine Anschauung Dante an, dessen Traktat „De vulgari eloquentia" er neu herausgab und ins Italienische übersetzte. In seinem Dialog „Castellano" entwickelt er auf der Grundlage von Dantes Abhandlung seine eigenen Vorschläge für die Weiterbildung der italienischen Nationalsprache durch Zusammenstellung der den einzelnen Dialekten gemeinsamen Ausdrücke.[62] Dem Florentinischen wird seine privilegierte Stellung abgesprochen; es ist nur ein Dialekt neben anderen.

Eine gerechtere Würdigung erfährt dagegen das Florentinische im Rahmen der italienischen Idealsprache, die Baldassare Castiglione in seinem „Cortegiano" entwirft. Im Unterschied zu Trissino, für den auch die Werke der großen Trecentisten nicht florentinisch, sondern gemein-italienisch geschrieben waren, erkennt Castiglione bis zu einem gewissen Grade die Bedeutung der Toscana für die Entstehung der Literatursprache an. Sein Ideal ist die Bildung einer von allen Gebildeten gesprochenen Hofsprache. Der Gedanke, an Stelle des Toskanischen eine allgemeine Hofsprache zu setzen, war zum ersten Mal von Vincenzo Collo, genannt Calmeta, in einer uns leider nicht erhaltenen Abhandlung vertreten worden. Nach dem, was uns Bembo über diese Abhandlung berichtet[63], handelt es sich dabei um die Sprache des römischen Hofs. Castiglione legt sich nicht auf ein bestimmtes Zentrum fest, sondern will den Sprachgebauch der gebildeten Kreise von ganz Italien berücksichtigt wissen. Der lebendige Sprachgebrauch ist das entscheidende Kriterium:

---

[61] Opere. Per cura di A. Panella. Milano 1938, I, 723.

[62] Trissino schlug in einem 1524 an Papst Clemens VII. gerichteten Brief vor, auch gewisse Reformen in der Orthographie einzuführen, so die Verwendung der griechischen Buchstaben ε, ω, und ζ zur Bezeichnung für offenes e, o und stimmhaftes z, von j und v für konsonantisches i und u, sowie von z für t vor i. Diese Neuerungen haben sich aber nur teilweise durchzusetzen vermocht.

[63] Vgl. Prose I, 10, Opere a. a. O. X, 52 f.; L. Castelvetro behauptet in seinen „Giunte alle Prose della volgar lingua" im Gegensatz zu Bembo, daß für Calmeta die Sprache des römischen Hofs nur ein verfeinertes Florentinisch dargestellt hätte. (Vgl. Giunta X, in Opere di P. Bembo a. a. O., X, 185 ff.)

„la forza e vera regula del parlar bene consiste più nell'uso che in altro, e sempre è vizio usar parole che non siano in consuetudine".[64] Dieser Sprachgebrauch rechtfertigt sogar auch die Aufnahme von Fremdwörtern: „lauderei che talor usasse alcuni di quelli termini e franzesi e spagnoli, che già sono dalla consuetudine nostra accettati." [65] Darüber hinaus will er sogar neue Ausdrücke durch Ableitung vom Latein bilden.[66] Bei einer solchen Einstellung nimmt es nicht wunder, daß Castiglione in der Frage der Nachahmung bestimmter Stilmuster [67] einen freieren Standpunkt als die meisten seiner Zeitgenossen einnimmt. Ganz ohne Nachahmung kommt der Schriftsteller allerdings nicht aus; aber einerseits soll man diese Nachahmung nicht nur auf Petrarca und Boccaccio beschränken, sondern auch auf Poliziano, Lorenzo de'Medici und andere moderne toskanische Dichter ausdehnen [68], anderseits müssen die dichterische Begabung und die natürliche Urteilsfähigkeit immer die besten Lehrmeister bleiben.[69] Eine sklavische Nachahmung widerspräche auch einem Grundsatz, den der vollkommene Hofmann in allen seinen Lebensäußerungen zu wahren hat: Die Vermeidung all dessen, was gezwungen, gekünstelt erscheint; denn sein oberstes Leitmotiv muß die natürliche Anmut sein. Diese ist dann letzten Endes auch bestimmend für die Aufnahme der Worte aus den Dialekten in die Hofsprache: „io lauderei che l'uomo, oltre al fuggir molte parole antiche toscane, s'assicurasse ancor d'usare, e scrivendo e parlando, quelle che oggidì sono in consuetudine in Toscana e negli altri lochi della Italia, che hanno qualche grazia nella pronuncia".[70]

Betrachtet man aber nun die Sprache, derer sich sowohl Trissino als auch Castiglione, als die beiden bedeutendsten Vertreter der These der „italianità" in ihren Werken bedienen, so stellt sich heraus, daß sie beide doch im wesentlichen die Sprache der befehdeten Toskana schrieben. Trissino hat das in Bezug auf seine Tragödie „Sofonisba" sogar teilweise selbst zugegeben; [71] und bei Castiglione kann man in den verschiedenen Fassungen des „Cortegiano" eine immer stärkere Hinwendung zum Toskanischen verfolgen.[72] Daraus darf man jedoch nicht ohne weiteres den Schluß ziehen, daß die Sprachenfrage

---

[64] Il Cortegiano. (Vorrede II), in B. Castiglione, Giovanni della Casa, Opere, a cura di G. Prezzolini. Milano-Roma (1937), 48.

[65] Cortegiano I, 34 Opere a. a. O., 98.

[66] Vgl. Ibid.

[67] Der Begriff der Nachahmung wird auch ausführlich in Bezug auf die bildenden Künste diskutiert. Hierbei handelt es sich allerdings um die Nachahmung der Natur, die als Maßstab dient, um den Vorrang der Malerei gegenüber der Bildhauerei zu behaupten. (Vgl. Cortegiano, I, 51 u. 52, Opere a. a. O., 121 ff.)

[68] Il Cortegiano I, 37, Opere a. a. O., 103 f.

[69] Il Cortegiano. (Vorrede II) u. I, 37, Opere a. a. O., 48 u. 102.

[70] Il Cortegiano I, 29, Opere a. a. O., 91.

[71] Vgl. P. Rajna, La lingua cortigiana, in Miscellanea linguistica in onore di G. Ascoli. Torino 1901, 306.

[72] Vgl. V. Cian, La lingua di B. Castiglione. Firenze 1942, 52 ff.

überhaupt nicht existiert hätte.[73] Die These der „italianità" entsprang dem Bewußtsein, daß Italien eine sprachliche Einheit darstellte und das Problem der Weiterbildung der Nationalsprache nicht nur von Florenz, geschweige denn nur von der Literatur des Trecento aus gelöst werden konnte. Bedenkt man, daß der größte Teil der italienischen Schriftsteller des Cinquecento nicht aus Florenz oder aus der Toskana stammt, so erscheint es durchaus begreiflich, daß auch die anderen Regionen Italiens den Anspruch erhoben, an der Fortentwicklung der Sprache aktiven Anteil nehmen zu wollen. Wenn sich auch dieser Anspruch zunächst praktisch so gut wie gar nicht durchsetzen konnte, so kündigt er doch den Beginn einer neuen Phase in der Entwicklung der italienischen Literatur an, in der an die Stelle der fast ausschließlich florentinischen eine nationalitalienische Dichtung tritt.

Diese nationale Dichtung steht jedoch zum überwiegenden Teil durchaus im Zeichen des auf die großen Florentiner des 14. Jahrhunderts begründeten Purismus. Die von Bembo aufgestellten klassischen Stilprinzipien bilden die bestimmende Dichtungslehre für das literarische Schaffen bis zum Aufkommen der aristotelischen Poetik. Aber auch in den danach entstehenden Dichtungslehren spielt das rhetorische Element eine große Rolle. Die Eleganz der Form erweist sich als ein untrennbarer Bestandteil des literarischen Klassizismus.

Die klassische Eleganz des Stils offenbart sich zunächst in den herkömmlichen volkssprachlichen Dichtungsgattungen. Wir haben bereits gesehen[74], wie Bembo getreu seiner Theorie in seinem dichterischen Werk eine neue Richtung des Petrarkismus begründet. Da innerhalb der formalen Poetik seiner „Prose" für Probleme der dichterischen Inspiration kein Raum war, hatte er das Bekenntnis zu der seinen Petrarkismus tragenden platonischen Liebestheorie in den „Asolani" niedergelegt. Ähnlich bilden auch die zahlreichen, platonisch gefärbten Traktate über die Liebe, die im Verlauf des Cinquecento entstehen, die theoretische Grundlage für den sich immer weiter ausbreitenden Petrarkismus. Der platonische Erosbegriff, wie er in Marsilio Ficinos „In convivium Platonis de amore commentarium", bezw. in der italienischen Fassung dieser Abhandlung, dem „Libro dell'amore", entwickelt worden war, wird dazu verwandt, um der irdischen Liebe einen ideellen Sinn zu geben, um das Wohlgefallen an vergänglicher Schönheit als ein Verlangen nach dem Abglanz der ewigen Schönheit zu erklären.

Von diesen zahlreichen Abhandlungen erscheinen uns die beiden „Discorsi delle bellezze delle donne" von Agnolo Firenzuola am bemerkenswertesten.[75]

[73] Den Beweis dafür sucht Th. Labande-Jeanroy, La question de la langue en Italie a. a. O. zu führen.

[74] Vgl. o. S. 127.

[75] Außerdem seien wenigstens aus der Fülle dieser Literatur noch erwähnt der „Libro di natura d'amore" von Mario Equicola, in dem u. a. eine Geschichte der italienischen Liebesdichtung von Guittone d'Arezzo an gegeben wird; der averroistisch beeinflußte Traktat „De pulchro et amore" von Agostino Nifo und die „Lezioni dell'amore, della gelosia, della bellezza, della grazia" von Benedetto Varchi.

Auch bei Firenzuola ist der Platonismus nur die ideologische Verbrämung, und der Hauptton liegt auf der irdischen Schönheit. Seine Definition der Schönheit ist charakteristisch für die klassizistische Ästhetik. Die Schönheit besteht aus der Harmonie der einzelnen Teile mit dem Ganzen: „... la bellezza non è altro che una ordinata concordia, e quasi un'armonia occultamente risultante dalla composizione, unione, e commissione di più membri diversi, e diversamente da se, e in se, e secondo la propria qualità e bisogno, bene proporzionati, e'n un certo modo belli." [76] An dem nach dem Beispiel der bekannten Zeuxis-Anekdote zusammengesetzten Frauenwunschbild, das Firenzuola von Lukian übernimmt, wird diese Definition des Schönheitsbegriffs veranschaulicht. Sie beruht auf der Überzeugung, daß durch die Auswahl möglichst vollkommener Einzelteile eine die Natur übertreffende ideale Vollkommenheit erreicht werden kann.[77]

Man hat den Petrarkismus als chronische Krankheit der italienischen Literatur bezeichnet [78], eine Krankheit, die im Cinquecento auf ihrem Höhepunkt angelangt war. Gewiß gehört der Petrarkismus zu denjenigen dichterischen Schulen, in denen das rein technische Moment einer virtuosen Formkunst am stärksten zur Geltung gekommen ist. Im 16. Jahrhundert fand das in dieser Zeit geradezu zur Manie gewordene Bestreben, unbedingt als Dichter gelten zu wollen in der von Bembo neu belebten Nachahmung Petrarcas eine verhältnismäßig leicht anzueignende Manier, Verse zu machen. Schon Goethe hat mit scharfem Blick dieses Verhältnis des Cinquecento zur lyrischen Dichtung durchschaut. Was er von der Dichtung im allgemeinen sagt, gilt für den Petrarkismus als die im Cinquecento am meisten verbreitete lyrische Dichtungsgattung im besonderen: „Die beschränkte Form der Sonette, Terzinen und Stanzen, durch die Natur der italienischen Sprache höchlich begünstigt, war allen Köpfen der damaligen Zeit durch fleißiges Lesen früherer Meisterwerke [79] und fortdauernden Gebrauch des Verseprunks bei jeder Gelegenheit dergestalt eingeprägt, daß jeder, auch ohne Dichter zu sein, ein Gedicht hervorzubringen und sich an die lange Reihe, die sich von den Gipfeln der Poesie bis in die prosaischen Ebenen erstreckte, mit einigem Zutrauen anzuschließen wagen durfte." [80] Unter der Schar der Mode-Petrarkisten ragen

[76] Delle bellezze delle donne, Discorso I, in Opere. A cura di R. Bianchi. Firenze 1848. I, 251.

[77] Das Motiv des zusammengesetzten Frauenwunschbildes in der Literatur und in der kunsttheoretischen Diskussion, im besonderen in der italienischen Renaissance hat W. Mulertt, Literarische Frauen-Idealbilder vor und in der italienischen Renaissance. Hamburg 1941. (Hamburger Studien zu Volkstum und Kultur der Romanen 35) eingehend untersucht. Firenzuolas „Discorsi delle bellezze" stellen nach Mulertt (72) „die vollendetste künstlerische Inszenierung der Zeuxis-Episode" dar.

[78] „Il Petrarchismo è una malattia cronica della letteratura italiana." (A. Graf, Petrarchismo e Antipetrarchismo, in Attraverso il Cinquecento. Torino 1888, 3).

[79] Nach A. Graf a. a. O., 11 gab es im 16. Jahrhundert allein 167 Ausgaben von Petrarcas „Canzoniere".

[80] Benvenuto Cellini, Anhang zur Lebensbeschreibung. Jubiläums-Ausgabe. Bd. 32, 278.

vereinzelt wirkliche Dichter hervor, in denen der Petrarkismus nur als Schulung des ihnen angeborenen dichterischen Formgefühls wirksam wird und die daher die petrarkeske Form mit einem echten Erlebnisgehalt durchdringen. So spricht — um ein Beispiel zu nennen — aus Gaspara Stampas Versen echt empfundene Liebesleidenschaft.

E, se talvolta vo spiegando in carte
oscure e basse qualche mio martire,
Amor, che me lo dá, dammi anche l'arte.[81]

Derjenige Petrarkist, der außer Bembo noch eine wirkliche Schule bildete, war Giovanni della Casa. Seine Poetik ist durch ein Streben nach einer gewollt schwierigen Kunst gekennzeichnet. Er lehnt die leicht dahinfließenden Verse ab, denen gegenüber er die Kunst Horaz' als Vorbild aufstellt:

Sunt qui versiculo minutiore,
Verum pernitido ac perfluenti,
Tamquam Palladii liquore olivi
Complures properant linire chartas:
Atque, araneoli angulos domorum
Ut tela tenui solent replere
Quantumvis facile, ore fila parvo
Nentes longa, ita compleant libellos
Totos versiculo minutiore.
Hi vatum in numero an ne sint habendi,
Vulgus, atque si qua vulgo
Pars vatum est similis, quibus Thalia
Flacci sordeat optimi poetae,
Quod is versiculo minutiore,
Atque perfacili atque perfluenti
Totas spreverit occupare chartas.[82]

Er wird nicht müde, seine eigenen Verse immer wieder zu überarbeiten und auszufeilen: „la mia natura è di mutare, e di rimutare, ed ancora di rifar volentieri, come quello che ha non fretta." [83] Denselben Gedanken drückt er in einem seiner Sonette aus:

S'egli avverrà, che quel ch'io scrivo, o detto
Con tanto studio, e già scritto il distorno
Assai sovente, e come io so, l'adorno,
Pensoso in mio selvaggio ermo ricetto,
. . . .
Dalle genti talor cantato, o letto
Dopo la morte mia viva alcun giorno; [84]

Dieses Sonett veranschaulicht zugleich auch eine verstechnische Neuerung, die della Casa in die petrarkeske Lyrik einführte: das „enjambement", das Hinübergreifen eines Verses in den anderen.

---

[81] G. Stampa, V. Franco, Rime. A cura di A. Salza. Bari 1913, CCLV, 148.
[82] Opere. Venezia 1752, I, 290 f.
[83] Lettera a M. Pietro Vettori, in Opere a. a. O., II, 84.
[84] Son. LVI, in Opere a. a. O., I, 146.

War Giovanni della Casa vor allem ein „travagliato stilista“ [85], ein Meister des Stils, der die Form bis ins Letzte ausarbeitete, so hat man dem gedankentiefsten aller Petrarkisten, Michelangelo Buonarotti, gerade einen gewissen Mangel an Stilgefühl in manchen seiner Dichtungen vorgeworfen. Michelangelo ist derjenige Petrarkist, dem der ideelle Gehalt der platonischen Lehre wirklich innerstes Anliegen war. Was auch für die bedeutenderen Petrarkisten meist nur ein konventioneller Rahmen ist, innerhalb dessen sie ihre persönlichen Gefühle ausdrücken, ist für Michelangelo Ausdruck seines tiefsten künstlerischen Wollens. Er sieht den Sinn der Kunst in der Wiedergabe einer ideellen übersinnlichen Schönheit. Ihm wird seine Kunst daher auch wirklich zu einem Weg, der ihn mit dem göttlichen Urgrund alles Seins verbindet. In dem leidenschaftlichen Ringen um den sprachlichen Ausdruck dieser metaphysischen Bezogenheit der Kunst erinnert er eher an Dantes elementares Dichtertum [85a] als an den sanften Sänger Lauras. Seine Sonette sind freilich nur ein schwacher Abglanz dessen, was in seinen Skulpturen und seinen Malereien Wirklichkeit geworden ist.

Wie Bembo in der Lyrik am Anfang des Petrarkismus steht, so ist auch die klassizierende Prosa seiner Briefe und vor allem seiner „Istoria Viniziana“ für das gesamte Jahrhundert richtunggebend. Auf der Grundlage des „Boccaccismus“ erhält diese Prosa einen viel stärkeren latinisierenden Einschlag, als wir ihn im Stil der Novellen des „Decameron“ antreffen. Aber noch bevor dieser rhetorische Typ der klassizistischen Prosa entstand, hatte Machiavelli einen originellen Prosastil entwickelt, der in der Verbindung von leidenschaftlicher Gedrängtheit und logischer Klarheit innerhalb der italienischen Prosa des Cinquecento einzig dasteht und sich nur mit der rund ein Jahrhundert später entstandenen wissenschaftlichen Prosa eines Galileo Galilei vergleichen läßt. Wie verhält sich nun diese Prosa zum Problem der Imitatio? In seinem berühmten Brief an Francesco Vettori hat Machiavelli seiner Antike-Verehrung eins der schönsten Denkmäler gesetzt, das die an begeisterten Bekenntnissen zum klassischen Altertum wahrlich nicht arme Renaissance kennt: „Venuta la sera, mi ritorno in casa, ed entro nel mio scrittorio; e in su l'uscio mi spoglio quella veste cotidiana, piena di fango e di loto, e mi metto panni reali e curiali; e rivestito condecentemente, entro nelle antique corti delli antiqui uomini, dove, da loro ricevuto amorevolmente, mi pasco di quel cibo, che solum è mio, e che io nacqui per lui; dove io non mi vergogno parlare con loro e domandarli della ragione delle loro azioni; e quelli per loro umanitá mi rispondono; e non sento per quattro ore di tempo alcuna noia, sdimentico ogni affanno, non temo la povertá, non mi sbigottisce la morte; tutto mit transferisco in loro.“ [86] Bei einer solchen Vertiefung in die antiken Autoren, die einem Aufgehen des eigenen Ichs im

[85] B. Croce, Poesia popolare e poesia d'arte a. a. O., 375.

[85a] Vgl. B. H. Sunner, Michelangelo and Dante, in Italian Studies 1 (1938), 153—169.

[86] Brief an Francesco Vettori vom 10. Dezember 1513, Opere a. a. O., I, 919.

Studium der Alten gleichzukommen scheint, wäre eine enge Anlehnung an den Stil der römischen Historiker nicht verwunderlich gewesen. Aber wie Machiavelli mit dem gedanklichen Inhalt seiner Werke etwas durchaus Neues, nämlich die auf einer vorurteilslosen Betrachtung der Wirklichkeit aufgebaute Wissenschaft des Politischen begründet, so ist auch sein Stil über jede Nachahmung erhaben, nur der Ausdruck seiner einmaligen Persönlichkeit. Damit bietet Machiavelli eines jener seltenen Beispiele der agonalen Imitatio, der Neuschöpfung im Wettbewerb mit der Antike, die nur einigen wenigen Großen im Reiche des Geistes und der Kunst vergönnt ist.

Am vollkommensten entwickelt ist Machiavellis Stil in dem Werk, in dem seine neue Lehre ihren reinsten Ausdruck findet, im „Principe".[86a] In den „Istorie Fiorentine" zeigt sich bereits eine gewisse Neigung zu einem mehr latinisierenden rhetorischen Stil. Die Tendenz, die sich hier bei Machiavelli leise andeutet, gewinnt in der auf ihn folgenden humanistischen Geschichtsschreibung völlig die Oberhand. Francesco Guicciardinis Prosa ist schon ganz nach dem Vorbild der großen klassischen Modelle geformt. Ihre Perioden verlaufen in majestätischer Schwere und Gewichtigkeit, ohne aber deswegen noch in den Fehler einer allzu großen Weitschweifigkeit zu verfallen. Eine ähnliche stilistische Eleganz wie bei Guicciardini finden wir bei allen Geschichtsschreibern des Cinquecento. In den meisten Fällen gilt ihr Hauptinteresse immer mehr der rhetorisch einwandfreien Darstellung; der Drang, die geschichtliche Entwicklung als solche zu erkennen, tritt demgegenüber in den Hintergrund. Ein bezeichnendes Beispiel für diese Einstellung, die — wohl verstanden — bei Guicciardini noch nicht vorherrschend ist, bildet die „Istoria d'Europa" von Pier Francesco Giambullari. Sie ist „una delle più belle prose, non pure del Cinquecento, ma di tutta la nostra letteratura" genannt worden[87]; aber vergeblich würde man darin originelle historische Einsichten ähnlich denen eines Machiavelli oder eines Guicciardini suchen. Selbst Bernardo Davanzati, dessen Tacitus-Übersetzung sich durch einen lebendigen, der Umgangssprache näher stehenden Stil auszeichnet, kann sich dem allgemeinen Streben nach einem würdevollen grandiosen Stil nicht völlig entziehen. Er unterwirft sein Werk dem Urteil der Accademici Affidati: „Lo scriver semplice, proprio e naturale, quasi come si favella, m'è sempre piaciuto, parendomi ch'egli esprima il concetto più breve e vivo e chiaro che il compilato con molt'arte. Ma perché questo limato secolo, e la maestà della storia romana pare che vogliano alto stile, io vi mando, giudiziosissimi Accademici, il mio Cor-

[86a] In dem Widmungsschreiben unterscheidet er seinen Stil von der herkömmlichen Rhetorik: „la quale opera io non ho ornata né ripiena di clausule ample, o di parole ampullose e magnifiche, o di qualunque altro lenocino o ornamento estrinseco, con li quali molti sogliono le loro cose descrivere e ornare; perché io ho voluto, o che veruna cosa la onori, o che solamente la varietà della materia e la gravità del subietto la facci grata" (Principe, in Opere a. a. O. II, 9 f.). Wie in diesem Stil sowohl wissenschaftliche als auch künstlerische Tendenzen wirksam werden, zeigt F. Chiappelli, Studi sul linguaggio del Machiavelli. Firenze 1952.

[87] F. Flora, Storia della letteratura italiana a. a. O., II, Parte prima 230.

nelio Tacito fiorentino, perché voi, dove m'avesse trasportato l'amore, lo correggiate; ché lo potete ben fare." [88]

Die gleichen Charakteristika wie der Stil der Geschichtsschreibung zeigt auch die übrige Prosa des Cinquecento. Aus der reichen Traktat-Literatur seien nur Baldassare Castigliones „Cortegiano" und Giovanni della Casas „Galateo" angeführt. Wie wir bereits im Zusammenhang mit der „Questione della lingua" erwähnten,[89] war Castigliones Sprache in ihren Grundzügen durchaus florentinisch. Auch ist sein Stil von der Boccaccio-Nachahmung keineswegs frei. Trotzdem bewahrt aber seine Prosa eine gewisse natürliche Eleganz und erscheint weniger gespreizt und feierlich als die der meisten übrigen humanistischen Abhandlungen. Dagegen ist Giovanni della Casas „Galateo" entsprechend seiner Dichtungslehre, die wir im Zusammenhang mit dem Petrarkismus dargestellt haben [90], ein Musterbeispiel für die „prosa togata", deren alleiniger Maßstab das klassische Dekorum bildet. Wer dagegen verstößt, kann nicht als stilistisches Vorbild in Betracht kommen. Die Vorwürfe gegen Dante, die wir schon in Bembos „Prose" kennengelernt haben, kehren ähnlich im „Galateo" wieder. Dante ist daher nicht zur Nachahmung zu empfehlen: „certo io non ti consiglierei che tu lo (Dante) volessi fare tuo maestro in questo arte dello esser grazioso, con ciò sia cosa che egli stesso non fu".[91]

Eine besondere Stellung innerhalb der neuen Prosa nimmt die Novelle ein. Obwohl die italienische Novelle von Boccaccio zur Kunstform erhoben worden war, hatte sie innerhalb des Humanismus keinen rechten Anklang gefunden, ja war in gewisser Weise als eine nur zur Belustigung des ungebildeten Volkes dienende Literatur-Gattung verachtet worden. Das Verdienst, die Novelle für den Humanismus hoffähig gemacht zu haben, gebührt Matteo Bandello. Er erklärt zwar in einem Vorwort an die Leser ausdrücklich, daß er keinen Stil besitzt und mit seinen Novellen nur unterhalten will: „Io non voglio dire come disse il gentile ed eloquentissimo Boccaccio, che queste mie novelle siano scritte in fiorentin volgare, perché direi manifesta bugia, non essendo io né fiorentino né toscano, ma lombardo.[92] E se bene io non ho stile, ché il confesso, mi sono assicurato a scriver esse novelle, dandomi a credere che l'istoria e cotesta sorte di novelle possa dilettare in qualun-

[88] Zit. nach Prose filologiche: La questione della lingua con introduzione e commenti di F. Fòffano. Firenze 1908, 69 f.

[89] Vgl. o. S. 134 f.

[90] Vgl. o. S. 137 f.

[91] Galateo XXII, in B. Castiglione, G. della Casa, Opere a. a. O., 604.

[92] An einer anderen Stelle erwähnt er, daß seine Heimatstadt von den Goten gegründet worden ist und es daher nicht verwundern darf, wenn er ab und zu einen Ausdruck gebraucht, „che spirasse alquanto del gotico" (La terza parte de le novelle. Il Bandello ai candidi ed umanissimi lettori salute. Tutte le opere di M. Bandello. A cura di F. Flora. Milano (1934), II, 247), ein interessanter Beleg für die Verwendung der Bezeichnung „gotico" im klassischen Zeitraum des Cinquecento.

que lingua ella sia scritta.“ [93] Aber in Wirklichkeit hat sich Bandello an den Klassikern gründlich geschult und inspiriert sich naturgemäß vor allem an Boccaccio, ohne ihm freilich je gleichkommen zu können. Wie sehr er den Methoden der humanistischen Rhetorik ergeben war, zeigt die Erwähnung einer von ihm angelegten Sammlung lateinischer Wörter, „da me raccolti da tutti i buoni autori che a le mani venuti m'erano“.[94] Das der ganzen Klassik des Cinquecento eigene Streben nach Würde und Großartigkeit kommt in den zur ästhetischen Wertung verwendeten Adjektiven überzeugend zum Ausdruck.[95] Bandello eröffnet die Reihe der humanistischen Novellisten, die eine letzte Blütezeit der altitalienischen Novelle heraufführen. Mit dem Ausgang des Cinquecento geht auch diese Art der Novelle eigentlich zu Ende. Was später noch an Novellen dieses auf Boccaccio zurückgehenden Typs geschrieben wurde, wirkt in gewisser Weise immer antiquiert und als bloße literarische Nachahmung.

Wie durch Bandello die volkstümliche Gattung der Novelle in den humanistischen Bereich einbezogen wurde, so durch Ariost das romantische Ritterepos. In Matteo Maria Boiardos „Orlando Innamorato“ war die phantastische Welt des Rittertums zum ersten Mal von einem humanistisch gebildeten Dichter in Form einer Kunstdichtung gestaltet worden. Aber abgesehen davon, daß Boiardos Sprache nicht rein toskanisch, sondern eine Mischung von toskanisch und emilianisch war, hatten auch seine dichterischen Fähigkeiten nicht ausgereicht, um dem Ritterepos jene letzte stilistische Abgerundetheit zu geben, die das vollendete Kunstwerk auszeichnet. Lodovico Ariosto, der in sich höchste künstlerische Begabung mit humanistisch sorgfältigst geschultem Formgefühl vereinte, nahm das von Boiardo begonnene Werk auf und schuf in seinem „Orlando Furioso“ diejenige Dichtung, in der die Kunstauffassung der Hochrenaissance vor dem Aufkommen des Aristotelismus vielleicht am vollkommensten verkörpert ist.

Wir würden aber bei Ariost vergeblich nach irgendeinem theoretischen Niederschlag dieser Kunstauffassung suchen. Er hat sich so gut wie gar nicht über den Sinn und das Wesen seines eigenen Schaffens geäußert. Über das, was man seine dichterische Technik nennen könnte, hat er uns zumindest indirekt besser unterrichtet. Ariosts Versen, die so leicht und ungezwungen seiner dichterischen Phantasie zu entströmen scheinen, liegt zum großen Teil eine äußerst sorgfältige Kleinarbeit zu Grunde. Der Dichter wägt jedes Wort, jede Silbe und feilt sie aus, bis auch die kleinste formale Unebenheit ausgeglichen ist. Ein Vergleich der drei verschiedenen Ausgaben des „Orlando Furioso“ von 1516, 1521 und 1532 zeigt uns, wie sehr Ariost an der stilisti-

[93] La prima parte de le novelle. Il Bandello ai candidi ed umani lettori. Tutte le opere a. a. O., I, 4.

[94] La seconda parte de le novelle XI. Tutte le opere a. a. O., I, 777.

[95] Vgl. G. Weise, Die heroisierende Lebensauffassung der Renaissance und die Novellen des Bandello, in Archiv für das Studium der neueren Sprachen 166 (1935), 234—248.

schen Vervollkommnung [95a] seines Werkes gearbeitet hat; ja zuweilen mag es scheinen, daß die Sorge um die bis ins Letzte vollendete Glättung der Form das freie Spiel der schöpferischen Phantasie ein wenig zu stark beengt hätte. Sein hauptsächlicher Lehrmeister in sprachlichen und stilistischen Fragen war Pietro Bembo [96] und durch ihn die großen Dichter des Trecento. An Bembo wendet er sich mit der Bitte um Rat und Auskunft. So teilt er ihm im Jahre 1531 mit, daß die dritte Ausgabe des „Orlando Furioso" dicht vor der Vollendung steht und er nach der Überprüfung des Textes nach Padova kommen würde „per conferire con V. Sig., e per imparar da lei quello che per me non sono atto a conoscere." [97] Außer an Bembo wandte sich aber Ariost auch an andere erfahrene Stilisten, wie an Francesco Maria Molza und Andrea Navagero, überhaupt an alle, die an derartigen Fragen interessiert waren und bat sie um ihr Urteil. Und diese Urteile berücksichtigte er dann bei der Ausarbeitung seiner Verse: „... molte volte secondo il lor giudizio mutava, toglieva, aggiungeva, variava", berichtet sein Freund Giambattista Giraldi[98]. Das Ergebnis dieser jahrzehntelangen Arbeit war das schlechthin vollendete Wortkunstwerk, das der „Orlando Furioso" der Ausgabe von 1532 darstellt. Das von Bembo proklamierte Ideal der klassischen Dichtungssprache findet hier seinen künstlerisch vollkommenen Ausdruck.

Die Eleganz der Form ist bei Ariost nicht nur äußere Zutat, nicht nur eine Frage der technischen Virtuosität, sondern sie berührt den Kern seiner künstlerischen Inspiration. Das ästhetische Lebensgefühl, das einen der Hauptfaktoren der gesamten Renaissancebewegung bildet, findet seine reinste Ausprägung in Ariost und ist die innerste Triebfeder seines Schaffens. Man hat daher zu Recht den tiefsten Sinn von Ariosts Werk in der Verwirklichung der Harmonie gesehen.[99] Ariosts schöpferische Phantasie gestaltet den Stoff mit jener heiteren Überlegenheit, die man als seine Ironie bezeichnet hat. Es gibt für ihn keine tragischen Spannungen, keine aufwühlenden Gegensätze. Die Freude an der Gestaltenfülle des diesseitigen Lebens ist das allbeherrschende Motiv. Je abwechslungsreicher dessen Darstellung ist, um so mehr Unterhaltung wird sie bieten:

> Come raccende il gusto il mutar esca,
> cosí mi par che la mia istoria, quanto
> or qua or lá piú varïata sia,
> meno a chi l'udirá noiosa fia.[100]

[95a] Ihr entspricht eine fortschreitende Anpassung an den toskanischen Sprachgebrauch (vgl. B. Migliorini, Sulla lingua dell'Ariosto, in Italica 23 (1946), 152—160).

[96] Die von uns schon im Zusammenhang mit Bembos Dichtungslehre zitierten Verse des „Orlando Furioso" (vgl. o. S. 128) sind nicht nur Ausdruck der Anerkennung von Bembos Verdiensten um die italienische Sprache im allgemeinen, sondern zugleich auch Ausdruck einer persönlichen Dankesschuld des Autors.

[97] L. Ariosto, Opere minori. A cura di Polidori. Firenze 1857, II, 542; zit. nach V. Cian, Un decennio della vita di M. Pietro Bembo. (1521—1531) Torino 1885, 43.

[98] G. B. Giraldi, Scritti estetici. Biblioteca rara Daelli Vol. 52. Milano 1864, 216.

[99] Vgl. B. Croce, Ariosto, Shakespeare e Corneille. Bari 1920.

[100] Orlando Furioso a. a. O., XIII, 80.

Es ist die Kunst des Dichters, die Übergänge zwischen den verschiedenen Stimmungen harmonisch zu gestalten. Er gleicht darin dem Spieler eines Musikinstruments, der die verschiedenen Töne anschlägt und dabei doch den harmonischen Zusammenklang des Ganzen bewahrt:

> Signor, far mi convien come fa il buono
> sonator sopra il suo instrumento arguto,
> che spesso muta corda, e varia suono,
> ricercando ora il grave, ora l'acuto: [101]

Dieser Vergleich mit der Musik bedeutet aber nicht, daß das dichterische Wort in der musikalischen Klangfülle der Verse verschwimmt oder sich etwa gar auflöst — eine Entwicklung, wie sie später tatsächlich eingetreten ist — sondern Ariosts Bilder reihen sich in wahrhaft klassischer Klarheit aneinander und spiegeln in einer phantastischen Welt das Leben einer ganzen Epoche wider.

Der große Erfolg des „Orlando Furioso" bildete natürlich einen starken Anreiz, das romantische Ritterepos weiter zu pflegen, und in der Tat entstanden eine ganze Reihe von längeren Versdichtungen, die teils an den von Boiardo und Ariost behandelten Stoff anknüpften, teils neue Themen aus der überlieferten ritterlichen Heldendichtung bearbeiteten. Aber mit der fortschreitenden Ausarbeitung des literarischen Klassizismus trat das romantische Epos zurück gegenüber dem Bemühen um die Einführung der entsprechenden klassischen Gattung.

3. *Die antiken Gattungen und die Interpretation der aristotelischen Poetik*

a) Die Wiederentdeckung der Poetik

Während der beiden ersten Jahrhunderte des Humanismus von der Zeit Petrarcas bis zum Ausgang des Quattrocento hatte die Rhetorik die normative Poetik in den Hintergrund gedrängt. Der humanistische Dichter trat als „poeta rhetor" in Erscheinung und selbst dort, wo er die Poesie mit Hilfe der Argumente der theologischen Poetik verteidigte, hatte er dabei zugleich die humanistischen Studien im Auge, d. h. also die Ausbildung der Eloquenz. In der Rhetorik und nicht in der Poetik suchte man nach den Regeln für das kunstgemäße Dichten.

Sofern man sich überhaupt mit Fragen der spezifisch dichterischen Technik näher befaßte, dann nur in Bezug auf die Prosodie.[102] Der Rhythmus erschien als das besondere Kennzeichen der Poesie.[103] Wenn Pontano im „Actius" die Aufgabe des Dichters wie folgt definiert: „poetae sive officium sive finem

[101] Ibid VIII, 29.

[102] Vgl. R. Sabbadini, Il metodo degli umanisti a. a. O. 69.

[103] Die metrische Form war nicht immer ein ausschlaggebendes Kriterium; man sah Plautus als Poeten an und enthielt Lucan diesen Titel vor (vgl. Vossler, Poetische Theorien a. a. O. 68).

esse dicere apposite ad admirationem" [104], so nennt er unter den zur Erzeugung der „admiratio" geeigneten Kunstmitteln den Rhythmus, den er dann in Virgils Poesie analysiert. Die Aufstellung einer systematischen Poetik hat jedoch weder Pontano noch ein anderer Humanist des 15. Jahrhunderts unternommen, da eben das Bedürfnis dazu nicht vorhanden war.

So erklärt es sich auch, daß das 15. Jahrhundert so gut wie gar kein Interesse für die bedeutendste Poetik der Antike, nämlich die des Aristoteles, zeigte. Das Mittelalter kannte von der aristotelischen Poetik nur die lateinische Übersetzung, die Hermann der Deutsche nicht vor 1256 von einer von Averroes verfaßten arabischen Paraphrase des griechischen Textes angefertigt hatte. Von dieser Übersetzung, die nicht die ganze Poetik, sondern nur Teile davon wiedergab, ist keine größere Wirkung ausgegangen. In der ersten Hälfte des Quattrocento finden sich Spuren einer Kenntnis der aristotelischen Poetik bei Salutati, Guarino und Lorenzo Valla [105]. Obwohl Poliziano den griechischen Text der Poetik besaß, hat diese auf seine Anschauungen von der Dichtung keinen Einfluß gehabt. Wie die übrigen Humanisten des Quattrocento begnügte sich auch Poliziano mit der „Ars poetica" des Horaz, die ihm bei seiner Beschreibung der kulturschöpferischen Funktion der Dichtung als Vorlage gedient hat.[106]

Ein stärkeres Interesse für die Probleme der Poetik kam erst mit dem wachsenden Bedürfnis nach einer weiteren Normierung des literarischen Schaffens auf, wie es das 16. Jahrhundert kennzeichnet. Nun erschien die Rhetorik nicht mehr ausreichend, um das Wesen der Dichtung zu erfassen. Der Klassizismus brauchte eine eigene Poetik, in der er sich Rechenschaft über sich selbst geben konnte. Hier liegt der Ausgangspunkt für die Entstehung der erstaunlich großen Anzahl von Poetiken, die die Entwicklung der italienischen Literatur im Cinquecento maßgeblich bestimmen.

Am Anfang stehen die drei in lateinischen Hexametern abgefaßten Bücher „De arte poetica", die Marco Girolomo Vida im Jahre 1527 [107] veröffentlichte. Es ist die „erste selbständige moderne Rivalin der Horazischen Poetik".[108] Diese hat auch Vida bis zu einem gewissen Grade als Vorbild gedient. Zum ersten Mal in der Renaissance wird hier der Versuch gemacht, einen systematischen Überblick über die Probleme zu bieten, die mit dem Wesen der Dichtung im engeren Sinne zusammenhängen. Obwohl der Dichter der inneren Eingebung bedarf, kann er ohne künstlerische Schulung kein vollendetes Werk schaffen. Wenn Vida damit — wie nach ihm auch zahlreiche andere Theoretiker — die poetische Veranlagung grundsätzlich als unerläßliche Voraussetzung für das dichterische Schaffen anerkennt, stellt diese An-

[104] Venetiis 1519, f. 112 v.

[105] Vgl. Sabbadini, Il metodo degli umanisti a. a. O. 71 ff.

[106] Im wesentlichen handelt es sich um Horaz, Ad Pisones vv. 391—407, die Poliziano sowohl in den „Nutricia" als auch in der „Ambra" als Vorlage gedient haben.

[107] Vgl. N. Salvatore, L'arte poetica di M. G. Vida. Foligno 1912.

[108] Borinski, Die Antike in Poetik u. Kunsttheorie a. a. O. 209.

erkennung im Grund genommen nicht viel mehr als die Wiederholung eines Gemeinplatzes dar. Denn ausschlaggebend ist für Vida — und für den ganzen Klassizismus — bei dem Zusammenwirken von Natur und Kunst im Dichter der zweite Faktor.[109] Kunst in diesem Sinne war durch das Studium zu erlernen. Den Weg dazu wollte die Poetik weisen. Es versteht sich, daß bei einer solchen Auffassung vom Wesen des dichterischen Schaffensprozesses der Vernunft eine beherrschende Stellung eingeräumt wird. Wenn die Kunst erlernbar ist, muß sich der Dichter von der Vernunft leiten lassen:

Omnia consiliis provisa animoque volenti
Certus age, ac semper nutu rationis eant res.[110]

Was die Vorschriften angeht, die sich der Dichter mit Hilfe des Studiums anzueignen hat, knüpft Vida an die humanistische Rhetorik an, und seine Poetik kann unter diesem Gesichtspunkt als ein Verbindungsglied zwischen dem Humanismus des 15. und dem Klassizismus des 16. Jahrhunderts angesehen werden. Der Schwerpunkt liegt demnach in der rein formalen Ausgestaltung der Dichtung:

Nunc autem linguae studium, moremque loquendi
Quem vates Musaeque praebent atque auctor Apollo
Expediam, curam extremam, finemque laborum [111]

Neben den rein stilistischen Regeln finden sich aber auch schon einige der Prinzipien, die in den Poetiken der Folgezeit immer wieder diskutiert werden sollten: Vida fordert vom Dichter die Nachahmung der Natur unter Wahrung der Wahrscheinlichkeit und des Dekorums. Freilich werden bei ihm die Begriffe der Nachahmung und der Wahrscheinlichkeit nicht so vertieft, wie es bei den späteren Theoretikern im Zusammenhang mit der Interpretation der aristotelischen Poetik geschah. Mit elegantem Stil gleitet Vida über die Probleme hinweg, die sich für den Dichter aus diesen Forderungen ergeben. Letztes Auskunftsmittel bleibt nach wie vor die Imitatio der antiken Stilmuster.

In der Wahl seiner Vorbilder weicht Vida allerdings von seiner Vorlage ab: Die Nachahmung Homers, zu der Horaz aufgefordert hatte, glaubt Vida nur mit starken Einschränkungen empfehlen zu können. Bereits der erste Theoretiker des Klassizismus spielt Virgil gegen Homer aus. Die Gegenüberstellung der beiden Epiker bildete fortan einen integrierenden Bestandteil der klassizistischen Literarästhetik.[112] Vida verehrt in Homer den größten Dichter der griechischen Literatur, der in seiner Erfindungsgabe nicht zu übertreffen ist; aber er tadelt an Homer die Weitschweifigkeit seiner Digressionen, die Anstößigkeit seiner Gleichnisbilder, die zahlreichen Verstöße gegen das Gebot der Wahrscheinlichkeit. Diese und andere Mängel Homers hat Virgil zu vermeiden gesucht; er hat die Schicklichkeit überall gewahrt

[109] Auch hier konnte sich Vida auf Horaz berufen (Ad Pisones 295 ff.; 309 ff.; 408 ff.).

[110] De arte poetica libri tres. Parisiis 1527, lib. III, fol. 17.

[111] Ibid. fol. 26.

[112] Vgl. G. Finsler, Homer in der Neuzeit. Leipzig u. Berlin 1912, 46 ff.

und sich an das Wahrscheinliche gehalten; statt griechischer Geschwätzigkeit, die sich in verwirrenden Abschweifungen verliert, finden wir bei Virgil die ernste Würde des Römers, der sein Ziel nicht aus den Augen läßt.

Während Horaz in seiner Poetik hauptsächlich eine Anleitung zur Abfassung von Tragödien gegeben hatte, will Vida in erster Linie Regeln für den epischen Dichter aufstellen, denn unter dem Einfluß seiner Virgilvergötterung erschien ihm das Epos als die vornehmste Dichtungsgattung. Auch damit ist Vida richtunggebend für die Haltung des Klassizismus der Folgezeit: ein Trissino, ein Scaliger und ein Tasso wagen es sogar in bewußtem Widerspruch zu Aristoteles, das Epos über die Tragödie zu stellen. Aus der Tatsache, daß Vida in diesem Punkt wie auch in manchem anderen mit den Auffassungen der auf ihn folgenden Theoretikern des Klassizismus übereinstimmt, erklärt sich das besondere Ansehen, das er auch dann noch genoß [113], als mit der Interpretation der aristotelischen Poetik ein neuer Abschnitt in der Geschichte der italienischen Dichtungslehren begann.

Die erste vollständige, philologisch allerdings unzulängliche lateinische Übersetzung der aristotelischen Poëtik, die Giorgio Valla im Jahre 1498 veröffentlichte, hatte noch keine besondere Beachtung gefunden. Die eigentliche „Wiederentdeckung" der aristotelischen Poetik erfolgt erst, als die Hochrenaissance bei ihrem Bemühen um eine Theorie der Dichtung und des dichterischen Schaffens in Aristoteles die zur Rechtfertigung einer systematischen Poetik nötig erachtete antike Autorität findet. Mit der aristotelischen Poetik glaubt man den Schlüssel zur antiken Dichtung und damit zur Dichtung schlechthin in der Hand zu haben. Indem man in die Interpretation des aristotelischen Textes die Probleme hineinlegt, um deren Lösung sich die eigene Zeit bemühte, erwächst aus dem Studium des Aristoteles etwas Neues: die klassizistische Poetik des Aristotelismus der Hochrenaissance.

Nachdem im Jahre 1508 bei Aldus Manutius in Venedig die erste Ausgabe des griechischen Textes veröffentlicht worden war, folgten in kurzen Abständen weitere Textausgaben [114] (1536 von Alessandro de'Pazzi mit lateinischer Übersetzung, 1548 von Francesco Robortellò, 1570 von Lodovico Castelvetro mit italienischer Übersetzung, 1560 von Pietro Vettori) und teilweise damit verbunden ausführliche Kommentare, mit denen die eigentliche Auseinandersetzung mit der aristotelischen Theorie anfängt (1548 von Robortello, 1550 von Vincenzo Maggi und Bartolomeo Lombardi, 1560 von Pietro Vettori, 1570 von Castelvetro in italienischer Sprache, 1575 von Alessandro Piccolomini, 1584 von Antonio Riccoboni, 1613 von Paolo Beni). Neben den Kommentaren erscheinen zahlreiche systematische Abhandlungen über die Poetik und Rhetorik, die sich gleichfalls mit den aristotelischen Leh-

[113] Scaliger zieht Vidas Poetik sogar der des Horaz vor, weil sie besser disponiert ist (Vgl. Poetices libri septem. Apud Antonium Vicentinum 1561, VI, 4); zu Vidas Einfluß auf die Theorie des französischen Klassizismus vgl. R. Bray, La formation de la doctrine classique en France. Paris 1931.

[114] Es werden hier nur die wichtigsten Ausgaben und Kommentare angeführt.

ren kritisch auseinandersetzen und daraus die entsprechenden Folgerungen für die moderne Dichtung ziehen, d. h. aus der Interpretation des Aristoteles eine normative Dichtungstheorie entwickeln. Zu dieser zweiten Gruppe von Theoretikern gehören auch eine Reihe von Dichtern, die das Problem der Übertragung der antiken Gattungen auf die volkssprachliche Literatur mit Hilfe von italienischen Dichtungslehren auf aristotelischer Grundlage zu lösen versuchten. Während es den reinen Theoretikern in erster Linie um die Frage nach dem Wesen und Zweck der Dichtung geht, gleichviel, ob sie diese Frage in Form der Kommentierung von Aristoteles oder in einer systematischen Abhandlung beantworten, steht für die Dichter die Befriedigung der Forderung nach einer Theorie für die Imitatio der Gattungen im Vordergrund des Interesses.[115]

Die Diskussion über Wesen und Zweck der Dichtung konzentriert sich auf die Interpretation der aristotelischen Begriffe der Mimesis und der Katharsis. Aristoteles sieht das Wesen aller künstlerischen Tätigkeit in der Nachahmung, die sich in der Dichtung mit dem Mittel der Sprache[116] vollzieht. Gegenstand der Nachahmung für die Dichtkunst sind die Menschen und ihre Handlungen, wobei diese zwar der Wirklichkeit entnommen werden, aber nicht den Menschen zeigen sollen, wie er tatsächlich gehandelt hat, sondern wie er seinem Wesen nach handeln muß, m. a. W. das Allgemein-Menschliche zur Anschauung bringen sollen. Im Zusammenhang mit dieser allgemeinen Definition der Dichtung bestimmt Aristoteles auch den Zweck der Tragödie, deren Theorie im Mittelpunkt des uns erhaltenen Bruchstücks seiner Lehre von der Dichtkunst steht. Da der Tragiker das Allgemein-Menschliche darstellt, erfaßt er damit auch den Zuschauer, in dem er durch Furcht und Mitleid eine Reinigung der Seele von diesen Affekten bewirkt.[117]

Sowohl der Begriff der Mimesis als auch der der Katharsis sind bei Aristoteles nicht eindeutig. Unter Mimesis versteht er einerseits die Erfassung des Allgemeinen in der Wirklichkeit, andererseits aber die wahrheitsgetreue Wiedergabe der Wirklichkeit, m. a. W. es stehen nebeneinander eine idealistische und eine realistische Auslegung des Begriffs der Nachahmung.[118] Die Deutung

[115] Entsprechend dem Thema liegt der Schwerpunkt unserer Untersuchung in der Darstellung der im Zusammenhang mit der Übertragung der antiken Gattungen auf die volkssprachliche Literatur entstandenen Dichtungslehren. Eine eingehende Darstellung des überaus umfangreichen literarästhetischen Schrifttums des Cinquecento geben: G. Saintsbury, A History of Criticism and Literary Taste in Europe. Edinburgh and London 1900—1904, II; I. E. Spingarn, Literary Criticism in the Renaissance. New York 1899; italien.: La critica letteraria nel Rinascimento. Bari 1905; C. Trabalza, La critica letteraria nel Rinascimento. Milano (1915); G. Toffanin, La fine dell'umanesimo. Torino 1920.

[116] Zum Wort können noch Melodie und Rhythmus treten.

[117] Vgl. La Poetica di Aristotele, introduzione, testo e commento di A. Rostagni. Torino 1934.

[118] „Nella Poetica aristotelica coesiste dunque la doppia concezione dell'arte come mimesi idealizzatrice della realtà, e quella dell'arte-specchio di questa realtà" (L. Russo, La Poetica di Aristotele, in Problemi di metodo critico. Bari 1929, 100).

des aristotelischen Begriffs der Katharsis ist bis heute umstritten. Man hat die Reinigung von Furcht und Mitleid moralisch, hedonistisch, ästhetisch und physiologisch interpretiert.[119] Das Erlebnis des Tragischen im Drama, das Aristoteles mit dem Begriff der Katharsis erfassen will, schließt eben seiner Natur nach verschiedene Elemente in sich, die mehrere Deutungen rechtfertigen.

Die verschiedenen sich teilweise widersprechenden Möglichkeiten der Auslegung, die der aristotelische Text in sich schließt, versetzten die italienischen Theoretiker des 16. Jahrhunderts in die Lage, ihre zum Teil entgegengesetzten Standpunkte jeweils mit der Autorität des Aristoteles zu begründen. Bei der Interpretation der Mimesis und der Katharsis ging es dem Cinquecento vor allem darum, den Zweck der Dichtung zu bestimmen. Im Zusammenhang mit dem allgemeinen Streben nach einer theoretischen Erfassung des geistigen Gehalts der Renaissancebewegung wollte man den Platz der Dichtung innerhalb der Kultur festlegen und fragte daher zunächst nach der Bedeutung der Dichtung im Vergleich mit den übrigen Tätigkeitsbereichen des menschlichen Geistes. Mit dem Aufkommen der gegenreformatorischen Strömungen wurde diese Frage um so brennender, da nun die von Seiten der christlichen Religion immer wieder gegen die Dichtung vorgebrachten Bedenken einen neuen Auftrieb bekamen und sich die Dichtung wie schon einmal zu Beginn des Humanismus dem Vorwurf ausgesetzt sah, sie diene der Verbreitung von heidnischer Gesinnung und Unmoral oder wenigstens sei sie für den Menschen völlig wertlos.

In der somit an die Interpretation der genannten aristotelischen Begriffe anknüpfenden Diskussion über den Zweck der Dichtung im menschlichen Dasein lassen sich bei den Kommentaren und Poetiken, grob gesprochen, zwei sich widerstreitende Tendenzen beobachten: Auf der einen Seite eine teils ästhetische, teils hedonistische Zweckbestimmung, auf der anderen Seite eine moralisch-pädagogische Kunsttheorie, vielfach in Anlehnung an Horaz, der in dieser Hinsicht sich mit der gewünschten Klarheit ausgedrückt hatte.

Für Robortello sind Gegenstand der Dichtung die Fiktionen, die Fabeln; der Dichter ahmt nicht die Dinge nach, wie sie sind, sondern wie sie sein sollten, wobei er seinen Stoff nach Belieben aus der Geschichte entnehmen oder ihn frei erfinden kann. Der Zweck, den er damit verfolgt, ist einzig die Unterhaltung seiner Leser; ein moralischer Nutzen ergibt sich höchstens „per accidens". Dementsprechend gibt Robortello auch der Katharsis keine ethische Auslegung. Die Furcht und das Mitleid, welche die Tragödien in den Zuschauern erweckt, mildert in deren Seele die Stärke dieser Affekte, da sich die Seele auf diese Weise an sie gewöhnt.[120]

Wie Robortello sieht auch Castelvetro, der vielleicht den originellsten[121]

[119] L. Russo, La Catarsi aristotelica. Caserta 1919, 6.

[120] Vgl. In librum Aristotelis de Arte Poetica explicationes. Florentiae 1548; dazu Toffanin, La fine dell'umanesimo a. a. O. 29 ff.

[121] „il Castelvetro giudica il frammento aristotelico con indipendenza e superiorità di vero critico" (B. Croce, Estetica. 6a ediz. Bari 1928, 202).

Kommentar zur aristotelischen Poetik im 16. Jahrhundert geschrieben hat, den einzigen Sinn der Dichtung in dem Vergnügen, in der Unterhaltung, die der Dichter der Menge verschafft: „... conciosia cosa che la poesia sia stata truovata solamente per dilettare, e per ricreare gli animi della rozza moltitudine, e del comun popolo“ [122]. Die Unterhaltung des Lesers oder Zuschauers (beim Drama) ist nach Castelvetro bedingt durch die Neuheit des behandelten Stoffes. Daher liegt die eigentliche Aufgabe des Dichters im Erfinden, in der „inventione“ von Begebenheiten, die Verwunderung erregen. Mit dieser Forderung berührt sich Castelvetro bereits mit der Poetik des „Secentismo“, woraus sich auch die Beliebtheit seines Kommentars im folgenden Jahrhundert erklärt. Aber mit dieser rein hedonistischen Auslegung des Dichtungsbegriffs versperrt er sich den Weg zu einer adäquaten Deutung der aristotelischen Mimesis. Die Überlegungen, die er über den Begriff des Wahrscheinlichen anstellt, lassen vermuten, daß er das mit dem aristotelischen Begriff verbundene Problem irgendwie geahnt hat; aber er war nicht imstande, dieses Problem einer Lösung zuzuführen. Wenn er Dichtung und Geschichte einander gegenüberstellt, dann nur, um festzulegen, wie sich der Dichter zu der Geschichte als Stoffquelle verhalten soll, nicht aber um das Wesen der Dichtung näher zu bestimmen.[123]

Piccolomini trennt dagegen im Anschluß an Aristoteles die dichterische Wahrheit grundsätzlich von der historischen Wahrheit und entwickelt von dieser Unterscheidung aus eine rein ästhetische Interpretation des Dichtungsbegriffs. Im Dichter verbindet sich das aus der Nachahmung der Wirklichkeit stammende Wahre mit dem Allgemeinen (dem, was sein soll) und dem Wahrscheinlichen (dem, was sein kann) zu etwas Neuem, eben der Dichtung, die weder wahr noch falsch ist: „il dire il vero o il falso è cosa al poeta accidentale, secondo accidentalmente può occorrere che quel vero o quel falso sia stato secondo esser doveva o che verosimilmente o necessariamente esser poteva.“ [124] Gegenüber dem traditionellen Vorwurf, Dichtung sei Lüge, wird hier festgestellt, daß es im Bereich der Dichtung gar keine Lüge geben kann, da sich dieser Bereich einer Beurteilung nach den Kriterien wahr-falsch entzieht.[125]

Riccoboni geht von der Unvereinbarkeit der Dichtung mit der Moral aus.[126] Die Dichtung kann nicht zugleich unterhalten und nützen. Ziel der

[122] Poetica d'Aristotele vulgarizzata et eposta. Basilea 1576, I, 4, 29 f.

[123] Die Meinungen der Kritiker über Castelvetro weichen stark voneinander ab: Während A. Fusco, La poetica di L. Castelvetro. Napoli 1904 u. Toffanin, La fine dell'umanesimo a. a. O. 183 ihn negativ beurteilen, sehen Croce (s. o. Anm. 121) und Spingarn, La critica letteraria nel Rinascimento a. a. O. in ihm einen originellen Neuerer. Das ist er zweifellos wenigstens in seiner Auffassung der Tragödie s. u. S. 162.

[124] Annotazioni alla Poetica d'Aristotele. Venezia 1575, 125; zit. nach Toffanin, Il Cinquecento a. a. O. 498.

[125] Zum Verhältnis Piccolominis zur Literarästhetik des Settecento vgl. Toffanin, Il Cinquecento a. a. O. 498 f.

[126] Vgl. Poetica Aristotelis ... Patavii 1587.

Dichtung ist lediglich die „fabulosa delectatio"; die nutzbringende Belehrung ist Sache der Philosophie. Damit verweist aber Riccoboni unter dem Einfluß der gegenreformatorischen Geisteshaltung die Dichtung aus der Wirklichkeit in das Reich der Illusion, in dem jede Verbindung zum Leben abreißt und Dichtung nichts anderes ist als eine schöne Traumwelt, an der man sich ergötzt. Es ist die Auffassung, die in der Literarästhetik des Barock allgemein herrschend wird.[127]

Diese Auffassung war entstanden als Reaktion gegen die pädagogische Kunsttheorie, zu der sich der überwiegende Teil der Theoretiker des 16. Jahrhunderts bekannte. Die Bindung der Dichtung an die Morallehre, — eine Forderung, bei der man sich auf Horaz berufen konnte — schien am besten dazu geeignet, alle Vorwürfe gegen die Dichtung zu entkräften und die Existenz des Dichters auch im Zeitalter der Gegenreformation zu rechtfertigen. Während ein Riccoboni die Dichtung dadurch zu entgiften sucht, daß er sie vom Leben trennt, streben die Vertreter der moralisch-pädagogischen Poetik danach, Dichtung und Leben möglichst eng miteinander zu verbinden.

Piccolomini scheint sich des Gegensatzes zwischen der ästhetischen und der moralischen Interpretation der Dichtung nicht bewußt geworden zu sein. Obwohl er die Dichtung im Zusammenhang mit dem Begriff des Wahrscheinlichen in einen Bereich jenseits von wahr und falsch verlegt [128], hält er an der moralischen Zielsetzung der Dichtung fest: „non si dee credere per alcun modo che tanti eccellentissimi poeti e antichi e moderni avessero posto tanto studio e diligenza in questa nobilissima facultà, se non avesser conosciuto e stimato di far con l'uso di quella giovamento alla vita umana" [129]. Die vom Dichter nachgeahmten Personen sind Beispiele der Tugend und des Lasters, die uns zum richtigen Handeln anhalten sollen. Während hier die beiden Theorien in ein und demselben Werk nebeneinander stehen, sind sie bei Minturno auf zwei Poetiken verteilt. In den lateinisch geschriebenen Dialogen „De poeta" aus dem Jahre 1559 lehnt Minturno unter dem Einfluß des Platonismus [130] jede moralische Zielsetzung für die Dichtung ab; eine ethische Interpretation des Katharis erscheint ihm unmöglich. In den vier Jahren bis zum Erscheinen der Umarbeitung seiner Poetik in der Volkssprache („Ars poetica") bekehrt er sich zur ethischen Interpretation des Aristoteles. Das wird vor allem deutlich an der revidierten Einstellung zur Katharsis: „Con tutto questo spavento e questa pietà dilettevolmente ci purga, perchè nulla più raffina l'indomito furore della nostra mente: perciocchè niuno è si vinto dagli sfrenati appetiti, che, se dalla paura o dalla pietà dell'altrui infelicità si mova, non purghi l'animo dagli affetti i quali di quell'infelice stato sono cagione: e la rimembranza degli altrui gravi casi non solamente ci rende più

[127] Vgl. den ausgezeichneten Aufsatz von G. Zonta, Rinascimento, aristotelismo e barocco, in Giornale storico della letteratura italiana 104 (1934), 1—63; 185—240, wo der Zusammenhang zwischen der Dichtungstheorie des Klassizismus und des Barock dargestellt wird.

[128] Vgl. o. S. 149.

[129] Annotazioni nel libro della Poetica a. a. O. Proemio.

[130] Vgl. o. S. 96 f.

pronti e più presti a pazientemente i nostri sopportare, ma più soavi ancora e più avveduti a somiglianti mali fuggire" [131].

In den Kommentaren, die Maggi und Lombardi zu den Poetiken des Aristoteles und des Horaz verfaßten, hat die moralisch-pädagogische Dichtungstheorie des Cinquecento ihre umfassendste Darstellung gefunden. „Finis autem ipsius Poesis est actiones humanas, imitando, suavi sermone animum excultum reddere" [132]. Auf daß der Dichter durch Belehrung nützen kann, muß er selbst über enzyklopädische Kenntnisse auf allen Wissensgebieten verfügen. Ebenso vertraut wie die Rhetorik und die Musik müssen ihm Ethik und Politik, Astrologie, Geographie, Architektur, Malerei und Medizin sein. Der Dichter erscheint wieder — wie schon im Mittelalter und im Frühhumanismus — als der Weise, der den Mitmenschen kraft seiner universalen Bildung zum Führer wird. Die moralische Wirkung der Dichtung wird auch hier wieder am Problem der Kartharsis am ausführlichsten exemplifiziert. Die Katharsis besteht nicht in der Befreiung von Mitleid (das ja eine Tugend ist) und Furcht (die ja den Menschen von der Sünde abschreckt), sondern in der Reinigung von den Lastern, deren Darstellung die Gefühle der Furcht und Mitleid im Zuschauer auslöst. „Longe melius est, misericordiae et terroris interventu expurgare animam ab ira qua tot neces fiunt: ab avaritia quae infinitorum pene malorum est causa: eius gratia nefandissima scelera patuantur" [133].

Eine ganz ähnliche Auffassung von der Katharsis vertritt Benedetto Varchi. Auch für ihn soll die Darstellung der tragischen Folgen der Laster die Zuschauer abschrecken und zur Tugend führen. Darin erblickt er auch ganz allgemein die Aufgabe der Dichtung: „... rimuovere gli uomini dai vizi e accendergli alle virtù, affine che consegnano la perfezione e beatitudine loro" [134]. Das pädagogische Mittel, dessen sich die Dichtung bedient, sind die Beispiele. Diese nehmen in der Dichtung den gleichen Platz ein wie die Vernunftsschlüsse in der Philosophie. Indem damit der Dichtung eine der Moralphilosophie analoge Funktion zugewiesen wird, erhält sie auch die gleiche Würde wie die Ethik.[135] Die pädagogische Zielsetzung wird dadurch gewährleistet, daß der Dichter sich in erster Linie von der Vernunft und dann von Autoritäten an der Spitze Aristoteles, leiten läßt, so wie es Varchi von seiner eigenen kritischen Methode gesagt hat: „avvertendo di non dire cosa nessuna senza ragione, o almeno senza autorità d'alcuno autore spezialmente d'Aristotele" [136].

---

[131] Arte Poetica (1563). Napoli 1725, 77.

[132] In Aristotelis Librum de Poetica communes explanationes ... et in Horatii librum de Arte Poetica interpretatio ... Venetiis 1550, 13.

[133] a. a. O. 97.

[134] Lezione della poetica in generale, in Opere. Trieste 1859, 687.

[135] Jacopo Mazzoni, ein Schüler Varchis, begründet auf dieser Theorie seine „Difesa di Dante" (1587).

[136] Lezioni della poesia I, a. a. O. 697.

Die Gegenüberstellung von Dichtung und Moralphilosophie kehrt in der Abhandlung „Della vera poetica" des Giovanni Pietro Capriano wieder. Auch er bestimmt die Funktion der Dichtung ausschließlich unter dem Gesichtspunkt ihres ethischen Gehaltes: „Istruisce et ammaestra l'animo et la vita nostra, hor con questa sorte di attioni et hor con quell'altra nella via del vero, bono, e del beato vivere" [137]. Indem sie dabei in lebensvoller ergreifender Schilderung das darstellt, was die Moralphilosophie abstrakt lehrt, übertrifft sie dieselbe: „et tanto avanza in questo la moral filosofia, quanto ella ci insegna, solamente con precetti nudi et astratti dalla attione e dalla pratica formale et questa come instruttrice perfetta et ottima et come vera nutrice et amatrice ardentissima del nostro bene, quasi prendendoci per mano come fanciulli, per via del finto et rappresentato ma perfetto essempio quale in specchio ci mostra la virtù, guidandoci nella cognition di quella et ci dipinge il modo di usarla" [138]

Der Triumph der pädagogisch-moralischen Dichtungstheorie wird besiegelt in der Poetik des Giulio Cesare Scaligero, in welcher der Klassizismus die Ausprägung erreicht, in der er über die Grenzen Italiens hinaus in der europäischen Literatur, vor allem in Frankreich Eingang gefunden hat.[139] Ziel des Dichters ist nach Scaligero „docere cum delectatione".[140] Mit dieser Forderung glaubt sich Scaligero durchaus im Einklang zu befinden mit Aristoteles „imperator noster, omnium bonarum artium dictator perpetuus".[141] Nach Aristoteles definiert Scaligero die Dichtung als Nachahmung der Natur in Versen. Indem aber der Dichter nicht das nachahmt, was ist, sondern das was sein kann, indem er also die Natur vervollkommnet, ist er der Schöpfer einer anderen, die Wirklichkeit übertreffende Natur, so daß er sich darin mit Gott vergleichen läßt: „poeta et naturam alteram, et fortunas plures etiam ac demum sese isthoc ipso perinde ac Deum alterum efficit".[142] Freilich muß der Dichter dabei im Rahmen des Wahrscheinlichen bleiben (das, was sein kann, darstellen). Das Werkzeug, dessen sich der Dichter bei der Nachahmung bedient, ist die Sprache. Scaligero unterscheidet drei verschiedene Funktionen der Sprache: Die Sprache ist notwendig als Mitteilung („ad necessitatem"); sie ist nützlich in der politischen Rede und im bürgerlichen Leben („ad utilitatem"); sie ergötzt in der Geschichtsschreibung und in der Dichtung („ad delectationem").

Der Begriff der Nachahmung, wie ihn Scaligero im Anschluß an die ari-

---

[137] Della vera Poetica ... Vinezia 1555, cap. II (ohne Seitenzahlen).

[138] Della vera Poetica a. a. O.

[139] Vgl. E. Brinkschulte, J. C. Scaligers kunsttheoretische Anschauungen und deren Hauptquellen. Bonn 1914; zum Einfluß auf den französischen Klassizismus vgl. Bray, La formation de la doctrine classique a. a. O., 34 ff.

[140] Poetices libri septem VII, 2. Apud Antonium Vincentium 1561, 347.

[141] Ibid. VII, 2 a. a. O. 359.

[142] Ibid. I, 2 a. a. O. 5.

stotelische Definition der Mimesis entwickelt, erfährt jedoch im weiteren Verlauf seiner Darstellung eine wesentliche Einschränkung, indem die Mimesis praktisch auf die Imitatio bestimmter Muster reduziert wird.[143] Die antiken Autoren sind in der Nachahmung der Natur so vollkommen, daß es für die modernen Dichter empfehlenswerter ist, sich an diese Vorbilder zu halten, statt die sie umgebende Welt unmittelbar nachzuahmen. Für die Auswahl seiner Vorbilder bedarf der Dichter des „iudicium", des kritischen Urteilsvermögens, mit dessen Hilfe er auch seine eigene Arbeit überwacht und bezüglich der Einhaltung der Regeln überprüft. In diesem Begriff des „iudicium" tritt der die ganze Poetik durchdringende Rationalismus wohl am deutlichsten in Erscheinung.

Die durch das „iudicium" geregelte Imitatio erstreckt sich sowohl auf die Wesensmerkmale der antiken Gattungen als auch auf die Elemente des antiken Stils, wobei im ersten Fall die aristotelische Poetik, im zweiten Fall die gesamte antike Rhetorik die theoretischen Grundlagen abgeben. Ausschlaggebend bleibt jedoch für die von Scaliger aufgestellten Regeln das unmittelbare Vorbild der antiken Autoren, bzw. besser des antiken Autors, da sich für ihn die gesamte antike Dichtung in einem Ideal verdichtet hat: in Virgils großem Epos. Die „Aeneis" wird zu einer absolut gültigen Musterdichtung, aus der Scaligero die auch für die übrigen Gattungen verbindlichen Normen ableitet.[144] Was Scaligero an Virgil bewundert, ist die Kunst der gewählten Ausdrucksweise, das „decorum", das Virgil überall zu wahren weiß ganz im Gegensatz zu Homer, der zwar ein großer Dichter gewesen sein mag, dem es aber — abgesehen von vielen anderen Mängeln — vor allem an der Eleganz der Diktion fehlt.[145] Den Nachweis dafür sucht Scaligero durch den Vergleich zahlreicher Parallelstellen bei Homer und Virgil zu erbringen. Homer drückt sich wie ein Plebejer, Virgil wie ein Aristokrat aus; der eine ist ein Naturdichter, der andere ein Kunstdichter.[146] Kunst im Sinne höchster formaler Vollendung bleibt letzten Endes Scaligeros eigentliches Ideal. Diese Kunst zu lehren, war der Zweck des überaus differenzierten Regelsystems, dessen Hauptbedeutung darin besteht, daß es eine klare Zusammenfassung der wesentlichen Normen darstellt, zu denen man in den dichtungstheoretischen Diskussionen des Cinquecento gelangt war. Scaligero hatte seine Poetik lediglich im Interesse einer Neubelebung des dichterischen Schaffens in lateinischer Sprache geschrieben;[147] die für die Dichtung fruchtbare Auseinandersetzung mit der klassizistischen Dichtungstheorie vollzieht sich jedoch auf der Ebene des zur Literatursprache erhobenen Italienischen, im Zusammenhang mit der Erneuerung der antiken Gattungen.

---

[143] Vgl. Poetices libri septem III: „quod, quare, quo, quomodo imitemur".

[144] Vgl. vor allem Ibid. III, 12.

[145] Vgl. Finsler, Homer in der Neuzeit a. a. O. 134 ff.

[146] Borinski, Die Antike in Poetik und Kunsttheorie a. a. O. 232 f.

[147] Brinkschulte, J. C. Scaligers kunsttheoretische Anschauungen a. a. O. 117.

b) Das Drama

Die Erhebung der Volkssprache in den Rang einer dem Latein ebenbürtigen Literatursprache konnte erst dann als abgeschlossen gelten, wenn die italienische Dichtung nicht nur die Stilprinzipien der humanistischen Rhetorik als bindend anerkannte, sondern auch die antiken Gattungen erneuerte. Analog zur Übernahme der lateinischen Stilistik beginnt die Erneuerung der antiken Gattungen in der Volkssprache zunächst auf dem Wege einer rein empirischen Imitatio bestimmter Vorbilder. Unter dem Einfluß des Normbewußtseins schreitet man sodann von der individuellen Imitatio zur Aufstellung allgemein gültiger Regeln fort, die man aus der Interpretation der aristotelischen Poetik abzuleiten sucht. Aus diesem Bemühen entspringt die Theorie des volkssprachlichen klassizistischen Dramas und Epos, während sich die theoretische Begründung der klassizistischen Lyrik in einer davon weitgehend getrennten besonderen Auseinandersetzung vollzieht.

Nachdem der Begriff der antiken Tragödie im Mittelalter verlorengegangen war, — es sei hier nur daran erinnert, daß Dante die „Aeneis" „l'alta tragedía" genannt hat [148] — wurde die antike Tragödie zuerst im Kreis der Paduaner Frühhumanisten wiederentdeckt.[149] Lovato Lovati beschäftigte sich eingehend mit den Tragödien Senecas und regte die übrigen Mitglieder des Kreises an, diese Studien fortzusetzen. Diesen Anregungen verdanken wir die erste Renaissancetragödie nach antikem Muster, Mussatos „Eccerinis". Mussato hat in einem seiner Briefe [150] seinen Versuch, einen modernen Stoff in der Form der Senecaischen Tragödie darzustellen, ausführlich begründet. Er bedauert, daß er als Muster nicht die Tragödien des Sophokles hatte verwenden können, womit bereits hier schon eine Problematik angedeutet wird, der später in der Geschichte der italienischen Tragödie eine entscheidende Bedeutung zukommen sollte: die Problematik, die sich aus dem Nebeneinander der griechischen Tragödien und der Tragödien Senecas ergibt. Was die Stoffe der Tragödie anbetrifft, fordert Mussato wahre Begebnisse und glaubt sich mit dieser Forderung auf Seneca berufen zu können, woraus hervorgeht, daß er sich des Unterschiedes zwischen historischer und sagenhafter Überlieferung nicht klar bewußt war. Als Helden einer Tragödie erscheinen ihm nur politisch hochgestellte Persönlichkeiten geeignet, worin die auch in der Folgezeit immer wieder vertretene Auffassung der Tragödie als einer Haupt- und Staatsaktion erstmalig zum Ausdruck kommt. Von der Wir-

[148] Inf. XX, 113.

[149] Über das Verhältnis des Paduaner Kreises zu Seneca vgl. E. Franceschini, Studi di filologia latina medioevale. Milano 1938, 12—18. Die nur in Schreibmaschinenschrift vorliegende Dissertation von E. Fantini, Seneca nel preumanesimo padovano (Padova, anno accademico 1938/39) war mir leider nicht zugänglich.

[150] Ep. I a. a. O.

kung der Tragödie verspricht sich Mussato eine Stärkung des Menschen gegenüber den Wechselfällen des Schicksals:

> Vox tragici mentes ad contingentia fortes
> Efficit, ignavus diluiturque metus,
> Vincit in adversis semper constantia rebus,
> Non habet hanc illis qui rude pectus habet
> Tunc cum victor eris, vinci potuisse putabis
> Constringit movens anxia cordis timor.[151]

In seiner Tragödie übernimmt dann Mussato von seinem Vorbild Seneca das Versmaß, nämlich den iambischen Senar, die Einteilung in fünf Akte,[152] die Beschränkung der Zahl der in einer Szene sprechenden Personen auf drei,[153] die Verwendung des Chors [154] und einer Reihe anderer Elemente im Aufbau und Stil des Dramas. Trotzdem ist es ihm nicht gelungen, das Schicksal seines Helden in einer wirklich dramatischen Handlung darzustellen. Auch er war sich noch nicht völlig im klaren über den grundsätzlichen Unterschied zwischen dem Drama und den erzählenden Gattungen; so unterbricht er z. B. an einer Stelle den Fortgang der Handlung und läßt den Autor in eigener Person sprechen. An eine Aufführung der „Eccerinis" hat er wohl nie gedacht; die Tragödie war ihm nur zum Vorlesen bestimmt.

In Lesedramen in lateinischer Sprache, samt und sonders mißratenen Nachahmungen von Seneca, erschöpften sich die humanistischen Versuche einer Wiederbelebung der antiken Tragödie zwei Jahrhunderte lang nach Mussato. Bemerkenswert ist an diesen Stücken [155] nur, „daß sie bereits die beiden Merkmale der Renaissancetragödie vorwegnehmen: die Anhäufung von Schrecknissen und Greueltaten und die Tendenz zum Moralisieren".[156] Die wirklichen Dichter haben in dieser Zeitspanne kein Interesse für die Tragödie gezeigt. Weder Petrarca noch Boccaccio wußten, was die antike Tragödie eigentlich war.[157] Polizianos „Orfeo" ist keine Nachahmung der antiken Tragödie, sondern das erste Beispiel der neuen dramatischen Gattung des Hirtenspiels, dessen Blütezeit in das 16. Jahrhundert fällt.

Einen wesentlichen Auftrieb erhielt das Interesse für die antike Tragödie in der zweiten Hälfte des Quatrocento von seiten des Theaters. Nachdem die von den römischen Humanisten aus dem Kreise um Pomponio Leto betriebenen Aufführungen antiker Komödien von großem Erfolg begleitet ge-

---

[151] Ep. I, 93 ff. a. a. O.; ob man aus dieser Stelle auf eine unmittelbare Kenntnis der tragischen Theorien des Aristoteles schließen darf (Voßler, Poetische Theorien a. a. O. 26) erscheint recht zweifelhaft.

[152] Diese Einteilung fand er auch in der Horazischen Ars poetica.

[153] Auch hier kann ein Einfluß der Horazischen Dichtungstheorie vorliegen.

[154] Wenn Mussato seine Tragödie mit dem Chor beschließt, kann er sich dabei nur auf eine einzige Tragödie Senecas, den „Hercules Oetaeus", berufen.

[155] Einzelheiten über diese Stücke s. W. Creizenach, Geschichte des neueren Dramas. Halle 1893, I, 518 ff. u. E. Bertana, La Tragedia. Milano o. J.

[156] L. Ebel, Die italienische Kultur und der Geist der Tragödie. Freiburg (1948), 13.

[157] Vgl. Creizenach a. a. O. 510 ff.

wesen waren, wagte man es auch, eine antike Tragödie und zwar Senecas „Phaedra" auf die Bühne zu bringen und fand damit allgemeinen Beifall. So gewann der Begriff der Tragödie in der lebendigen Anschauung, wie sie das Theater bot, seinen ursprünglichen Sinn wieder.

Wenn die Tragödie am Anfang des 16. Jahrhunderts wieder in ihrer Eigenart als literarische Gattung begriffen wird, erklärt sich dies jedoch nicht nur aus den Aufführungen antiker Stücke, sondern ist in noch stärkerem Maße bedingt durch die erst jetzt einsetzende Beschäftigung mit der griechischen Tragödie. Die notwendige Voraussetzung dafür waren die Ausgaben des Sophokles und des Euripides, die 1502, bzw. 1504 bei Aldus Manutius erschienen, sowie die von Erasmus angefertigten lateinischen Übersetzungen der „Hekuba" und der „Iphigenie", die einige Jahre später veröffentlicht wurden und diese beiden Euripideischen Tragödien auch den des Griechischen unkundigen Kreisen erschlossen.

Auf Grund seines Studiums der griechischen Tragödien konzipiert Giangiorgio Trissino den Plan einer klassischen Tragödie in italienischer Sprache im Rahmen einer allgemeinen Reform der italienischen Literatur mit dem Ziel einer Erneuerung der antiken Gattungen.[158] So entsteht in den Jahren 1514/1515 die erste klassizistische Tragödie der abendländischen Literatur, Trissinos „Sofonisba". Das Sujet stammt aus dem 30. Buch des Titus Livius; in der Form ahmt Trissino die griechischen Tragiker Sophokles und Euripides nach, wobei er auch inhaltlich aus der „Antigone", bzw. der „Alkestis" eine Reihe von Motiven übernimmt. Seinen Vorbildern entsprechend verzichtet er auf die Einteilung in Akte und Szenen und sucht durch Verwendung des reimlosen Elfsilblers, des „verso sciolto" eine ähnliche Wirkung wie mit dem griechischen Trimeter zu erzielen.[159] Er führt damit das Versmaß ein, das von da an in der italienischen Tragödie fast immer verwendet werden sollte. In dem seinem Werk vorausgeschickten Widmungsschreiben an Papst Leo X. begründet er die Einführung des reimlosen Versmaßes einerseits damit, daß dieses edler sei, andererseits mit dem Hinweis auf die Aufgabe der Tragödie, Mitleid und Furcht zu erwecken; denn Mitleid könne nur der erwecken, der selbst Schmerz empfindet, und ein schmerzbewegter Mensch spricht nicht in Reimen. Von der Wirkung der Tragödie aus rechtfertigt Trissino auch den Gebrauch des Italienischen, da bei der Aufführung, die die Tragödie erst wirksam werden läßt, nur die Volkssprache von allen verstanden wird. Die Interpretation der Katharsis ist moralisch-pädagogisch: „e sapendo eziandio che la Tragedia, secondo Aristotele, è preposta a tutti gli altri poemi, per imitare con suave sermone una virtuosa, e perfetta azione, la quale abbia grandezza; e come Polignoto antico Pittore ne l'opere sue, imitando, faceva i corpi, di quello che erano migliori, e Pauson peggiori; così la Tragedia,

[158] Vgl. E. Proto, Sulla poetica di G. G. Trissino, in Studi di letteratura italiana 6 (1904—06), 197—298; F. Neri, La tragedia italiana del' 500. Firenze 1904, 27 ff.

[159] In den lyrischen Partien hat Trissino Reimverse verwendet.

imitando, fa i costumi migliori, e la Comedia peggiori; e perciò essa Comedia muove riso, cosa, che partecipa di bruttezza, essendo ciò, che è ridiculo, difettoso, e brutto. Ma la Tragedia muove compassione, e tema, con le quali, e con altri ammaestramenti arreca diletto a gli ascoltatori, ed utilitate al vivere umano".[160]

Obwohl sich Trissino hier ausdrücklich auf Aristoteles bezieht, ist doch die „Sofonisba" auf Grund einer unmittelbaren Nachahmung der griechischen Vorbilder entstanden und beginnt die eigentliche Auseinandersetzung Trissinos mit der aristotelischen Poetik[161] erst zu einem späteren Zeitpunkt. Ihren Niederschlag hat diese Auseinandersetzung in der fünften und sechsten „Divisione" seiner „Poetica" gefunden, die zwar erst 1563 erschienen, aber zu einem großen Teil bereits 1549 fertiggestellt waren.[162] Trissino bietet in diesen Teilen[163] seiner Poetik weitgehend eine Paraphrase des aristotelischen Textes: „non mi partirò da le regole, e da i precetti de li antiqui, e specialmente di Aristotele, il quale scrisse di tal arte divinamente.[164] Die Mimesis wird von Trissino naturalistisch als Wiedergabe der Wirklichkeit interpretiert. Er kennt wohl den Begriff des Universalen in der Dichtung, identifiziert ihn aber mit dem Begriff des Außergewöhnlichen, der das heldische Tun charakterisiert.[165] Aufgabe des Dichters ist es, die Tugend zu lehren: „dee essere un Maestro de la vita virtuosa e buona"[166]; in der Tragödie erfüllt er diese Aufgabe, indem er mit seiner Darstellung Furcht und Mitleid im Zuschauer erweckt; in der Komödie durch Verspottung und Tadel der lachenerregenden Laster.

Als erster behandelt Trissino das Problem der dramatischen Einheiten, das von da an in der Diskussion über die Theorie der klassizistischen Tragödie eine wichtige Rolle spielte.[167] In Bezug auf die Einheit der Handlung hält sich Trissino eng an Aristoteles. Wenn er jedoch die Einheit der Zeit gleichfalls zu einem Grundgesetz der Tragödie erhebt [168], geht er damit weiter als Aristoteles, der eine zeitliche Beschränkung nicht unbedingt gefordert hatte. In der „Sofonisba" hatte Trissino schon vor der Ausarbeitung seiner

---

[160] Sofonisba, in G. Trissino, Tutte le Opere. Verona 1729, I, 300.

[161] Zu den folgenden Erörterungen über die Theorien der Tragödie, wie sie von den einzelnen italienischen Tragikern des Cinquecento vertreten wurden, vgl. neben der bereits zitierten Literatur M. J. Wolff, Die Theorie der italien. Tragödie im 16. Jh., in Archiv f. d. Studium der neueren Sprachen und Literaturen 128 (1912), 161—183; 339—362.

[162] Trabalza, La critica letteraria a. a. O. 81.

[163] Zu den 1529 veröffentlichten ersten vier Büchern der Poetik vgl. u. S. 186.

[164] Poetica, in Tutte le Opere a. a. O. II, 92.

[165] C. Guerrieri Crocetti, G. B. Giraldi e il pensiero critico del secolo XVI. Milano 1932, 269.

[166] Poetica, in Tutte le Opere a. a. O. II, 118.

[167] Vgl. J. Ebner, Beitrag zu einer Geschichte der dramatischen Einheiten in Italien. Erlangen u. Leipzig 1898.

[168] Poetica a. a. O. 95.

Poetik die Einheiten der Handlung und der Zeit streng gewahrt, die Einheit des Orts dagegen verletzt [169], die er auch später in der Theorie nicht fordert.

Wenn auch die „Sofonisba" eine Reihe von künstlerischen Mängeln aufzuweisen hat, wäre es übertrieben, sie als völlig mißlungen zu bezeichnen. Auf jeden Fall bleibt sie bedeutsam als die erste regelmäßige Tragödie in der Volkssprache, die in bewußtem Rückgriff auf die griechische Literatur und dementsprechend unter Abwendung von Seneca geschaffen worden ist: „E così diremo, che la bellissima tragedia, secondo l'arte sarà della constituzione simplice ... come furono molte delle tragedie ... di Euripide".[170] Und dann mit deutlicher Kritik: „Perciò che quelle di Seneca, che sono rimase, sono per lo più parte fragmenti di cose greche, posti insieme con pochissima arte".[171]

Unter dem Einfluß von Trissinos Versuch der Begründung einer italienischen Tragödie auf dem Wege über die Nachahmung der griechischen Vorbilder werden in der ersten Hälfte des 16. Jahrhunderts eine Reihe von Stücken geschrieben, deren künstlerischer Wert jedoch recht gering ist. Trissinos Studiengefährte Giovanni Rucellai ahmte in der „Rosmunda" die „Antigone" des Sophokles nach, genauer gesagt, er übertrug gewisse Partien der griechischen Tragödie auf ein Thema aus der langobardischen Geschichte, ohne daß es ihm allerdings dabei gelang, die antiken und modernen Elemente organisch miteinander zu verbinden. In der dramatischen Technik, dem Stil und dem Versmaß lehnte er sich stark an Trissino an, unterbrach jedoch ab und zu die „versi sciolti" durch Reimpaare. In einer weiteren Tragödie, dem „Oreste" bietet er eine um etwa 1000 Verse erweiterte mehr oder weniger freie Bearbeitung der „Iphigenie in Tauris" des Euripides. In seiner „Tullia" macht Lodovico Martelli den mißglückten Versuch, den Stoff der „Elektra" des Sophokles (und des Euripides) auf das Geschlecht des römischen Königs Servius Tullius zu übertragen.[172] Alessandro de'Pazzi, der Übersetzer der aristotelischen Poetik [173], bemühte sich ohne bleibenden Erfolg um einen neuen tragischen Vers und übertrug eine Anzahl griechischer Tragödien ins Italienische. Besser geglückt ist die Übersetzung der „Antigone" aus der Feder des Luigi Alamanni, die dem Leser wenigstens einen gewissen Eindruck von der Sprachgewalt des Originaltextes vermittelt.

Über den Kreis dieser zum Teil mit Trissino persönlich befreundeten Literaten sind die Bemühungen um die Erneuerung der griechischen Tragödie in italienischer Sprache nicht hinausgegangen. Der entscheidende Anstoß zur Weiterentwicklung der italienischen Renaissancetragödie ging nicht von der

---

[169] Vgl. A. Gaspary, Geschichte der italienischen Literatur. Berlin 1888, II, 530.

[170] Poetica, in Tutte le Opere a. a. O. II, 101.

[171] Ibid.

[172] Als eine der ersten Tragödien beobachtet die „Tullia" neben der Einheit der Handlung und der Zeit auch die des Ortes, deren Einhaltung in der Dichtungstheorie erst viel später, zuerst von Castelvetro (1570) gefordert wurde (vgl. Ebner, Dramatische Einheiten a. a. O. 41 u. 109).

[173] s. o. S. 146.

Nachahmung der Griechen, sondern von der Wiederbelebung Senecas aus. Mochten auch weiterhin hier und dort Euripides und die anderen griechischen Tragiker feierlich als Vorbilder beschworen werden, im Grunde ihres Herzens fühlten sich die italienischen Tragödienschreiber seit Mussato immer wieder zu Seneca hingezogen, dessen Wortbühne ihrem Begriff von Tragik am meisten entsprach. Zwischen romanischer Wesensart und senecaischer Tragödie besteht eine innere Verwandtschaft, eine Gemeinsamkeit in der Freude am pathetischen Ausdruck. Seneca-Imitatio ist für den Italiener der Renaissance — und nicht nur für ihn etwas Naturgegebenes: „Ein italienischer oder französischer Bühnenkünstler braucht die Absicht, seinen Seneca nachzuahmen, gar nicht zu haben, jedesmal, wenn er eine erhabene Gesinnung durch ihre bloße Aufstellung im Schauraum ohne die Bewährung des Ernstfalles darzustellen unternimmt, gerät er in Senecas Nachbarschaft."[174] Senecas Sentenzenreichtum mußte einer Zeit, die eine moralisierende Dichtung verlangte, vorbildlich erscheinen; Senecas Vorliebe für das Gräßliche, Entsetzenerregende entsprach dem Bedürfnis nach starken Effekten, in dem sich bereits die Gesinnung des Barock ankündigt. Ausschlaggebend für den endgültigen Triumph Senecas war die von Scaligero eingenommene Haltung, der Seneca über Euripides stellt[175] und auch hier wieder wie im Falle Virgils den Römer vor allem im Hinblick auf den Stil dem Griechen vorzieht. Die Vorliebe des Cinquecento für Seneca ging so weit, daß man selbst Euripides, den man ja zum Teil auf dem Wege über Seneca kennengelernt hatte, mit senecaischen Augen betrachtete, m. a. W. das verkannte, was den griechischen Tragiker vor dem lateinischen auszeichnet.[176]

Mit Gian Battista Giraldi[177] erobert sich die Seneca-Imitation die Bühne der italienischen Renaissance, die sie fortan so gut wie unbestritten beherrscht. Giraldi ist davon überzeugt, daß Seneca die Griechen weit übertroffen habe „nella prudenza, nella gravità, nel decoro, nella maestà, nelle sentenze"[178]. Bereits in seiner ersten 1541 aufgeführten Tragödie, den „Orbecche", — Giraldi ist der erste italienische Tragiker, der die Aufführung einer eigenen Tragödie selbst erlebt — lehnt er sich stark an Seneca an, in diesem Fall an den „Thyestes", den er vor allem als Fundgrube für Greueltaten ausbeutet.

[174] K. Vossler, Die Antike und die Bühnendichtung der Romanen, in Aus der romanischen Welt III. Leipzig (1942), 125.

[175] Vgl. Poetices libri septem VI, 6 a. a. O.; auch für Scaligero ist die »atrocitas« ein wesentliches Element der Tragödie (vgl. I, VI; III, 96).

[176] Vgl. E. Schapira, Der Einfluß des Euripides auf die Tragödie des Cinquecento. Diss. München. Würzburg 1935.

[177] Vgl. das für die Beurteilung des gesamten dichtungstheoretischen Schrifttums des Cinquecento grundlegende Werk von Guerrieri Crocetti, G. B. Giraldi e il pensiero critico a. a. O.

[178] Discorso ovvero lettera intorno al comporre delle comedie e delle tragedie, in G. B. Giraldi Cintio, Scritti estetici. Milano 1864, II, 33 (Biblioteca rara Daelli vol. 53).

Die Darstellung des Gräßlichen rückt für Giraldi in den Mittelpunkt der Tragödie, da er das Erregen von Entsetzen für eine unentbehrliche Voraussetzung der Katharisis hält. Wenn er gegen den Ausschluß schreckenerregender Vorgänge von der Szene Einspruch erhebt und sich damit in Widerspruch zu der „opinio communis" setzt, die im Anschluß an Horaz [179] solche Vorgänge in die Botenberichte verlegt wissen wollte, glaubt er sich dabei auf Aristoteles berufen zu können. Aus der aristotelischen Wendung ἐν τῷ φανερῷ schließt Giraldi, daß die Darstellung von Tod und Schrecken auf offener Szene nicht nur gestattet, sondern sogar wünschenswert sei, weil dadurch die für die Katharsis nötige Gemütsbewegung der Zuschauer noch gesteigert würde: „possono i casi terribili e compassionevoli farsi in palese, acciò che più commovano gli animi degli spettatori".[180] Beispielgebend ist auch hier wieder Seneca: e mi credo che Seneca nell'Edipo ad imitazione di questo autore (Aristotele) introducesse Jocasta ad uccidersi in iscena con quella spada colla quale Edipo aveva ucciso il padre".[181] So wagt es Giraldi bereits in seiner ersten Tragödie den Selbstmord Orbecches auf die Bühne zu bringen. Wenn er sich an anderen Stellen der Schilderung des Gräßlichen durch den Boten bereit findet, so nur unter der Bedingung, daß der Bericht möglichst grauenerregend auffällt: „Oltre che l'orrore del caso avvenuto induce stupore e un certo raccapriccio, che fa uscire chi l'ha veduto come di sè; onde egli, quasi tocco da furore, non può mandar fuori se non parole grandi e piene dello spavento ch'egli ha nell'animo: e devesi egli estendere in narrare il caso miserabile e orribile, in mostrare gli atti, i pianti, le parole, la crudeltà, la disperazione, la maniera con la qual morto cadde il miserabile, e l'altre tali cose".[182]

Giraldis Forderung, den Tod des Helden möglichst auf offener Szene darzustellen und nicht berichten zu lassen, — die übertriebene Verwendung der Botenberichte ist einer der schwersten Mängel der italienischen Tragödie des 16. Jahrhunderts — entsprang der an sich durchaus zutreffenden Auffassung, daß die tragische Katastrophe dann am wirkungsvollsten ist, wenn sie sich als Höhepunkt der dramatischen Handlung vor den Augen des Zuschauers abspielt. Leider aber verfiel Giraldi in den Fehler, das dramatische Wirkungsmittel der Darstellung des Entsetzlichen in seinen Tragödien zu mißbrauchen und damit völlig zu entwerten.

Den Zweck der im wesentlichen durch das Entsetzen bewirkten Katharsis bestimmt Giraldi im Sinne der moralisch-pädagogischen Kunsttheorie; die Katharsis befreit vom Laster und weist damit den Weg zur Tugend: „col mirabile e col terribile purga gli animi da vizj e gl'induce a buoni costumi".[183]

---

[179] Ad Pisones v. 179 ff.

[180] Discorso a. a. O. II, 38 f.

[181] Ibid. 40.

[182] Ibid. 97.

[183] Discorso a. a. O. II, 12.

Der gleichen Überzeugung gibt Giraldi auch im Prolog seiner Tragödie „Cleopatra" Ausdruck. Es ist eine in Verse gebrachte Definition der Tragödie:

Fra le cose trovate da gli antichi
Per insegnar i buoni costumi al mondo
Nulla ve n'ha, che più diletti, e giovi,
Che le favole, ben condutte in scena,
E benchè d'esse sien varie le sorti,
Fra quelle nondimen di maggior lode
Ottiene la Tragedia il primo luoco.
Che s'ella imita le reali attioni
Con quella gravità, con quel decoro
Onde compassion ne nasca, e horrore,
Purga de'vitij gli animi mortali,
E lor face bramar sol la virtute
Veggendo che fin facciano coloro,
Che in tutto buon non sono e in tutto rei.[184]

In Bezug auf den Aufbau und den Stoff der Tragödie weicht Giraldi in einzelnen Punkten von der aristotelischen Poetik ab: Aristoteles selbst habe dem Dichter eine gewisse Bewegungsfreiheit zugestanden: „ci diede licenza Aristotele di partirci alquanto dall'arte ch'egli c'insegnava, quando il richieda la leggiadria della cosa che si ha per le mani"[185]. Im Unterschied zur griechischen Tragödie teilt Giraldi nach dem Beispiel Senecas seine Stücke in fünf Akte ein. Was die Dauer der Handlung anbetrifft, so will er sie nicht auf einen Tag begrenzen, womit er die von den Theoretikern des Cinquecento geforderte Einheit der Zeit sprengt. Die Stoffe der Tragödie sollen nicht nur der Geschichte entnommen werden, sondern können auch frei erfunden werden. Was Aristoteles als Ausnahmen zugelassen hatte, soll nun als Regel gelten. In seinen eigenen Tragödien hat dann auch Giraldi den abenteuerlichen und romanhaften Elementen einen breiten Raum gewährt. Am weitesten entfernt er sich von der herkömmlichen Auffasung der Tragödie, wenn er eine Tragödie mit heiterem Schluß zuläßt, unter der Voraussetzung, daß die ethische Wirkung der Katharsis gewahrt bleibt.

Giraldi begründet diese Neuerung (und hätte die anderen ebenso begründen können) mit dem Hinweis, daß eine Tragödie mit heiterem Ausgang dem Publikum besser gefalle.[186] Auch sonst hat Giraldi nicht mit Zugeständnissen an den Geschmack der Zuhörer gekargt: „ho tenuto meglio soddisfare a chi ha ad ascoltare, con qualche minore eccellenza . . . , che con un poco più di grandezza dispiacere a coloro per piacere dei quali la favola si

[184] G. B. Giraldi, Tragedie. Venetia 1583, 7.

[185] Discorso a. a. O. II, 118.

[186] Ibid. 33.

conduce in iscena"[187]. Er glaubt bestimmt, daß die antiken Dichter an seiner Stelle ebenso verfahren wären:

> Et egli tien per cosa più che certa
> Che s'hora fusser qui i Poeti antichi
> Cercherian soddisfare a questi tempi
> A spettatori, a la materia nova [188]

Hier taucht schon das Argument auf, mit dem die Empörer gegen den Klassizismus ihre Auflehnung rechtfertigen: Der Dichter muß den Bedürfnissen der eigenen Zeit Rechnung tragen. Das hat auch Castelvetro, der selbständigste unter den Kommentatoren des Aristoteles, irgendwie empfunden und daher die Wirkung auf das Publikum zum entscheidenden Kriterium für die Beurteilung des Dramas erhoben. Die Dramen müssen so beschaffen sein, daß auch das einfache Volk sie verstehen und seine Freude daran haben kann.[189] Die gelehrten Versuche einer Wiederbelebung der griechischen Tragödie, wie sie in der ersten Hälfte des Jahrhunderts unternommen worden waren, hatten in der breiten Masse des Publikums keinen großen Anklang gefunden. Giraldi bekennt am Schluß seiner „Orbecche", daß die Tragödie im allgemeinen wenig geschätzt würde. Die Folgerung, die Giraldi aus dieser Tatsache zieht, bestimmt den neuen Weg, den er mit seinen Tragödien beschreitet, einen Weg, den wie Castelvetros Haltung zeigt, auch ein reiner Theoretiker grundsätzlich billigen konnte.

Dank der von Giraldi an den Publikumsgeschmack gemachten Zugeständnisse, die zu einer gewissen Modernisierung der Tragödie führten, hatten dann Giraldis Stücke auch einen größeren Erfolg als die anderer Autoren. Von den Literarhistorikern sind Giraldis Tragödien sehr verschieden beurteilt worden. Guerrieri Crocetti, den man wohl als den besten Kenner Giraldis ansprechen darf, nimmt gegenüber den sich widersprechenden Urteilen einen vermittelnden Standpunkt ein: „La tragedia del Giraldi nella sua complessità manca di vita organica: ma certe sue creature hanno una loro coerenza di determinazioni, che vuol dire personalità artistica, e vivono tutta la logica di una passione profondamente vissuta e sentita".[190] Zweifellos war Giraldi trotz einer gewissen literarischen Begabung, eines mehr instinktiven Verständnisses für die Bedürfnisse des Publikums kein wirklicher Dichter, und der künstlerische Wert seiner Tragödien ist nicht groß. Das schließt nicht aus, daß diese Tragödien einen neuen Typ darstellen, der einen starken Einfluß auf die Weiterentwicklung des klassizistischen Theaters ausgeübt hat.

Mit Giraldi teilt Sperone Speroni die Vorliebe für das Grausige und Schreckenerregende, von dem auch er sich eine besonders starke Wirkung in der Tragödie verspricht. In ihrem Stil ist seine 1542 vollendete (und 1546

[187] Ibid. 34.
[188] Altile, Prologo in Tragedie a. a. O. 8.
[189] Vgl. Poetica d'Aristotele vulgarizzata et esposta. Basilea 1576, II.
[190] Guerrieri Crocetti a. a. O. 764.

erschienene) Tragödie „Canace" Giraldis „Orbecche" überlegen. Speronis Sprache ist leidenschaftlich bewegt.[191] Ob freilich der dauernde Wechsel von Elfsilblern, Siebensilblern und Fünfsilblern einen wirklichen Gewinn darstellt, kann man bezweifeln. Weit mehr noch als Giraldi betont Speroni die Bedeutung der Peripetie im Aufbau der Tragödie. Die Peripetie erscheint Speroni als das die Tragödie tragende konstruktive Prinzip, das auch die Verwendung des Gräßlichen und des Wunderbaren rechtfertigt. Als er später seine Tragödie in einer besonderen Abhandlung kommentierte, weist er die entscheidende Rolle nach, welche die Peripetien in seinem Stück spielen.[192] Den Anlaß, diese Abhandlung unter dem Titel „Apologia" zu verfassen und außerdem noch sechs „Lezioni" über den gleichen Gegenstand vor der „Accademia degli Infiammati" in Padua zu halten, bot die Polemik, die sich an der „Canace" entzündet hatte. In einem anonymen „Giudicio" war die Tragödie aufs heftigste kritisiert worden, so daß Speroni sich zu antworten genötigt sah. Später griffen noch andere Literaten, darunter auch Giraldi in den Streit ein, der sogar noch nach Speronis Tode fortdauerte, als posthum eine umgearbeitete Fassung der „Canace" erschien. Interessant ist in diesen Streitschriften die im „Giudicio" vertretene freiere Auslegung des Aristoteles. Ähnlich wie Giraldi meint auch der anonyme Verfasser des „Giudicio", Aristoteles hätte den Dichtern nicht verboten, etwas von den Regeln abzuweichen, wenn es die Umstände erforderten. Das gälte auch bezüglich der Einheit der Zeit, deren allzu genaue Beobachtung sich im Falle der „Canace" als ein schwerer Kunstfehler erwiesen hätte.[193] Im übrigen war für die Weiterentwicklung der Dichtungstheorie die ganze Polemik wie so manche Literaten-Fehde des Jahrhunderts wenig fruchtbar.[194]

Die italienische Tragödie nach Giraldi und Speroni wandelte in den einmal vorgezeichneten Bahnen: Bald halten sich die Autoren in Inhalt und Form streng an die antiken Vorbilder, die sie in mehr oder weniger freien Bearbeitungen auf die Bühne bringen; bald greifen sie zu modernen Stoffen, wie sie vor allem die Novellenliteratur in reicher Fülle bot, und pressen sie in das Schema der klassizistischen Tragödie. Beiden Richtungen gemeinsam ist die Häufung blutiger Greueltaten und Grausamkeiten, deren nervenaufpeitschende Wirkung die mangelnde wirkliche tragische Erschütterung ersetzen sollte. Eine wachsende Veräußerlichung in der Auffassung vom Wesen der Tragödie offenbart sich in der Überbetonung des szenischen Apparats, der Zwischenspiele und der musikalischen Einlagen; eine Entwicklung des Schauspiels, die dann zur Oper hinführt. Ein einziges Drama ragt aus dieser umfangreichen, aber unbedeutenden Produktion von Tragödien her-

[191] Zu ihren barocken Elementen vgl. Toffanin, Il Cinquecento a. a. O. 471.

[192] Vgl. Apologia, in Speroni, Opere. Venezia 1740, IV, 152.

[193] Vgl. Giudicio sopra la Tragedia di Canace e Macareo (1543), in Speroni Opere a. a. O. IV, 109.

[194] Über Speroni vgl. Toffanin, La fine dell'umanesimo a. a. O.; Guerrieri Crocetti, G. B. Giraldi e il pensiero critico del sec. XVI a. a. O.

aus: die „Orazia" des Pietro Aretino, die sich durch ihren straffen Aufbau,[195] die Vermeidung aller Greuelszenen und eine klare relativ einfache Sprache auszeichnet; der einzige gelungene Versuch, das antike Erbe auf der Bühne zu verlebendigen. Hier spürt man eine echte dichterische Begabung. Obwohl sich diese gerade im Widerstreit gegen das klassizistische Regelsystem ihrer selbst bewußt geworden ist,[196] hat Aretino bei der Abfassung der „Orazia" auf einen gewählten Stil besonderes Gewicht gelegt und das Stück sehr sorgfältig ausgefeilt und verbessert.[196a]

Viel häufiger als die Tragödie war die weniger feierlich einherschreitende dramatische Gattung der Komödie schon in der Frührenaissance nachgeahmt worden. Freilich unterscheiden sich diese ersten Nachahmungen antiker Komödien dadurch von den Nachahmungen anderer antiker Dichtungsgattungen, daß in diesem Fall die Bindung an Aufbau und Stil der Vorlagen sehr viel lockerer ist und Elemente aus den „sacre rappresentazioni" und der einheimischen Novellistik aufgenommen werden. Schon Petrarca hatte eine oder vielleicht sogar mehrere Komödien nach dem Muster des Terenz geschrieben, die uns allerdings nicht erhalten sind.[197] Noch am Ende des 14. Jahrhunderts entstand gleichfalls auf Grund einer Nachahmung von Terenz Pier Paolo Vergerios „Paulus, comedia ad iuvenum mores corrigendos", die bereits in ihrem Titel das poetische Programm ihres Autors enthält. Es handelt sich jedoch bei dieser Komödie um eine rein äußerliche und unvollkommene Nachahmung des klassischen Vorbilds, wobei sich der jambische Trimeter in eine Art rhythmische Prosa verwandelt. Der häufige Szenenwechsel steht sogar im Gegensatz zur Struktur der antiken Komödie und bedeutet eine Fortsetzung der Traditionen des mittelalterlichen Theaters. Die Mehrzahl der lateinischen Komödien des 15. Jahrhunderts ist uns anonym überliefert; sie behandeln meist Begebnisse aus dem Studentenleben, ohne sich dabei an die klassischen Einheiten von Zeit und Ort zu halten. Leon Battista Alberti verfolgt mit seiner Prosakomödie „Philodoxus" einen moralischen Zweck. Wie er in dem zugehörigen Kommentar erläutert, will er die Komödie als eine Allegorie betrachtet wissen, die veranschaulichen soll, daß der weise und arbeitsame Mensch genau so Ruhm erlangen kann, wie der vom Glück begünstigte und reiche. Trotz dieser dem Wesen der antiken Komödie an sich fremden Zielsetzung spricht doch aus Albertis Stück schon der bewußte Wille, die klassischen Vorbilder nachzuahmen. Noch stärker tritt dieser Wille in der Komödie „Polixena" zu Tage, als deren Verfasser man Leonardo Bruni vermutet hat.[198] Neben ihren klassischen Elementen, die im wesentlichen auf Terenz zurückgehen, bleibt aber auch in diesen beiden Komödien nach wie vor

---

[195] Die Beobachtung der dramatischen Einheiten wirkt hier ganz ungezwungen.

[196] Vgl. u. S. 192 ff.

[196a] Vgl. Lettere di P. Aretino, Parigi 1608, IV, 248 f.

[197] Vgl. I. Sanesi, La Commedia. Milano o. J. I, 61 ff.

[198] Zur Frage der Verfasserschaft Brunis vgl. Sanesi a. a. O. I, 100, 457.

der Einfluß der mittelalterlichen Überlieferung spürbar, so u. a. in der Verwendung der Prosa und in dem Fehlen einer Akteinteilung. In seiner Komödie „Chrisis" lehnt sich Enea Silvio Piccolomini eng, oft wörtlich an Plautus an, ahmt sogar recht und schlecht das Versmaß der klassischen Komödie nach, was vor ihm nur P. P. Vergerio — und zwar vergeblich — versucht hatte. Diese Nachahmung des jambischen Trimeters mußte als besondere Leistung erscheinen, entschuldigte sich doch z. B. der Verfasser der Komödie „Cauteriaria" Antonio Buzario ausdrücklich im Prolog, sein Werk „neque therentiano nec alio metrorum stilo" geschrieben zu haben, da es verwegen wäre, Terenz darin nachahmen zu wollen.[199]

Die „Cauteriaria" und viele andere dieser ersten humanistischen Komödien sind in ihrem Stoff stark von der italienischen Novellistik abhängig, die neben dem Einfluß der szenischen Technik der „sacra rappresentazione" ein weiteres mittelalterliches Element innerhalb des Wiederauflebens der klassischen Komödie darstellt. Mit dem Fortschreiten des Humanismus am Ende des 15. und zu Beginn des 16. Jahrhunderts wurden diese mittelalterlichen Elemente fast völlig verdrängt. Die immer genauere Kenntnis von Terenz und Plautus, zu der dann noch das wenn auch nicht so eingehende Studium von Aristophanes trat, ließ die klassische Komödie zur großen Mode werden. Man ging nun dazu über, Plautus und Terenz selbst auf die Bühne zu bringen, entweder auf lateinisch oder meist in teilweise recht freien Übersetzungen.

Diese intensive Beschäftigung mit der klassischen Komödie ist die Voraussetzung für die Entstehung des Typs der regelmäßigen italienischen Komödie in den ersten Jahrzehnten des 16. Jahrhunderts. Während die parallele Situation auf dem Gebiet der Tragödie und des Epos im allgemeinen nur Werke von geringem künstlerischen Wert zeitigte, entstehen im Bereich des komischen Theaters eine Reihe von künstlerisch höchst bedeutsamen Schöpfungen. Wenn auch Publio Filippo Mantovano mit seinem „Formicone", rein zeitlich gesehen, die erste regelmäßige italienische Komödie geschrieben hat, so tritt dieselbe doch in ihrer Bedeutung gegenüber den Komödien Ariosts derart in den Hintergrund, daß man mit Recht in Ariost den eigentlichen Begründer dieses neuen Typs erblickt hat. Der Prolog der ersten von Ariosts Komödien, der 1508 erschienenen „Cassaria", offenbart uns die Absicht des Dichters gegenüber den klassischen Vorbildern eine gewisse Selbständigkeit wahren zu wollen:

Nova comedia v'appresento piena
Di varii giochi, che né mai latine
Né greche lingue recitarno in scena.

Parmi veder che la piú parte incline
A riprenderla, subito c'ho detto
Nova, senza ascoltarne mezzo o fine;

[199] Ibid. 110.

Che tale impresa non li par suggetto
De li moderni ingegni, e solo estima
Quel che gli antiqui han detto esser perfetto.

È ver che né volgar prosa né rima
Ha paragon con prose antique o versi,
Né pari è l'eloquenzia a quella prima;

Ma l'ingegni non son però diversi
Da quel che fur, ch'ancor per quello Artista
Fansi, per cui nel tempo indietro fersi.

La vulgar lingua, di latino mista
È barbara e mal culta; ma con giochi
Si può far una fabula men trista.[200]

Trotz dieser Beteuerung, eine „neue Komödie" schreiben zu wollen, sind doch für Ariost in diesen wie auch in den anderen Komödien Plautus und Terenz richtunggebend. Selbst im Versmaß will er mit dem „endecasillabo sdrucciolo" den klassischen jambischen Trimeter nachahmen, weswegen er sogar die beiden ersten ursprünglichen in Prosa abgefaßten Stücke später in diesem Versmaß nochmal schreibt. Wie ja die vierte Strophe des zitierten Prologs zeigt, ist eben das Gefühl für die absolute Vorbildlichkeit der Antike auch in Ariost durchaus dominierend. Es gelingt ihm aber auch bei der grundsätzlichen Wahrung des Imitatio-Prinzips seinen Komödien, vor allem der „Lena" originelle Züge zu verleihen, die sie aus der Masse der platten Nachahmungen herausheben.

Auch Machiavelli, der Schöpfer der „Mandragola", des Meisterwerks der Renaissance-Komödie, wenn nicht der italienischen Komödie überhaupt, steht zunächst durchaus im Bann der klassischen Beispiele: Er überträgt Terenz in der „Andria" mehr oder minder frei ins Italienische, er ahmt Aristophanes in einem uns verlorengegangenen Stück nach und entnimmt in der „Clizia" das Argument aus Plautus, freilich nicht ohne den alten Charakteren ein neues eigenes Gepräge zu geben.[201] Wenn also hier schon die Abhängigkeit von der Antike stark gelockert ist, scheint in der „Mandragola" der Gedanke an die formale Imitatio einer antiken Vorlage wie ausgelöscht. Wie bei der Beurteilung des „Principe" drängt sich auch bei der Würdigung der „Mandragola" der Begriff einer agonalen Imitatio auf: Der moderne Autor schafft im Wetteifer mit der Antike ein durchaus originelles Werk.

Im Prolog entschuldigt sich der Autor dafür, daß ein ernster Mann wie er die Zeit mit der Abfassung einer lockeren Komödie verbracht hätte:

Scusatelo con questo, che s'ingegna
Con questi van pensieri
Fare el suo tristo tempo piú suave,
Perch'altrove non have

[200] La Cassaria, in L. Ariosto, Commedie. A cura di M. Catalano. Bologna 1933, I, S. 7 f.

[201] Vgl. L. Russo, Commedie Fiorentine del '500. Firenze 1939, 57 ff.

Dove voltare el viso;
Ché gli è stato interciso
Monstrar con altre imprese altra virtue,
Non sendo premio alle fatiche sue.[202]

Man könnte versucht sein, von diesem Prolog aus die Komödie hedonistisch als reine Farce zu deuten, was in der Tat auch geschehen ist. Uns scheint es vielmehr, daß die „Mandragola“ der dichterische Niederschlag des gleichen Lebensgefühls ist, das aus Machiavellis großen historischen Werken spricht. Vorurteilslos wird die Natur in ihrer ganzen Mannigfaltigkeit erfaßt: „... noi imitiamo la natura, che è varia: e chi imita quella non può essere ripreso.“[203] So wird die „Mandragola“ zu einem Meisterwerk des künstlerischen Realismus.[204] Es entspricht der realistischen Auffassung der Komödie, daß Machiavelli an anderer Stelle, nämlich in seinem schon im Zusammenhang mit der Sprachenfrage behandelten „Discorso intorno alla lingua“, das Wesen des Komischen in der genauen Wiedergabe eines bestimmten Lokalkolorits der Sprache erblickt: „Dico ancora come si scrivano molte cose che, senza scrivere i motti e i termini proprii patrii, non sono belle. Di questa sorte sono le commedie; perché, ancora che il fine d'una commedia sia proporre uno specchio d'una vita privata, nondimeno il suo modo del farlo è con certa urbanitá e termini che muovino riso, acciò che gli uomini, correndo a quella delettazione, gustino poi l'esemplo che vi è sotto.“[205] Wenn man davon absieht, daß für Machiavelli diese Sprache einzig und allein das Florentinische ist, liegt hier die grundlegende Erkenntnis vor, daß die Wirkung gewisser komischer Effekte regional gebunden ist. Den Beweis dafür bieten die Blüte der Dialektkomödien in der Renaissance und in der Folgezeit, sowie das Aufkommen der charakteristischen stehenden Figuren an ganz bestimmten Orten.

Wenn auch Bernardo Dovizi da Bibbiena in seiner „Calandria“ im Gegensatz zur „Mandragola“ ein klassisches Komödienthema aufgreift — es stammt aus Plautus' „Menaechmen“ — so ist doch die „Calandria“ gleichfalls eine durchaus originelle Schöpfung. Die Inspirationsquelle ihres Autors ist nicht die Imitatio einer klassischen Literaturgattung, sondern die Freude am heiteren Sinnengenuß der Gegenwart. Die Komödie hat zwei Prologe; einer stammt von Baldassare Castiglione, der andere vom Autor. Der erste interessiert besonders, da er eine Art Poetik der „Calandria“ aufstellt. Castiglione rechtfertigt zunächst die Verwendung der Prosa in der Komödie: Da es sich um familiäre Dinge handelt, erscheint es angemessen, daß der Ver-

[202] La Mandragola, in N. Machiavelli, Opere a. a. O. I, 551.

[203] Lettera a Francesco Vettori del 31 gennaio 1515, in Opere a. a. O. II, 824.

[204] Vgl. L. Russo, Commedie fiorentine del '500 a. a. O.

[205] Discorso intorno alla lingua a. a. O. 725; die auf Horaz zurückgehende moralische Zielsetzung der Komödie hat bei Machiavelli nur den Wert einer traditionellen Formel; sie wird erst durch das Studium der aristotelischen Poetik wieder mit neuem Gehalt erfüllt.

fasser nicht die gebundene, sondern die ungebundene Rede gebraucht. Auch die Tatsache, daß die Komödie in der Gegenwart spielt, weiß Castiglione mit beredten Worten zu verteidigen: „Che antiqua non sia dispiacer non vi dee, se di sano gusto vi trovate: per ciò che le cose moderne e nuove delettano sempre e piacciono più che le antique e le vecchie; le quali, per longo uso, sogliono sapere di vieto.“[206] Schließlich begründet er noch, warum die Komödie italienisch und nicht lateinisch geschrieben sei: Sie ist auch für die Nichtgelehrten bestimmt, und außerdem soll man die eigene Sprache mehr achten als jede fremde, zumal sie an innerem Wert den klassischen Sprachen keineswegs nachsteht. Während das letzte Argument, das uns aus der „Questione della lingua“ bereits bekannt ist, noch nicht unbedingt eine Stellungnahme gegen die herrschende klassizistische Lehre bedeuten mußte, zeigen die beiden anderen Argumente, besonders das zweite, bereits Ansätze zu einer Auflehnung gegen die Autorität der klassischen Vorbilder, wie sie uns dann in den Vertretern der antiklassizistischen Dichtung offen entgegentreten wird. Das ist kein Zufall, denn innerhalb der antiklassizistischen Dichtung kommt — wie noch zu zeigen sein wird — gerade einer Reihe von Komödien wichtige Bedeutung zu.

Eine solche Auflehnung mußte noch dadurch begünstigt werden, daß die Komödie — im Gegensatz zur Tragödie — für die mit dem Fortschreiten des Jahrhunderts zunehmende Tendenz zur Reglementierung der Dichtung unter Zuhilfenahme der aristotelischen Poetik ein wenig geeignetes Objekt bildete. Die spärlichen Angaben, die Aristoteles über die Komödie gemacht hatte, reichten nicht aus, um eine wirkliche Theorie dieser Gattung darauf zu begründen. Es bleibt bei einigen allgemeinen Regeln, über die es kaum Meinungsverschiedenheiten gibt. Im Anschluß an Aristoteles, der das Wesen der Komödie in der nachahmenden Darstellung des Lächerlichen gemeinerer Naturen erblickt hatte, weist man der Komödie als Stoff das bürgerliche Alltagsleben zu. Dementsprechend soll auch ihr Stil beschaffen sein: „E però le sue sentenze e i suoi ragionamenti vogliono essere brevi, popolareschi, comuni e domestichi, e le sentenze non vogliono essere in simili parlari frequenti, nè portare con esso loro quegli affetti e quella grandezza che si vedono nelle sentenze delle tragedie.[207] Mit der Tragödie gemeinsam hat die Komödie den moralisch-pädagogischen Zweck, „lodare o biasimare“.[208] Gleichfalls gilt für sie die Einteilung in fünf Akte und die Regel über die Einheit des Ortes und der Zeit, obwohl Aristoteles, wo er von einer zeitlichen Begrenzung spricht, nur die Tragödie im Auge hat. Über das Wesen des Komischen kommt man zu keinen schlüssigen Aussagen.

Immerhin genügten diese wenigen Regeln im Verein mit dem allgemein

[206] La Calandria, in Commedie del Cinquecento. A cura di I. Sanesi. Bari 1912, I, 3.

[207] Giraldi, Discorso ovvero lettera intorno al comporre delle comedie e delle tragedie a. a. O. 98.

[208] Ibid.

verbindlichen Grundsatz der Imitatio der antiken Vorbilder,[209] um auch auf dem Gebiet der Komödie in Form der sogenannten „commedie erudite" eine Anzahl pedantischer Nachahmungen entstehen zu lassen, denen jedes echte dichterische Leben abgeht. Voll Stolz bekennen sich die Verfasser dieser Machwerke zum Prinzip der absoluten Nachahmung; so z. B. verkündet Giovan Maria Cecchi von sich selbst im Prolog seiner Komödie „Dote":

> Egli ha tolto da Plauto
> l'argumento in gran parte della favola;
> e vi protesta che farà il simile
> sempre in tutto le sue perchè il medesimo
> ved'egli che hanno fatto li più nobili
> comici che vi sieno.[210]

Was in der Komödie des 16. Jahrhunderts an dichterisch wertvollen Kräften wirksam war, suchte sich von den Fesseln des Klassizismus zu befreien oder sie wenigstens so weit zu lockern, daß dem individuellen Schöpfungsdrang ein gewisser Spielraum gewährt wurde.

Aber neben Tragödie und Komödie entsteht im Cinquecento als eine neue dramatische Gattung das Hirtendrama, das einen ersten Vorläufer in Polizianos „Orfeo" gehabt hatte. Im Laufe des 16. Jahrhunderts waren dann die Schäferspiele immer mehr Mode geworden. Teils als von Humanisten geschriebene dialogisierte Eklogen, teils als volkstümliche Bauernspiele, die vor allem in Siena und in Venetien blühten, wurden die Elemente entwikkelt, aus denen Agostino Beccari 1554 das erste Hirtendrama schuf. Es ist nun für die gesamte Entwicklung der Dichtungslehren charakteristisch, daß dieses Hirtendrama unter dem Gesetz der griechischen Tragödie steht.[211] Chor, Peripetie und Schicksalsidee [212] sind neben den berühmten Einheiten die wichtigsten Teile der griechischen Tragödie, die wir in den Hirtendramen wiederfinden. Diese wird damit in einer Sphäre erneuert, in der die Illusion des zeitlosen ungeschichtlichen Hirtendaseins jedes Eindringen einer kirchlich moralischen Kunsttheorie unmöglich macht. So kann dann Tasso frei von allen theoretischen Zweifeln und Bedenken in seinem „Aminta" das Meister-

---

[209] Trissino proklamiert in der Theorie die Nachahmung des Aristophanes, kommt aber in seiner Komödie „Simillimi" auch nicht über Plautus hinaus. Nur der Chor entspricht dem der griechischen Komödie (vgl. Borinski, Die Antike in Poetik und Kunsttheorie a. a. O. 218 f.).

[210] Teatro comico fiorentino. Firenze 1750, I; zit. nach Sanesi, La Commedia a. a. O. 314.

[211] Vgl. G. Toffanin, Il Teatro del Rinascimento, in Storia del Teatro italiano. A cura di S. D'Amico. Milano 1936, 61—102.

[212] Wenn K. Vossler, Tassos Aminta und die Hirtendichtung, in Aus der romanischen Welt. Leipzig (1940), I, 82, behauptet „die Schicksalsidee des italienischen Hirtendramas stammt nicht aus der altgriechischen Tragödie, sondern aus dem spätgriechischen Roman", so bleibt es unserer Meinung nach für die innere Struktur des Hirtendramas ziemlich gleichgültig, ob die Schicksalsidee direkt oder auf dem Umweg über den hellenistischen Roman aufgenommen worden ist.

werk der ganzen Gattung schaffen, das Werk, in dem die wahre Muse des Dichters, die mit leiser Wehmut verwobene Sinnlichkeit, im Schäferidyll ihren formvollendeten Ausdruck findet.

Ein Hirtendrama von hoher künstlerischer Schönheit, wenngleich auch nicht von der gleichen dichterischen Eindringlichkeit wie Tassos „Aminta" ist der „Pastor Fido" von Battista Guarini. Um ihn entspann sich der gelehrte Streit [213], und er wurde zum Prototyp der neuen Gattung, die von Italien aus ihren Siegeszug durch die europäischen Literaturen antrat. Die neue Gattung, die Guarini als „tragicomedia pastorale" bezeichnete, wurde von der zünftigen aristotelischen Kritik heftig angegriffen. Giason De Nores behauptete in seinem „Discorso intorno a que' principij cause et accrescimenti che la comedia, la tragedia e il poema eroico ricevono dalla filosofia morale e civile e da' governatori delle Reppubbliche" (1587), daß die „tragicomedia pastorale" in doppeltem Sinn eine künstlerische Unmöglichkeit sei; nämlich einerseits sei es unmöglich, die Tragödie und die Komödie miteinander zu verschmelzen, anderseits sei das pastorale Element weder mit Tragödie noch mit der Komödie vereinbar. Außerdem habe Guarini mit seinem Werk gegen alle moralischen Grundsätze in der Dichtung verstoßen, ja er habe es an der schuldigen Achtung gegenüber den Staatsgesetzen fehlen lassen: Denn die Welt des Hirtendramas steht außerhalb der bürgerlichen Lebenssphäre und ihrer Gesetze und kann daher den Hauptzweck jeder Dichtung — nämlich zu nützen — nicht erfüllen: „...si può dir, che (la favola pastoral) sia una certa composizion volontaria fuor de'principij, già statuiti, e delle regole de'filosofi morali, e civili, e de'leggislatori, e governatori delle reppubbliche, non essendo di alcun beneficio a coloro, che vivono nelle città, ed essendo ... senza alcun fine utile, il che non deve mancar giamai da que'componimenti, che si recitano in pubblico a'cittadini di alcuna ben ordinata reppubblica." [214] In einer „Apologia" erhebt er drei Jahre später erneut die gleichen Vorwürfe gegen Guarini. Mit ähnlichen Argumenten wie De Nores verurteilt auch der ihm befreundete Faustino Summo in seinen „Discorsi poetici" den „Pastor Fido" und mit ihm das Hirtendrama als eine den aristotelischen Regeln zuwiderlaufende Gattung. Guarini entgegnete seinen Widersachern zuerst unter der Maske des ferraresischen Schauspielers Verato in der Abhandlung „Il Verato ovvero difesa di quanto ha scritto M. Jason Denores contra le tragicomedie, e le pastorali in un suo discorso di poesia" (1588), dann unter einem Pseudonym „Il Verato secondo ovvero replica dell'Attizzato Accademico Ferrarese in difesa del Pastor fido" (1591); beide Abhandlungen faßte er später unter dem Titel „Compendio della poesia tragicomica tratto dai duo Verato" (1601) zusammen. Er stellt die poetische Theorie für die neue Gattung der Tragikomödie auf, geht dabei aber immer von Aristoteles

[213] Vgl. V. Rossi, Battista Guarini ed il Pastor fido. Studio biografico-critico con documenti inediti. Torino 1886.

[214] J. Denores, Discorso intorno a que'principij ..., in B. Guarini, Opere. Verona 1737, II, 201 f.

aus, dessen Autorität er keineswegs bestreitet, sondern im Gegenteil zur Rechtfertigung seiner eigenen Ideen heranzieht. DieTragikomödie bildet eine neue organische Einheit.[215] „... chi compone tragicommedia ... dall'una (la tragedia) prende le persone grandi e non l'azione; la favola verisimile, ma non vera; gli affeti mossi, ma rintuzzati; il diletto, non la mestizia; il pericolo, non la morte; dall'altra (la commedia) il riso non dissoluto, le piacevolezze modeste, il nodo finto, il rivolgimento felice, e sopratutto l'ordine comico".[216] Die Tragikomödie ist edler als die Tragödie und als die Komödie, da sie die Extreme einer tragischen Melancholie, bezw. einer komischen Ausgelassenheit vermeidet und dafür eine wohl ausgeglichene Mischung der Affekte bevorzugt. Der Zweck der Tragikomödie besteht gleich dem der Tragödie in einer Katharsis des Zuhörers: „... è il purgar gli animi dal male affetto della malinconia, il qual fine è tutto comico e tutto semplice".[217] Aber diese reinigende Wirkung der Tragikomödie ist nicht etwa moralisch zu deuten; sie will nicht anderes besagen, als daß die Aufgabe der neuen Dichtungsgattung in der Unterhaltung, der Zerstreuung der Zuhörer besteht. Eine erschütternde Wirkung der Kunst mit dem Zweck einer moralischen Belehrung entspricht nicht mehr der Zeit, die Moral ist Sache der religiösen Vorschriften: „... che bisogno abbiamo noi oggi di purgar il terrore, e la commiserazione con le Tragiche viste? avendo i precetti santissimi della nostra religione, che ce l'insegna con la parola Evangelica? E però quegli orribili, e truculenti spettacoli son soverchi, nè pare a me che oggi si debbia introdurre azion Tragica ad altro fine, che per averne diletto." [218] Auf dem Boden des Hirtendramas wird die Dichtung zum bloßen Spiel, und aller Ballast der moralisch pädagogischen Kunsttheorie wird abgeworfen. Der Preis, den man dafür bezahlt, ist die völlige Trennung der Dichtung vom Leben. Hier bereitet sich der Übergang vor zu einer neuen Dichtungslehre, die aus dem Klassizismus hervorgeht und ihn zugleich überwindet: die Dichtungslehre des Secentismo.

c) Das Epos

Bei dem Bemühen, Tragödie und Epos als Gattungen einer höheren Kunst, in der eine über dem Alltag stehende heldisch erhabene Welt ihren Ausdruck findet, zu erneuern, wird dem Epos im allgemeinen in der Dichtungstheorie

---

[215] Guarini unterscheidet zwischen „composto" zur Bezeichnung einer unorganischen bloßen Zusammensetzung und „misto" zur Bezeichnung einer aus verschiedenen Teilen bestehenden organischen Einheit. Vgl. Il Pastor Fido e il Compendio della poesia tragicomica tratto dai duo Verato. A cura di G. Brognoligo. Bari 1914, 225.

[216] Ibid. 231.

[217] Il Pastor Fido e il Compendio della poesia tragicomica a. a. O. 242.

[218] Il Verato ovvero difesa di quanto ha scritto M. Jason Denores contra le tragicomedie e le pastorali in un suo discorso di poesia, in B. Guarini, Opere a. a. O. II, 261; Guarini war mit Riccoboni befreundet, der in seinem Kommentar zur aristotelischen Poetik die Unvereinbarkeit der Begriffe „delectare" und „prodesse" feststellt (vgl. o. S. 149 f.).

des Cinquecento der höhere Rang zugestanden.[219] Wahrscheinlich spricht bei dieser im Gegensatz zu Aristoteles stehenden Bewertung die Tatsache mit, daß in der römischen Literatur es keinen dem Epiker Virgil ebenbürtigen Dramatiker gegeben hat, was auf die Haltung des vorwiegend römisch[220] orientierten Klassizismus nicht ohne Einfluß gewesen sein dürfte. Von Vida an galt das Epos als die Krone der Dichtung; und dementsprechend sahen die Dichter das höchste Ziel in der Abfassung eines Epos, das würdig war, an die Seite der Werke der großen Epiker des griechisch-römischen Altertums, in erster Linie Homers und Virgils, zu treten.

Aber bei der Erneuerung des klassischen Epos stieß man auf einen Faktor, der für die Wiederbelebung der Tragödie von ganz untergeordneter Bedeutung war, dagegen die Entwicklung der epischen Dichtung entscheidend beeinflußte: die einheimische Tradition. Die Nachwirkung der Ritterepen Boiardos und Ariosts blieb so stark, daß sich der Typ des reinen klassischen Epos auf die Dauer nicht durchsetzen konnte. Die Auseinandersetzung zwischen den Vertretern der beiden sich feindlich gegenüberstehenden Richtungen in der epischen Dichtung erreicht praktisch ihren Abschluß mit Torquato Tasso, der als Theoretiker und als Dichter das klassische und das romantische Epos miteinander versöhnt.

Den ersten Versuch zu einer Erneuerung des klassischen Epos im Stile Virgils unternahm Petrarca mit seiner „Africa"; ein Versuch, dem angesichts der mangelnden epischen Begabung des Autors kein Erfolg beschieden sein konnte. Das Werk, das nach dem Willen Petrarcas ein episches Denkmal der römischen Größe werden sollte, läßt jede organische Einheit vermissen und zerfällt in eine Reihe mehr oder weniger gut gelungener Episoden. Petrarca selbst hielt allerdings sein Werk für so bedeutend, daß er seine Leistung mit der des Homer und des Ennius zu vergleichen wagte.[221]

Auch die Darstellung von Themen der christlichen Heilsgeschichte in den Formen des klassischen Epos, wie sie Sannazaro[222] und Vida[223] versuchten, scheiterte, da sich in diesem Fall der Gegensatz zwischen christlicher und heidnischer Welt als unüberbrückbar erwies. Vida war bemüht, sein Epos genau nach den in seiner Poetik[224] niedergelegten Prinzipien aufzubauen. Auf Schritt und Tritt begegnet man — wie auch bei Sannazaro — Reminiszenzen aus Virgil. Indem die heidnische Götterwelt in ein christliches Gewand ge-

[219] Vgl. o. S. 146.

[220] Das griechische Altertum wird meist nur auf dem Wege über Rom rezipiert: „Quando il giudicio Romano ha approvato una cosa introdutta da'Greci, è da credere senza alcun dubbio" (Giudicio sopra la Tragedia di Canace e Macareo (1543), in Speroni, Opere a. a. O. IV, 92).

[221] Vgl. o. S. 75.

[222] „De partu virginis" (1526). Edizione critica a cura di A. Altamura. Napoli (1948).

[223] „Christias" (1535), in Poemata omnia (pleraque non antehac edita). Cremonae 1550.

[224] Vgl. o. S. 144 ff.

hüllt wird, scheint das Problem der Übernahme der Mythologie aufs einfachste gelöst zu sein: das Ergebnis ist jedoch eine hybride Schöpfung, die mit wirklicher Dichtung wenig zu tun hat.

Mit Trissino vollzieht sich auch auf dem Gebiet des Epos der Übergang von der neulateinischen in die italienische Literatur. Auch Ariost hatte das klassische Epos gekannt; aber er hatte daraus nur die Elemente übernommen, die er mit der originellen Konzeption seiner dichterischen Welt in Einklang bringen konnte [225]. Trissino hingegen will auf Grund einer systematischen Nachahmung das antike Muster in allen seinen Teilen nachbilden. So entsteht in zwanzig Jahren mühsamer Kleinarbeit das Epos „L'Italia liberata dai Goti" (1547/48), vom dichterischen Standpunkt aus ein völlig mißglücktes Unternehmen, bedeutsam nur als Zeugnis des vulgärhumanistischen Bestrebens, die antiken Gattungen in der volkssprachlichen Literatur zu neuem Leben zu erwecken.

Voll Stolz spricht sich Trissino in der an Kaiser Karl V. gerichteten Widmung das Verdienst zu, als erster ein klassisches Heldenepos in italienischer Sprache geschrieben zu haben in Befolgung der aristotelischen Regeln und unter Führung Homers: „Avendo io adunque ... coi precetti di Aristotele, come ho detto, e con la idea di Omero, composto questo mio Eroico Poema, cosa che non si è fatta più ne la nostra lingua Italiana" [226]. Damit wird bereits gesagt, daß Ariost und seine Vorgänger keine Epen im wahren Sinn des Wortes verfaßt haben. In den letzten beiden Teilen seiner Poetik [227] wendet er sich dann unmittelbar gegen die romantischen Epen, denen die von Aristoteles geforderte Einheitlichkeit der Handlung fehlt, die oft gegen das Gesetz der Wahrscheinlichkeit verstoßen und ganz allgemein die für das Epos nötige Würde vermissen lassen. Das Versmaß der romantischen Epen, die „ottava rima", ersetzt Trissino durch den „verso sciolto", den reimlosen Elfsilbler, wie er ihn auch in der Tragödie verwendet. Um die antike Mythologie, die er für einen unentbehrlichen Bestandteil des Epos hält, beibehalten zu können, verfällt er auf einen ähnlichen Ausweg wie die Verfasser der Bibelepen, indem er die Heidengötter in christliche Engel verwandelt, deren Namen ihren Ursprung verraten: Pallas wird der „Angelo Palladio", Neptun der „Angelo Nettunio" usw. Mit der gleichen Naivität werden ganze Stücke aus Homer in den Text eingeflickt, gleichviel, ob ein solches Verfahren den Zusammenhang stört oder nicht. Beim näheren Zusehen entdeckt man, daß Trissino sich nicht gescheut hat, auch bei dem von ihm so tief verachteten Ariost zahlreiche Anleihen zu machen, so daß also auch das erste „klassische" Epos mit „romantischen" Elementen durchsetzt ist.

Schon die Zeitgenossen waren sich im allgemeinen darüber einig, daß Tris-

[225] Vgl. C. Zacchetti, L'imitazione classica nell' „Orlando Furioso". Bologna 1891; G. Albini, Riflessi virgiliani nell' „Orlando Furioso", in L'Ottava d'Oro. La vita e l'opera di L. Ariosto. Ed. A. Mondadori o. J., 681—696.

[226] La Italia liberata dai Goti (Dedica), in Trissino, Tutte le opere a. a. O., I.

[227] Tutte le opere a. a. O. II.

sinos Werk mißlungen war. Aber wenn auch Luigi Alamanni in seinen beiden Epen, dem „Girone il Cortese" (1548) und der „Avarchide" (posthum 1570), wieder die „ottava rima" verwendete, kranken auch diese Werke an der Mischung heterogener Elemente, die sich zu keiner organischen Dichtung zusammenfügen können. Im „Girone il Cortese" gießt Alamanni den französischen Ritterroman „Guiron le Courtois" in die Formen des klassischen Epos um, wobei er um der Einheit der Handlung willen zahlreiche Episoden opfert, und, um das Idealbild des vollkommenen ritterlichen Helden nicht zu beeinträchtigen, jenen liebenswürdigen Humor ängstlich vermeidet, der die Ritterdichtung eines Pulci, eines Boiardo oder eines Ariost auszeichnet. An die Stelle des Humors tritt nunmehr eine Neigung zum Moralisieren, die im Zusammenhang steht mit der moralisch-pädagogischen Interpretation der aristotelischen Poetik.

In der an König Heinrich II. von Frankreich gerichteten Widmung kündet Alamanni ein weiteres Epos an, daß er in Nachahmung Homers, Virgils und der übrigen großen Dichter des Altertums zu schreiben beabsichtigt. Die „Avarchide", die Alamanni ungedruckt hinterließ und die von seinem Sohn Battista veröffentlicht wurde, ist das Epos vom Zorne Lancelots. Indem der Autor die „Ilias" bis in alle Einzelheiten auf die bretonische Rittersage überträgt, sucht er Unvereinbares zu vereinen mit dem notwendigen Ergebnis, daß ein monströses Werk ohne jeden dichterischen Wert entsteht.[228] Es ist nur insofern von Interesse, als es zeigt, daß auch Alamanni — wie schon vorher Trissino — nicht imstande ist, die aus dem romantischen Epos stammenden Elemente völlig zu eliminieren oder auch auf diese Elemente im Interesse des Publikums nicht verzichten zu können glaubt. Damit erkennen implicite auch die strengen Klassizisten die Notwendigkeit einer Verschmelzung des romantischen und des klassischen Epos an; freilich erwies sich der Weg, den sie zur Lösung dieses Problems in ihren Dichtungen beschritten, als ein Irrweg, der nicht zum Ziele führen konnte.

Angesichts des geringen Erfolges, den die Nachahmungen des klassischen Epos hatten, lag es nahe, daß die Kritik, welche die Klassizisten unter Berufung auf die aristotelische Poetik an den romantischen Epen, den „romanzi", übten, deren Verteidiger auf den Plan rief. In seinem „Discorso intorno al comporre dei Romanzi" (1554) unternimmt es G. B. Giraldi, das romantische Epos gegenüber den von seiten der Klassizisten erhobenen Vorwürfen zu rechtfertigen. Er geht davon aus, daß weder Aristoteles noch Horaz diese Dichtungsart gekannt hätten und dieselbe daher auch nicht nach den in den beiden Poetiken enthaltenen Regeln beurteilt, oder richtiger verurteilt werden darf. Der „romanzo" ist eine neue epische Gattung, die ihren eigenen Gesetzen folgt: „ . . . non si deve voler tenere il poeta toscano tra quei confini, tra i quali si sono astretti i Greci ed i Latini, . . . ma deve camminare per quelle

[228] Zu Alamanni vgl. H. Hauvette, Un exilé florentin à la cour de France au XVIe siècle. Paris 1903.

strade, le quali gli hanno proposte i migliori poeti di questa nostra favella, con quella istessa autorità che hanno avuto i Greci ed i Latini nelle lingue loro".[229] Es kann kein Zweifel darüber bestehen, daß der „romanzo" in seiner Art dem klassischen Epos durchaus gleichwertig ist: „tal componimento in questa lingua non merita minor loda che si meritasse il comporre eroico nella greca e nella latina".[230] Was den „romanzo" vor allem vom klassischen Epos unterscheidet, ist das Fehlen der Einheit der Handlung. Unter dem Gesichtspunkt der Handlung teilt Giraldi die epische Dichtung in drei Gruppen ein: Die Epen, die eine Handlung eines Helden behandeln, d. h. die Epen im streng aristotelischen Sinn,[231] sodann die Epen, in denen viele Handlungen eines Helden geschildert werden, als Beispiele dienen die Epen von Theseus und Herakles; und schließlich die romantischen Epen, die viele Handlungen vieler Helden zum Gegenstand haben. Ebenso wie die aristotelische Poetik keine Gültigkeit für den „romanzo" habe, so auch nicht die des Horaz, im besonderen dessen Vorschrift, das Epos habe „in medias res" zu beginnen.

Der Zweck des Epos ist wie der der Tragödie die moralische Belehrung: „L'officio adunque del nostro poeta, quanto ad indurre il costume, è lodare le azioni virtuose e biasimare i vizj, e col terribile e col miserabile porgli in odio a chi lui legge",[232] womit der moralisch interpretierte Begriff der Katharsis auf das Epos übertragen wird. Die dem Epos damit gestellte Aufgabe erfüllen nach Giraldis Meinung die Verfasser der „romanzi" weit besser als die klassischen Epiker und ihre Nachahmer. Boiardos „Orlando Innamorato" und Ariosts „Orlando Furioso" sind aber außerdem auch noch deswegen den Nachahmungen der klassischen Epen vorzuziehen, weil sie christliche Stoffe behandeln und in italienischer Sprache geschrieben sind (Giraldi dachte hier offenbar bei den klassizistischen Epen auch an die der neulateinischen Literatur). In der Betonung des christlichen Elements äußert sich der Einfluß der Gegenreformation. Wenn Giraldi die Abfassung in italienischer Sprache besonders hervorhebt, so spricht daraus das Selbstbewußtsein der in der Schule des Humanismus mündig gewordenen italienischen Literatur.

Daraus ergibt sich auch eine freiere Einstellung zum Zentralproblem der gesamten Renaissance-Dichtung; zur Imitatio der antiken Autoren: „... non debbono gli autori che sono giudiziosi e atti a comporre, così stringere la loro libertà fra i termini di chi prima di loro ha scritto, che non ardiscan porre un piè fuori dell'altrui orme; che oltre che ciò sarebbe male usare i doni, che avesse a loro dati la madre Natura, avverrebbe anco che la poesia mai non

[229] Discorso intorno al comporre dei Romanzi, in Scritti estetici a. a. O. Parte prima Vol. 52, 50.

[230] Ibid. 215.

[231] Wie die meisten Theoretiker des Cinquecento interpretiert hier Giraldi Aristoteles falsch; denn dieser fordert zwar die Nachahmung einer Handlung, nicht aber einer Handlung einer Person.

[232] Discorso intorno al comporre dei Romanzi a. a. O., 68.

uscirebbe di que'termini i quali le avesse posto uno scrittore".[233] Richtig verstandene Nachahmung ist immer ein Wetteifern mit dem Vorbild: „E vuole la imitazione aver sempre compagna l'emulazione; la quale non è altro che un fermo desiderio di avanzare colui che l'uomo imita".[234]

Trotz einer solchen selbständigen Haltung gehört aber Giraldi doch nicht zu den eigentlichen Gegenspielern der klassizistischen Dichtung. Denn im Grunde genommen bleibt auch er Klassizist. Seine Verteidigung des „romanzo" beschränkt sich auf die mit humanistischem Bildungsgut durchtränkten Epen Boiardos und Ariosts, und er führt diese Verteidigung zum großen Teil mit Argumenten des aristotelischen Klassizismus durch, indem er nachzuweisen sucht, in wie weit die romantischen Epen — abgesehen von der Frage der Einheit der Handlung — den an das klassische Epos gestellten Forderungen genügen. Echt klassizistisch ist der von Giraldi immer wieder hervorgehobene Grundsatz, daß die Wahrung des Dekors, der heroischen Würde das oberste Stilgesetz für den epischen Dichter bilden muß: „il poeta dee sempre avere l'occhio al decoro; il quale non è altro che quello che conviene alle cose, ai luoghi, ai tempi, alle persone".[235] Sogar die Beibehaltung der „ottava rima" im Gegensatz zu der von Trissino geforderten Einführung des „verso sciolto" begründet Giraldi damit, daß der gereimte Vers dem Wesen der heroischen Würde viel besser entspricht: „... tolta la rima dal verso, se ne rimane egli tanto simile all'orazione sciolta che non par verso; tanto è egli senza grazia, senza dolcezza e senza dignità eroica".[236] Giraldi lehnt also den Klassizismus nicht grundsätzlich ab, sucht ihn vielmehr mit den Bedürfnissen des Zeitgeschmacks zu versöhnen. In der Tragödie tritt er gegen die ausschließliche Nachahmung der antiken Vorlagen für ein modernes, wenn auch noch klassizistisch gebundenes Drama ein; im Epos strebt er nach einem Ausgleich zwischen der romantischen und klassischen Spielart. Unter den Theoretikern des Klassizismus dürfte er der einzige gewesen sein, der die Bedeutung des Problems geahnt hat, das später als „Querelle des anciens et des modernes" im Mittelpunkt der literarästhetischen Diskussion stehen sollte.

In einem unvollendet gebliebenen Epos mit dem Titel „Ercole" versuchte Giraldi seine Theorien in die Praxis umzusetzen. Wahrscheinlich ist sogar der „Discorso intorno al comporre dei Romanzi" als eine Art Vorarbeit zu diesem Epos anzusehen.[237] Da der Gegenstand aus der Antike stammt, nimmt sich Giraldi auch die antiken Epen zum Vorbild: „... chi si piglia a materia antica è costretto a stare ne'termini ch'egli stesso si ha posto".[238] Aber er gibt

[233] Ibid. 49.
[234] Ibid. 178.
[235] Ibid. 74; der Begriff des „decoro" dient auch als Kriterium zur Beurteilung Homers, der dem klassizistischen Geschmacksideal Giraldis in vielen Punkten nicht entspricht (vgl. Finsler, Homer in der Neuzeit a. a. O. 61 f.).
[236] Ibid. 102.
[237] Vgl. Guerrieri Crocetti, G. B. Giraldi a. a. O. 543 ff.
[238] Discorso intorno al comporre dei Romanzi a. a. O. 56.

deswegen das romantische Epos nicht völlig auf. So schreibt er in einem Brief an Bernardo Tasso: „... ho nondimeno veduto che il volere tutta volta stare su questa severità dell'antico, era troppo scostarmi dall'uso di oggidì." [239] Die Folge davon ist, daß auch in diesem Fall eine hybride Verbindung von klassischen und romantischen Elementen entsteht, allerdings diesmal bewußt herbeigeführt, da Giraldi glaubte, auf diesem Wege eine neue Form der epischen Dichtung zu schaffen.

Eine ganz ähnliche Theorie bezüglich des romantischen Epos wie Giraldi vertrat sein Schüler Giambattista Pigna in seiner Abhandlung „I romanzi" (1554), in der er die Ebenbürtigkeit des „romanzo" im Verhältnis zum klassischen Epos um jeden Preis beweisen will. Er stützt sich dabei weit mehr als Giraldi auf Aristoteles. Der Vorwurf des Plagiats, den er gegen Giraldi, dessen Werk im gleichen Jahr erschienen war, erhebt, erscheint nicht berechtigt, denn — wie schon die enge Anlehnung an Aristoteles zeigt — war Pigna in seinen Gedankengängen viel unselbständiger in Bezug auf die herrschenden Theorien. Die Vielheit der Handlungen im romantischen Epos erklärt Pigna abweichend von Giraldi aus der Genesis des „romanzo", der aus der Zusammenfügung einzelner Lieder hervorgegangen ist. Besonders ausführlich behandelt Pigna den „Orlando Furioso", der von allen „romanzi" dem klassischen Epos am nächsten kam,[240] eine Behauptung, die Pigna dadurch zu beweisen sucht, daß er im einzelnen die Abhängigkeiten Ariosts von Homer und Virgil aufdeckt. Wie fremd ihm doch im Grunde genommen trotz seiner ehrlichen Begeisterung für den „Orlando Furioso" der diese Dichtung beseelende Geist blieb, offenbart sein Versuch einer allegorischen Deutung von Ariosts Epos.

Giraldis und Pignas Abhandlungen riefen einen Sturm der Entrüstung unter den strengen Klassizisten hervor, als deren Wortführer Speroni und Antonio Minturno den Verteidigern des „romanzo" antworteten. Speroni vertritt die Auffassung, die Gattung des „romanzo" stelle nichts grundsätzlich Neues dar; mit dem gleichen Recht könnten sich auch die anderen Gattungen von den Regeln lossagen: „Voler poi dire che i romanzi in questa lingua abbiano privilegio di poetar non secondo le leggi dell'altre lingue, è dar campo di dire, che nè epopeja, nè tragedia, nè commedia volgare siano a quelle leggi soggette".[241] Mag auch der „Orlando Furioso" eine Menge Vorzüge und Schönheiten besitzen, die fehlende Einheit der Handlung läßt ihn doch unvollkommen bleiben. Die Beobachtung der Einheit der Handlung bleibt oberstes Gesetz für den epischen Dichter: „Il poeta tratta una sola azione di un uomo solo, e non una di molti: e ciò fa l'istoria; nè molte di un solo: che ciò fa la vita; nè molte di molti; che ciò è vizioso".[242]

---

[239] Al Sig. Tasso il Giraldi, in B. Tasso, Lettere. Padova 1733, II, 305.

[240] Vgl. G. B. Pigna, I Romanzi. Venezia 1554, 79, 81.

[241] Trattatelli di vario argomento. De'romanzi, in Speroni, Opere a.a.O. V. 521.

[242] Ibid. 522.

Das Fehlen der Einheit der Handlung ist auch in den Augen Minturnos ein Verstoß gegen ein unantastbares Gesetz, den er Ariost nicht verzeihen kann. Fehlt dem Epos diese Einheit, so gleicht es einem Kreis, der nicht symmetrisch ist. Minturno möchte sogar die Zeitdauer der epischen Handlung möglichst auf ein Jahr beschränken. Obwohl die „romanzi" von den ungebildeten Barbaren erfunden worden sind, bildet ihr Stoff als solcher kein Hindernis für eine Darstellung in der Form des klassischen Epos, vorausgesetzt, daß der betreffende Autor gewillt ist, sich an die aristotelischen Regeln zu halten, die für die Dichtung aller Zeiten eine absolute Gültigkeit besitzen. Da auch gegen das Toskanische als Dichtungssprache nichts einzuwenden ist, hätte Ariost ein vollendetes Werk geschaffen, wenn er sich hätte entschließen können, die Struktur des klassischen Epos nachzuahmen.[243]

Charakteristisch für die theoretische Unsicherheit in dieser Auseinandersetzung um die der italienischen Dichtung adäquate epische Form ist das Wechseln der Standpunkte bei Bernardo Tasso, dem Vater Torquatos. Bernardo Tasso steht zunächst auf der Seite der Vorkämpfer des klassischen Epos, bekehrt sich dann zum „romanzo", nähert sich jedoch gegen Ende seines Lebens wieder bis zu einem gewissen Grade den Theorien des Klassizismus.

Nachdem er seinen „Amadigi", dem der „Amadis de Gaula" des Garcí Ordoñez de Montalvo zu Grunde liegt, nach den Regeln des klassischen Epos begonnen hatte, wählte er unter dem Einfluß von Giraldis Ideen später Ariost als Vorbild. Er begründete diese Wendung damit, daß das klassische Epos ermüdend wirke[244] und daher den Zweck jeder Dichtung, durch Ergötzen zu nützen,[245] nicht erfüllen könne.[246] Das romantische Epos dagegen ergötzt im hohen Maße durch die Abwechslung. Im „Amadigi" steht dieses Ergötzen im Vordergrund, demgegenüber der Nutzen etwas zurücktritt: „io ho con tutte le forze in questa opera mia atteso alla dilettazione; parendomi che sia più necessaria, e più difficile al poeta di asseguire; perchè, come si vede per esperienza, molti scrittori giovano e pochi dilettano".[247] Der Einfluß der aristotelischen Poetik war aber trotzdem auch im „Amadigi" zu verspüren, denn Tasso hat den klassizistischen Begriff des Heldenepos, wie er ihn bei Speroni vertreten fand, nie völlig aufgegeben. Er glaubte daher einerseits den würdevollen heroischen Stil beibehalten, anderseits in seine

[243] Vgl. Arte Poetica (1563) a. a. O. und die Darstellung des Problems bei Trabalza, La critica letteraria nel Rinascimento a. a. O. 131 f.

[244] Beweis dafür war ihm das geringe Interesse, das die nach klassischem Muster verfaßten Epen Trissinos und Alamannis beim Publikum fanden (vgl. B. Tasso, Lettere a. a. O. II, 396, 423).

[245] Zur Veranschaulichung dieser Aufgabe der Dichtung verwendet Tasso wiederholt (Lettere I, 200; II, 399; Amadigi LI, 1. Ed. di Venezia 1560) den aus Lukrez stammenden Vergleich des Dichters mit dem Arzt, der die bittere Medizin durch einen süßen Vorgeschmack angenehm macht, einen Vergleich, der dann bei Torquato Tasso wiederkehrt (s. u. S. 181).

[246] Vgl. Lettere a. a. O. II, 192.

[247] Ibid. II, 195.

Dichtung eine große Anzahl belehrender Sentenzen einfügen zu müssen. Schließlich bleibt doch die Autorität der Klassiker maßgebend: „L' autorità (dei classici) ... è tale, e tanta che ci deve essere norma, e legge inviolabile; i termini della quale non ci sia lecito altrimenti senza riprensione e castigo di trapassare, che fosse lecito Remo di scavalcar le mura di Roma".[248]

Von diesem Standpunkt aus betont er die erzieherische und belehrende Wirkung der Poesie, wie sie die moralisch-pädagogische Interpretation des Aristoteles lehrte: „la Epica colla dilettazione insieme (si propone) la virtù e quella norma e ragion di vivere colla quale gli uomini si congiungono co'gli Dei".[249] Die Neigung zum klassizistischen Aristotelismus wurde im Laufe der Jahre immer stärker in Tasso. In einem zweiten nicht vollendeten Epos, dessen Stoff im Zusammenhang mit dem „Amadigi" steht, wahrt er im Gegensatz zu seinem ersten Werk die Einheit der Handlung, wie es die Regeln verlangten. Aber den Ausgleich zwischen romantischem und klassischem Epos, den er als Theoretiker nicht herbeizuführen vermocht hatte, konnte er als Dichter erst recht nicht verwirklichen. Die Lösung des Problems, die dem Vater versagt blieb, sollte dem großen Sohn gelingen.

Bereits in seinem Jugendwerk „Rinaldo" nimmt Torquato Tasso[250] den Versuch seines Vaters auf, aus dem Stoff der ritterlichen Heldendichtung ein klassisches Epos zu gestalten. So erscheint bereits am Anfang von Tassos dichterischer Laufbahn das Problem, mit dessen Lösung er sein ganzes Leben lang gerungen hat: Die Versöhnung des romantischen mit dem klassischen Epos. Mit achtzehn Jahren schrieb er den „Rinaldo", im letzten Jahr vor seinem Tode veröffentlichte er die „Discorsi sul poema eroico". Ihre erste Fassung entstand in einer Zeit, als Tasso mitten in der Arbeit an der „Gerusalemme Liberata" steckte, so daß sich also hier ein lebendiges Wechselverhältnis zwischen Dichtungslehre und Dichtung entwickeln konnte. Das theoretische Wissen, das er sich beim freundschaftlichen Verkehr mit Sperone Speroni und bei der Teilnahme an literarischen Diskussionen über das Wesen der Dichtung und vor allem des Epos angeeignet hatte, trat in unmittelbare Beziehung zum eigenen dichterischen Schaffen, das seinerseits befruchtend auf die Theorie zurückwirkte. Das dichtungstheoretische Ergebnis dieser Jahre waren die „Discorsi dell'arte poetica ed in particolare sopra il poema eroico", die Tasso nicht später als 1570 der Akademie von Ferrara vorlegte. In der Folgezeit erweiterte und ergänzte er diese „Discorsi" die dann in ihrer endgültigen Fassung im Jahre 1594 unter dem Titel „Discorsi del poema eroico" erschienen. Es ist die letzte große Dichtungslehre der Renaissance, die den Er-

[248] Ibid. II, 227 f.

[249] Intorno alla Poesia. Ragionamento di B. Tasso, in Opuscoli inediti o rari ... Firenze 1844, I, 166. E. Williamson, Bernardo Tasso. Roma 1951, 109 erklärt Tassos schwankende Haltung damit, daß sich dieser die Gunst beider Parteien sichern wollte.

[250] Grundlegend für die Beurteilung Tassos bleibt nach wie vor A. Solerti, Vita di T. Tasso. Torino 1895; vgl. außerdem E. Donadoni, T. Tasso. Firenze 1921 (letzte Aufl. 1936); G. Firetto, Torquato Tasso e la Controriforma. Palermo (1939).

trag der literarästhetischen Diskussionen von zwei Jahrhunderten in sich schließt.[251]

Wie für die gesamte Literarästhetik des Cinquecento sind die Grundlagen auch für Tassos Poetik die Imitatio der antiken Vorbilder und die Interpretation des Aristoteles. Aus der eklektischen Imitatio erwächst die „Idee“ des besten Heldenepos, ein Verfahren, das Tasso mit der in der klassizistischen Ästhetik so beliebten Zeuxis-Anekdote veranschaulicht: Wie der Maler Zeuxis sich seine Idee der Schönheit aus dem Anblick einzelner schöner Frauen gebildet hat, so soll die Idee des vollkommenen Epos aus einem Überblick über die aus jedem Epos ausgewählten schönen Einzelteile hervorgehen.[252] Die Kriterien für die Auswahl werden in erster Linie der aristotelischen Poetik, hier und da auch anderen Dichtungstheorien entnommen.

Die Dichtung wird ganz allgemein definiert als „imitazione de l'azioni umane, a fine di giovare dilettando“.[253] Den Begriff der Mimesis legt Tasso in realistischem Sinn als Nachahmung des Wahren aus, indem er sich ausdrücklich gegen die von Robortello und Piccolomini vertretene idealistische Auffassung der Fabel als eines Produktes der dichterischen Phantasie wendet.[254] Die Mimesis ist nach Tasso nicht in der Hauptsache durch die Phantasie bestimmt, sondern hat einen „abbildenden“ („icastico“) Charakter. Wenn der Dichter Bilder schafft „a guisa d'un parlante pittore“,[255] ähnelt diese Tätigkeit der des mystischen Theologen, der gleichfalls in Bildern spricht. „Il teologo mistico adunque ed il poeta sono oltre tutti gli altri nobilissimi.“ [256] Wenn Thomas von Aquin die Poesie innerhalb der Hierarchie der Wissenschaften an die unterste Stelle setzte, hatte er diejenigen Dichtungen im Auge, die mit Hilfe von Beispielen und Vergleichen durch Beweise belehren wollen, wobei sie natürlich der Philosophie und den Wissenschaften unterlegen sind.[257] Der Verwandtschaft zwischen Poesie und Theologie ist sich schon das Altertum bewußt gewesen und Boccaccio unter den Modernen.[258] So taucht hier bei Tasso im Zeitalter der Gegenreformation nochmals die theologische Poetik auf, mit der die humanistische Verteidigung der Poesie begonnen hatte.

Nachdrücklich betont Tasso gegenüber einem Fracastoro, daß die Belehrung durchaus mit dem Charakter der Poesie vereinbar sei, ja daß sie sogar gegenüber dem Ergötzen den Vorgang verdiene.[259] Mit der nutzbringenden

---

[251] Vgl. H. M. Briggs, Tasso's Theory of Epic Poetry, in Modern Language Review 25 (1930), 457—473.

[252] Discorsi del poema eroico, in T. Tasso, Prose. A cura di F. Flora. Milano (1935), 321.

[253] Ibid. 328.

[254] Ibid. 348 f.

[255] Ibid. 352.

[256] Ibid. 353.

[257] Ibid.

[258] Ibid. 355.

[259] Ibid. 327.

Belehrung greift der Dichter über den Bereich der Kunst hinaus in den Bereich der Moralphilosophie, die den Menschen auf dem Weg der Tugend zur Glückseligkeit führen will. Im Hinblick auf diese moralische Wirkung der Dichtung kommt es der politischen Gewalt zu, darüber zu wachen, welche Dichtungen erlaubt sind und wie das Vergnügen beschaffen sein soll, das sie im Leser hervorrufen: „acciochè il piacere, il quale dee essere in vece di quel mele di cui s'unge il vaso quando si dà la medicina a'fanciulli, non facesse effetto di pestifero veleno, o non tenesse occupati gli animi in vana lezione".[260] Das bedeutete praktisch gesprochen eine Anerkennung der Bestimmungen des Tridentinums über die Kontrolle der Literatur durch die kirchlichen Institutionen. Was die Lebensführung des Dichters selbst betrifft, so hat er der Moral zu folgen, die er in seinen Werken lehrt; er ist „uomo da bene e buono imitatore de le azioni e de'costumi de gli uomini a fine di giovare col diletto".[261]

Von den Dichtungsgattungen behandelt Tasso vor allem die Epik, in beschränkterem Umfang die Dramatik und die Lyrik. Das Heldenepos, das er über die Tragödie stellt, wird entsprechend der aristotelischen Poetik von den anderen Gattungen genau abgegrenzt. Es erscheint als die Dichtungsgattung, in der das der Hochrenaissance eigene Streben nach heroischer Idealität am vollkommensten zum Ausdruck gelangen kann. Der epische Held ist ein Muster sittlicher Vollkommenheit und erhabener Würde: „l'illustre de l'eroico è fondato sovra l'eccelsa virtù militare e sopra il magnanimo proponimento di morire, sovra la pietà, sovra la religione, e sovra l'azioni ne le quali risplendono queste virtù, che sono proprie de l'epopeia, e non convengono tanto nella tragedia".[262] Dementsprechend lautet auch die Definition des Epos: „Diremo dunque che il poema eroico sia imitazione d'azione illustre, grande e perfetta, fatta, narrando con altissimo verso, a fine di muovere gli animi con la maraviglia, e di giovare in questa guisa".[263] Der moralische Nutzeffekt des Epos steht in engem Zusammenhang mit der Forderung nach heroischer Wesenssteigerung der handelnden Personen. Denn die durch das Epos hervorgerufene Verwunderung wird nur dort eine moralische Wirkung erzielen, wo sie gleichbedeutend ist mit der Bewunderung des Helden als eines ethischen Ideals. Sofern allerdings Tasso das Staunenerregen als Selbstzweck begreift, kündet er die Dichtungslehre des Seicento an.

Im einzelnen analysiert Tasso das Epos „qualitativ" und „quantitativ", qualitativ in Bezug auf die Fabel, die Charaktere, die Sentenzen und den Stil; quantitativ in Bezug auf seine vier Teile, die Einleitung, der Handlung, deren Schürzung, Lösung und Beendigung („l'introduzione, la perturbazione,

---

[260] Ibid. 326; der Vergleich von Dichtung und Medizin kehrt in der „Gerusalemme Liberata" wieder (I, 3).

[261] Discorsi del poema eroico a. a. O. 329.

[262] Ibid. 368.

[263] Ibid. 334.

il rivolgimento ed il fine"[264]). Die Fabel, also seinen Stoff, soll der epische Dichter der Geschichte entnehmen, da er sich ja an die Wahrheit halten soll. Aus der Geschichte wird der Dichter jedoch nur solche Vorgänge auswählen, die weder in allzu naher noch in allzu ferner Vergangenheit liegen, denn im ersten Fall kann der Dichter nirgends von der historischen Wahrheit abweichen und im zweiten Fall könnte sich der Leser von der Schilderung zu weit zurückliegender Sitten und Gebräuche abgestoßen fühlen, m. a. W. der Dichter hätte den „decoro" nicht gewahrt, was z. B. geschieht, wenn er die Welt Homers vorbehaltlos übernimmt.[265]

Der Epiker bleibt also grundsätzlich stets an die Geschichte gebunden. Was er als Dichter zu der Geschichte hinzufügt, darf die historische Grundlage nicht erschüttern: „mescolando il vero col finto, ma in guisa che'l vero sia fondamento de la favola".[266] Die Neuheit eines Epos besteht also nicht in der Erfindung des Themas, sondern in seiner Gestaltung: „nel bel nodo e ne lo scioglimento de la favola".[267] Durch die Gestaltung des Stoffes unterscheidet sich der Dichter vom Historiker. Das bedeutet aber, daß die realistische Interpretation der Mimesis nicht ausreicht, um die Eigenart des dichterischen Schaffens völlig zu erfassen. Daher greift Tasso zwangsläufig auf die idealistische Interpretation der Mimesis zurück, als er das Verhältnis des Dichters zu seinem Stoff, also den Begriff der Gestaltung näher bestimmt: „ . . . quello che principalmente constituisce e determina la natura de la poesia . . . è il considerare le cose non come sono state, ma in quella guisa che dovrebbono essere state, avendo riguardo più tosto a l'universale, che a la verità de'particolari".[268]

Tasso ist sich der Zwiespältigkeit dieser seiner Auslegung der Mimesis nicht bewußt geworden. Im Begriff des Wahrscheinlichen glaubte Tasso die Möglichkeit gefunden zu haben, beide Auslegungen der Mimesis miteinander in Einklang zu bringen. Im Begriff des Wahrscheinlichen begegnen sich für ihn wirklichkeitstreue Nachahmung und dichterische Phantasie. Das Wahrscheinliche bildet die Grenze, die der Dichter nie überschreiten darf. Wie aber läßt sich das Wahrscheinliche mit dem Wunderbaren, auf welches das Epos nicht verzichten kann, verbinden? Die heidnische Mythologie, die in den antiken Epen das Wunderbare repräsentiert, kann diese Funktion in einem modernen Epos nicht mehr ausüben, da in diesem Fall die Wahrscheinlichkeit fehlt. Eine Lösung des Problems sieht Tasso im christlichen Epos, in dem das Wunderbare als übernatürlicher Eingriff Gottes gerechtfertigt und damit wahrscheinlich gemacht wird.

So wird Tasso zum Vorkämpfer des christlichen Epos. Wie einst die Kämpfe zwischen Griechen und Barbaren den alten Epikern Stoff zu ihren

---

[264] Ibid. 335.
[265] Discorsi del poema eroico a. a. O. 363 f.
[266] Ibid. 386.
[267] Ibid. 348.
[268] Ibid. 385.

Werken geliefert haben, so stellen jetzt die Kämpfe der Christen gegen die Ungläubigen ein „gratissimo e nobilissimo argumento di poetare" dar.[269] Es ist das Thema der „Gerusalemme Liberata". Damit hatte aber Tasso zugleich eine Entscheidung zugunsten des „romanzo" — wenigstens in Bezug auf den epischen Stoff — getroffen.

Was die Form des „romanzo" anbelangt, scheint er zunächst den Standpunkt des Klassizisten einzunehmen. Auch der „romanzo" ist dem Gesetz der Einheit der Handlung unterworfen. Wenn seine Verteidiger dagegen anführen, der „romanzo" als moderne Gattung sei von den aristotelischen Regeln unabhängig, und die Vielheit der Handlungen entspräche dem Wesen des Italienischen, wenn sie weiterhin in der großen Beliebtheit des „romanzo" eine Bestätigung für die Richtigkeit ihrer Auffassung erblicken und behaupten, der „romanzo" erfülle demnach den Zweck der Dichtung, nämlich den Leser zu ergötzen, besser als das klassische Epos, so hält Tasso allen diesen Argumenten entgegen, daß es zwischen romantischem und klassischem Epos keinen wesentlichen Unterschied gibt und beide Formen der epischen Dichtung gewissen zeitlos gültigen Gesetzen gehorchen. Er anerkennt die Vorzüge des „Orlando Furioso", die aber nicht in der Vielheit der Handlungen begründet sind, sondern in der Wahrung der klassischen Form, wie sie im Stil Ariosts zum Ausdruck kommt.[270] Über diese Kritik hinaus führte die Auseinandersetzung mit dem Problem der Form des „romanzo" zu einer neuen Auffassung von der Struktur des Epos.

Das christliche Epos, wie es Tasso begreift und verwirklicht hat, will unter Wahrung der Einheit des klassischen Epos die Vielfältigkeit des Geschehens aus dem romantischen Epos übernehmen. Das war nur möglich, wenn der Begriff der Einheit eine neue Bedeutung erhielt. Tasso unterscheidet zwischen der einfachen Einheit der Elemente und der zusammengesetzten Einheit der Pflanzen und Tiere.[271] Wenn beim Epos von Einheit die Rede ist, so läßt sich diese nur mit der des organischen Körpers vergleichen, d. h. es ist eine Einheit, welche die Vielheit in sich schließt. Der Dichter schafft in seinem Epos, ähnlich dem Schöpfer des Kosmos, eine kleine Welt, die in der Mannigfaltigkeit ihre Erscheinungen doch eine Einheit bildet. Es ist die Welt seines eigenen großen Epos, die Tasso hier in einigen Sätzen vor dem Leser erstehen läßt: „... giudico che da eccellente poeta (il quale non per altro è detto divino, se non perchè, al supremo artefice ne le sue operazioni assomigliandosi, de la sua divinità viene a partecipare) un poema formar si possa, nel quale quasi in un piccolo mondo qui si leggano ordinanze di eserciti, qui battaglie terrestri e navali, qui espugnazioni di città, scaramucce e duelli, qui giostre, qui descrizioni di fame e di sete, qui tempeste, qui incendi, qui prodigi; là si tro-

[269] Ibid. 363.

[270] Vgl. zur Auseinandersetzung Tassos mit dem „romanzo", Discorsi del poema eroico a. a. O. 396 ff.

[271] Ibid. 413; die Lehre von der organischen Einheit stammt aus der Kunsttheorie der Vitruvianer (vgl. Borinski, Die Antike in Poetik und Kunsttheorie a. a. O. 238).

vino concili celesti ed infernali, là si veggiano sedizioni, là discordie, là errori, là venture, là incanti, là opere di crudeltà, di audacia, di cortesia, di generosità, là avvenimenti d'amore, or felici, or infelici, or lieti, or compassionevoli; ma che nondimeno uno sia il poema che tanta varietà di materie contenga, una la forma e l'anima sua".[272]

Wenn auch der Vergleich der Tätigkeit des Dichters mit der Gottes der Tradition entstammt,[273] also keineswegs etwa eine Entdeckung der schöpferischen Phantasie des Dichters bedeutet, der nach wie vor an seine Muster und Regeln gebunden erscheint, veranschaulicht Tasso doch auf diese Weise seinen neuen Begriff von der epischen Einheit, in der zum ersten Male eine wirkliche Synthese der Strukturelemente des klassischen und des romantischen Epos erreicht wird.

In der Dichtung der „Gerusalemme Liberata" hat Tasso diese Synthese soweit wie möglich[274] verwirklicht. Es gelingt ihm den der „Ilias" nachgebildeten[275] klassischen Rahmen und das romantische Gemälde der ritterlichen Welt weitgehend aufeinander abzustimmen in einem Epos, das trotz seiner oft kritisierten Mängel eine der bedeutendsten epischen Dichtungen der Renaissance darstellt. Um ein christliches Epos zu schreiben, in dessen Mittelpunkt die Verherrlichung des Kreuzzugsgedankens steht, fehlte allerdings Tasso der kämpferische Glaubenseifer. Daß es ihm nicht an echtem religiösen Gefühl mangelte, wie zuweilen behauptet worden ist,[276] beweist die in seinen letzten Lebensjahren vollendete epische Dichtung „Le sette giornate del mondo creato", in der Tasso Homer als Vorbild aufgibt und eine neue Form[277] christlicher Epik findet, die einer rein kontemplativen Haltung entspringt. Mit diesem Werk ist Tasso nicht so sehr ein Vorläufer Miltons oder Klopstocks als gewisser Romantiker, aus deren religiösen Dichtungen ein verwandter Geist spricht.

Das Erscheinen der „Gerusalemme Liberata" gab Anlaß zur größten literarischen Polemik des Cinquecento.[278] Zuerst veröffentlichte Camillo Pellegrino einen Dialog mit dem Titel „Il Caraffa" (1584), in dem Tassos Werk

---

[272] Discorsi del poema eroico a. a. O. 412.

[273] Er geht auf Macrobius zurück (vgl. E. R. Curtius, Zur Literarästhetik des Mittelalters III, in Zeitschr. f. roman. Philologie 58 (1938), 451 f.).

[274] Vgl. K. Vossler, Italienische Literaturgeschichte. Berlin und Leipzig 1927, 105.

[275] Den Nachweis im einzelnen erbringt Finsler, Homer a. a. O. 67 ff.

[276] So F. De Sanctis, Storia della letteratura italiana. A cura di B. Croce. Bari 1925, II, 151 f.

[277] Vgl. F. Schalk, Torquato Tassos Religiosität, in Concordia decennalis. Deutsche Italienforschungen. Festschrift der Universität Köln zum 10jährigen Bestehen des Deutsch-Italienischen Kulturinstitutes Petrarca-Haus. 1941, 211—222. Eine Rehabilitierung der dichterischen Werte des „Mondo creato" versucht neuerdings G. Petrocchi in der Einleitung zur krit. Ausg. (Firenze 1951), worin er auch auf Tassos Dichtungslehre eingeht und dabei die Selbständigkeit Tassos gegenüber der literarästhetischen Tradition und der Gegenreformation — vielleicht etwas zu stark — betont.

[278] Vgl. V. Vivaldi, La più grande polemica del'500. Catanzaro 1895.

in den höchsten Tönen gepriesen und über den „Orlando Furioso" gestellt wurde, hauptsächlich mit der Begründung, Tasso hätte sich im Gegensatz zu Ariost streng an die aristotelischen Regeln gehalten. Als Wortführer der „Accademia della Crusca" antwortete Lionardo Salvati mit einer „Difesa dell'Orlando Furioso" (1585), in welcher Tasso heftig kritisiert und Ariost mit den Argumenten des aristotelischen Klassizismus verteidigt wurde. Tasso selbst setzte sich nun zur Wehr in einer in gemäßigtem Ton gehaltenen „Apologia" (1585), die aber kaum neue Gedanken enthält. Noch im gleichen Jahr erfolgte ein weiterer Angriff, wiederum auf Veranlassung der „Crusca", von seiten des Francesco Patrizio in Gestalt eines Gutachtens über Ariost, des „Parere in difesa di Lodovico Ariosto", worin die Gültigkeit der aristotelischen Lehrsätze grundsätzlich in Frage gestellt wird. Wieder antwortet Tasso [279] und provoziert damit eine weitere Schrift Patrizios [280] mit noch heftigeren Angriffen gegen die „Gerusalemme Liberata". Selbst nach Tassos Tod dauert der Streit der Meinungen noch an und setzt sich bis ins nächste Jahrhundert fort, wo Paolo Benis „Comparatione di Torquato Tasso con Homero e Virgilio" (1612) ein erneutes Anschwellen der Flut polemischer Schriften für und wider den Dichter der „Gerusalemme Liberata" hervorruft. Der Ertrag dieser ganzen Polemik für die Dichtungstheorie des Cinquecento ist gering; denn es waren im Grunde genommen immer wieder die gleichen ausgefahrenen Geleise des aristotelischen Klassizismus, in denen sich das Hin und Her der Meinungen bewegte.

Weitgehend unter dem Einfluß der im Verlaufe dieser Polemik an ihm geübten Kritik machte sich Tasso daran, sein Epos umzuarbeiten mit dem Ziel, es in allen seinen Teilen noch mehr den klassischen Vorbildern anzupassen, sich noch enger an die historische Wahrheit zu halten und die erzieherische Wirkung im Hinblick auf die christliche Moral z. T. mit Hilfe von Allegorien zu steigern. Das Ergebnis war die künstlerisch bedeutungslose „Gerusalemme conquistata" (1593), das Produkt einer unfruchtbaren Selbstkritik, in dem die Dichtung durch historische Gelehrsamkeit und religiöse Devotion erstickt worden ist.

c) Die Lyrik

Das Bestreben des volkssprachlichen Klassizismus, die antiken Gattungen zu erneuern, erstreckte sich auch auf die verschiedenen unter den Begriff der Lyrik fallenden antiken Dichtungsformen, wenngleich auch mit weit geringerer Intensität als auf dem Gebiet des Dramas und des Epos, denn in der Lyrik hatte die Antike in den einheimischen Gattungen, wie sie der das lyrische Schaffen der Epoche beherrschende Petrarkismus pflegte, eine unüberwindliche Konkurrenz. In den Poetiken nimmt daher auch die Darstellung

279 „Discorso sopra il parere fatto del Signor Patrici".
280 „Trimerone".

der traditionellen Dichtungsformen einen breiten Raum ein. So behandelt Trissino in den ersten vier Teilen seiner Poetik „Sonetti, Ballate, Canzoni, Mandriali, Serventesi, oltre le quali cinque forme di poemi non ne truova altra essere in uso appresso i buoni autori";[281] statt „Ode" verwendet er die vertraute Bezeichnung „Canzone", die ihm — wie einst Dante — als die vornehmste italienische Dichtungsform gilt.

Daher bleibt der Umfang der Nachahmungen der antiken Lyrik verhältnismäßig beschränkt: Trissino, Alamanni und Minturno schreiben pindarische Oden in italienischer Sprache; Alamanni versucht auch das antike Epigramm nachzudichten [282] und Bernardo Tasso die horazische Ode, um einige der bekanntesten Beispiele anzuführen. In allen diesen Nachahmungen wurde jedoch grundsätzlich noch der italienische Versbau bewahrt. Demgegenüber versucht Claudio Tolomei in seinen 1539 veröffentlichten „Versi e regole della nuova poesia toscana" die Versmaße antiker Dichtungsformen auf Italienisch nachzubilden:[283] „cercando d'imitare i suoi soavi concenti, molti di loro con gran dolcezza si son fatti in varii modi vagamente sentire; chi con Epigrammi, chi con Elegie, altri con Ode, altri con Egloghe, questi con Epitalamii, quelli con altre maniere di versi soavemente cantando. E si sono messi a caminar per le belle antiche strade, che gia da Greci, et Latini poeti furono calpestate".[284]

Gegenüber den Versuchen Datis und Albertis [285], die antiken Metren in die italienische Sprache zu übertragen, bedeutet die von Tolomei vorgeschlagene Reform der Versmaße insofern einen Fortschritt, als Tolomei mehr Rücksicht auf die vom Latein verschiedene Struktur der Volkssprache nimmt. Im Gegensatz zu Dati und Alberti berücksichtigt Tolomei den grammatischen Akzent im Italienischen; die betonte Silbe zählt er als Länge, die unbetonte als Kürze.[286] Auf der Grundlage dieser Silbenmessung sollen dann die lateinischen Versmaße wie der Hexameter, Pentameter und Alkäus auf Italienisch erneuert werden. Zusammen mit dieser Theorie der neuen Metrik veröffentlicht Tolomei eine Sammlung von Dichtung in den neuen Versmaßen, zu deren Verfassern neben Tolomei selbst noch Annibal Caro sowie eine Reihe anderer Dichter und gelehrter Humanisten gehörten, welche sich zu der „Accademia della nuova poesia" zusammengeschlossen hatten. Außer der Absicht, die antike Prosodie in der Volksprache nachzuahmen, war sicher auch der humanistische Hang zur Exklusivität ein wesentlicher Antrieb für

---

[281] La Poetica, in Tutte le Opere. Verona 1729, II.

[282] Vgl. J. Hutton, The Greek Anthology in Italy to the year 1800. Ithaka 1935, 59, 302 ff.

[283] Vgl. I. E. Spingarn, La critica letteraria nel Rinascimento a. a. O. 219.

[284] Versi & Regole de la nuova Poesia Toscana (1539), 1 f.

[285] s. o. S. 106, Anm. 287.

[286] A. Minturno geht in seiner „Arte poetica" (1564) noch weiter und schlägt vor, die lateinische Metrik vollständig zu übernehmen, wobei als langer Vokal der zu gelten hat, auf den mehrere Konsonanten folgen oder der von Natur aus schon im Lateinischen lang war.

die Reform. Ein Zeitgenosse berichtet, daß Tolomei und seine Anhänger angesichts der Leichtigkeit, mit der selbst das ungebildete Volk die üblichen italienischen Versmaße handhabte, sich bemühten „a ritrovare una sorte di versi nella lingua nostra, per li quali si conoscessero i dotti dagli indotti".[287] In einem an Alessandro Marzi gerichteten, im Versmaß der lateinischen Elegie abgefaßten Gedicht gibt Tolomei einen geschichtlichen Überblick über die Entwicklung der Metrik seit der Antike. Die Dichter aus der Provence und der Toskana fanden den alten Weg zum Gipfel des Parnaß versperrt und schlugen daher einen neuen Pfad ein. Erst er, Tolomei, hat der Dichtung wieder den alten Zugang eröffnet:

Indi per alto giogo, per aperto sovente vi chiamo:
Ecco la vecchia via, ecco la bella via.
Deh, se Calliope, se dolce si porga Thalia,
Col vago sentiero tutti venite voi.
Andianne al monte, voltianci al dritto camino:
Questo per antique forme i poeti mena
Là 've Tibullo gía, là 've gía Callimaco,
E mille altri poi pien d'alto ingegno et onore,
A cui le tempie sacre cinge corona pari.[288]

Die neue Art zu dichten, fand den Beifall Speronis, der mit seiner Anerkennung eine Kritik der Tolomeis Reform vorangegangenen Nachahmungen der antiken Dichtungsformen verbindet: „Confermava mia opinione il vedere ogni giorno alcuni uomini, pur Toscani letterati e di grandissima fama, li quali tolti dal Petrarca, ed or Tibullo, ora Ovidio, or Virgilio imitando, facevan versi volgari; li quali mezzo tra volgari e Latini, parimente a'volgari ed a'Latini spiacevano: infra li quali chiunque con nuova guisa di rime, o senza rima niuna i Latini imitava, meno errava al mio parere, e con giudicio più ragionevole le poesie confondeva; perciocchè togliendo a' versi la rima o del suo loco movendola, si leva loro gran parte di quella forma volgare, che i Latini e loro arte naturalmente abborrisce".[289]

Aber trotz alledem konnte sich Tolomeis Reform nicht durchsetzen; zwei Jahre nach der Veröffentlichung seiner Programmschrift erschienen Mario Equicolas „Istituzioni del comporre in ogni sorta di Rima nella lingua volgare",[290] worin in Nachfolge von Antonio da Tempo die herkömmlichen volkssprachlichen Versmaße und Strophenformen erläutert werden unter Be-

[287] G. Ruscelli, Tre Discorsi ... Venezia 1553, 78; zit. nach F. Flamini, Il Cinquecento. Milano o. J., 547.

[288] A Mess. Alessandro Marzi, 37—46, in La poesia barbara nei secoli XV e XVI. A cura di G. Garducci. Bologna 1881, 36.

[289] Dialogo della Rettorica, in Opere. Venezia 1740, 225.

[290] Der volle Titel lautet: „Istituzioni del comporre in ogni sorta di Rima nella lingua volgare con un eruditissimo discorso della Pittura e con molte segrete allegorie circa le Muse e la poesia"; die Abhandlung erschien posthum im Jahre 1541, ist aber nicht später als 1520 geschrieben (vgl. D. Santoro, Della vita e delle opere di M. Equicola. Chieti 1906).

zugnahme auf die alten „dicitori d'amore nella lingua volgare".[291] In der Lyrik erwies sich eben die einheimische Überlieferung stärker als die klassizistische Neigung zur Imitatio der antiken Gattungen. In Muzios „Arte poetica" (1551), der ersten in Versen abgefaßten Poetik in italienischer Sprache, wird die Einführung der antiken an Stelle der hergebrachten Bezeichnungen der Dichtungsformen ausdrücklich abgelehnt:

> Alcuni son che forse troppo amanti
> D'ogni cosa d'altrui, lor rime nove
> Chiaman con gli stranieri antichi nomi:
> Ode, Epigrammi, & Hinni, & Elegie.
> Io pur che la virtu latina, & greca
> Viva nel mio legnaggio, non mi curo
> Che vestendo si vada de i lor panni ...
> Noi se vorrem sotto le voci strane
> Far de i suggetti lor proprio conserva,
> Che rimarra à i Sonetti? à le canzoni?
> A i mandriali? à i ghiomeri? & al ballo?
> Et à le terze rime? & à le ottave?
> Et per dio chi dice oda, che dice egli
> Se non dice canzone? In questa rima
> Chiuse'l Petrarca il suon de'suoi sospiri.[292]

Die italienischen Dichtungsformen sind völlig ausreichend; es ist daher überflüssig, neue Versmaße zu konstruieren:

> Bastano assai, bastano i nostri versi
> A sostentar leggiadri, alti suggetti.
> Cercate adunque che materia, & arte
> Et leggiadria di dir u'orni le tempie
> D'eterno honore, & non sillabe nove.[293]

Ein Schritt weiter, und die italienischen Dichtungsformen erscheinen den antiken überlegen: „se il sonetto corrisponde all'epigramma (dei poeti antichi),[294] noi vinciamo di grandissima lunga, se il madriale, o mandriale, non perdiamo".[295]

Zu diesem Sieg der volkssprachlichen Tradition mag auch die Tatsache beigetragen haben, daß in Bezug auf die Lyrik die Antike keine eindeutige theoretische Grundlage zu bieten vermochte. Weder die Poetik des Aristoteles noch die des Horaz enthalten eine zusammenfassende Definition dessen, was

---

[291] Vgl. Behrens, Die Lehre von der Einteilung der Dichtkunst a. a. O. 75 f.

[292] Arte Poetica, in Rime diverse. Ven. 1551, 71v.

[293] Ibid. 72v. u. 73r.; an einer anderen Stelle scheint allerdings Muzio nicht so ablehnend. „Se volete seguir greci, et latini / In formar vostri versi, usar conviene / Le regole de i greci, & de i latini" (71v.).

[294] Den frühesten Beleg für die Gleichsetzung von Sonett und Epigramm bietet Sebillet „Art poétique" (1548): „Sonnet n'est autre chose que le parfait épigramme de l'italien comme le dizain du françois" (Ed. Gaiffe. Paris 1910, 115). Vgl. J. Hutton, The Greek Anthology in Italy a. a. O. 56.

[295] B. Varchi, L'Ercolano. Milano 1804, II, 268.

wir heute unter Lyrik verstehen. Kein Wunder, daß auch Trissino und Muzio in ihren erwähnten Darstellungen einen die verschiedenen lyrischen Dichtungsformen zusammenfassenden Oberbegriff nicht kennen. Während aber Trissino und Muzio desungeachtet der Lyrik als solcher positiv gegenüberstehen, wird von anderer Seite die Frage erhoben, ob sich die Lyrik überhaupt mit dem der Dichtung wesenseigenen Begriff der Nachahmung [296] vereinbaren läßt, da der Lyriker in eigener Person redet. Ein radikaler Aristoteliker wie Jason Denores schließt die Lyrik von der Behandlung in seiner Poetik aus, weil auch Aristoteles nicht auf die lyrischen Gattungen näher eingegangen ist: „ma gli Epigrammi, Elegie, Ode et altri simili componimenti, che non poteano essere giovevoli communemente al publico, come cose di poco momento, et appartenenti piu tosto al grammatico, che al Philosopho Morale, et Civile prudentissimamente tralasciò".[297] Aber die Lyrik aus dem Bereich der Dichtung grundsätzlich zu verbannen, wagt man nicht angesichts der Bedeutung der lyrischen Produktion in der antiken und der modernen Literatur. Scaliger, der in seiner Poetik ja nur die antiken Gattungen behandelt, befaßt sich — im Gegensatz etwa zu Denores — auch mit den lyrischen Dichtungsformen, verwickelt sich aber dabei in Widersprüche, indem er einerseits auch für die Lyrik das Prinzip der Nachahmung (wie für die gesamte Poesie) als verbindlich anerkennt, anderseits jedoch wieder die Geltung dieses Prinzips in Bezug auf die Lyrik in Abrede stellt.[298]

Trotz dieser schwankenden und unklaren Haltung der Poetiken gegenüber der Lyrik, die eine ganze Reihe ungelöster Probleme bestehen ließ, setzt sich doch im Laufe des 16. Jahrhunderts, vor allem unter dem Einfluß der Praxis, die Anerkennung der Lyrik als selbständiger Gattung durch. Wenn Daniello neben Epos und Drama der Lyrik eine eigene Daseinsberechtigung als Gattung zuspricht, geschieht es unter dem Eindruck des Petrarkismus, wie die zahlreichen Beispiele aus dem „Canzoniere" beweisen. Petrarca wird hier zum Lyriker „par excellence". Minturno scheut sich nicht, Petrarcas (und auch Dantes) Kanzonen neben die Gedichte von Anakreon, Pindar und Horaz zu stellen.[299] Trotzdem unterschied man im allgemeinen[300] zwischen einer „hohen" Pindar und Horaz nachahmenden Lyrik und einer „niederen" petrarkisierenden Lyrik, in die jedoch Petrarca selbst nicht einbegriffen wurde.

Einen bedeutsamen Schritt auf dem Wege zu einer Präzisierung des Begriffs der Lyrik tut Torquato Tasso, der ja selbst als Petrarkist und religiöser

---

[296] Aristoteles, Poetik 1460 a, 6.

[297] Poetica. Padua 1588, Introduzione.

[298] Vgl. Behrens, Die Lehre von der Einteilung der Dichtung a. a. O. 90 u. Brinkschulte, J. C. Scaligers kunsttheoretische Anschauungen a. a. O.

[299] Vgl. Arte poetica (1563). Napoli 1725; für Benedetto Varchi steht Petrarca gleichfalls ebenbürtig neben Pindar und Horaz (vgl. Lezioni sul Petrarca, in Opere. Trieste 1859, II, 441).

[300] Vgl. Guerrieri Crocetti, G. B. Giraldi e il pensiero critico del sec. XVI a. a. O. 243.

Lyriker hervorgetreten ist. Obwohl nicht frei von Bedenken,[301] zählt er die lyrischen Dichtungsformen zur Poesie, deren Wesen in der Nachahmung besteht: „La poesia ha molte spezie; e l'una è l'epopeia, l'altre la tragedia, la commedia, e quelle che si cantano con la cetera e con le pive o con le sampogne o con altri instrumenti pastorali, le quali tutte convengono nell'imitare".[302] Während hier noch die traditionelle Verbindung zur Musik als Charakteristikum der Lyrik erscheint, begreift Tasso im weiteren Verlauf seiner Darstellung die Lyrik in erster Linie als Stilart. Durch ihren verschiedenen Stil unterscheiden sich epische und lyrische Dichtung, selbst wenn sie einmal den gleichen Stoff behandeln.[303] Der Stil des Epos ist erhaben; „lo stile del Lirico non è pieno di tanta grandezza, quanta si vede ne l'Eroico; ma abbonda di vaghezze e di leggiadria, ed è molto più fiorito: perchè i fiori e gli ornamenti esquisiti sono propri de la mediocritá, come c'insegna Marco Tullio ne l'Oratore [304]; e Pindaro prima di lui nominò gli ornamenti de la sua poesia «hymnorum flores»".[305] Die aus der Antike abgeleiteten Stilmerkmale werden von Tasso veranschaulicht an Petrarca, der alle antiken Lyriker an „vaghezza" übertroffen hat.[306] In der Lyrik bekennt sich das Jahrhundert des Klassizismus zur Überlegenheit der Modernen gegenüber den Alten.

4. Die Auflehnung gegen das klassizistische Regelsystem

Die Autorität des klassizistischen Regelsystems wurde einerseits von der Philosophie, anderseits von der Dichtung aus in Frage gestellt. Im ersten Fall steht die Auflehnung im Zusammenhang mit einer allgemeinen Kritik am Aristotelismus, im zweiten Fall entspringt der Protest gegen den Zwang der Regeln einem mehr oder weniger elementaren Freiheitsdrang einer Anzahl von Dichtern, die sich keinen Vorschriften, gleichviel welcher Herkunft sie auch sein mochten, unterwerfen wollten.

Während die philosophische Opposition ihren Ausdruck naturgemäß in Traktaten und Dialogen findet, haben die sich gegen den Klassizismus auflehnenden Dichter meist keine besondere Dichtungslehre hinterlassen, sondern ihre Kritik an den Regeln und der literarischen Tradition in ihre Dichtungen eingearbeitet oder bereits durch die Form ihrer Dichtungen zum Ausdruck gebracht. Die Neigung zur Parodie der überlieferten Dichtungsformen,

---

[301] „Cosa da stupire dico, che il Tasso piuttosto che comportare che si dica ch'Aristotile dica una bugia, si vuole sbattezzare di poeta, poichè i compositori di canzoni, e di sonetti, e di madrigali non sono poeti; perchè non imitano" (Patrizio, Trimerone; zit. bei Behrens a. a. O. 95).

[302] Discorsi del poema eroico a. a. O. 322.

[303] Ibid. 501.

[304] Cicero, de oratore cap. 26/7 wird der „mittlere" Stil behandelt.

[305] Discorsi del poema eroico a. a. O. 475.

[306] „Virgilio superò tutti i poeti eroici di gravitá, il Petrarca tutti gli antichi Lirici di vaghezza" (Ibid. V, a. a. O. 502).

die zum Entstehen des Antipetrarkismus bzw. der bernesken Poesie und der komischen Ritterdichtung des Folengo führt, stellt sozusagen eine Kritik der Regeln „in actu" dar. Daneben wird die Komödie, die am wenigsten „geregelte" unter den antiken Gattungen, zu einem Sprachrohr der antiklassizistischen Ideen.

Ein großer Teil der Dichter, die sich zu diesen Ideen bekannten, waren jeder humanistischen Bildung bar. Es kommt hier ein neuer Typ des Literaten auf, der im schärfsten Gegensatz zum humanistischen „poeta rhetor" steht. Es sind die „scapigliati" des Cinquecento [307], entfernte Vorläufer jener Bohémiens der italienischen Spätromantik, die man gewöhnlich unter diesem Namen zusammenfaßt.

Die Kritik der Philosophen an dem klassizistischen Regelsystem beruhte natürlich auf einer genauen Kenntnis des humanistischen Bildungsgutes. In seiner im Jahre 1586 erschienenen Abhandlung „Della Poetica" wendet sich Francesco Patricio nicht gegen diese oder jene aristotelische Regel, sondern verwirft die gesamte Poetik des Aristoteles aus grundsätzlichen Erwägungen. Nach Patrizio darf eine theoretische Untersuchung über die Dichtung weder von a priori festgesetzten Grundbegriffen ausgehen, noch von irgendeiner Autorität bestimmt werden, sondern muß von der historischen Erfahrung her auf induktivem Weg zu ihren Urteilen gelangen: „... in su la storia fondandoci, e gli argomenti, e gli usi, dell'antica poesia sì verrem discoprendo, e da gli usi raccogliendo i veri fini, e da fini le proprie forme, e da queste la varietà, e le materie; e dalle materie i trovati, e da trovati i riempimenti, e i verisimili, e i lontani, e gli ornamenti tutti. Le quali cose, le poesie de' valenti informarono a que'tempi, e possonle per l'avenir formare, e sopra le quali noi, arte poetica verrem formando".[308] Dementsprechend zerfällt seine Poetik in zwei Teile, einen historischen, die „Deca istoriale", und einen polemischen, die „Deca disputata". Dort, wo er im zweiten Teil über die Kritik an Aristoteles hinausgehend, versucht, auf platonischer Grundlage [309] eine neue Dichtungstheorie zu entwickeln, gelingt es ihm nicht, die Poesie endgültig vom Zwang der Regeln zu befreien, denen er sich selbst auch als Dichter unterwirft.

Auch Giordano Bruno ist ein Gegner des herrschenden Aristotelismus. Aber wie er — im Unterschied zu Patrizio — über die Ablehnung der aristotelischen Lehren hinausgehend ein eigenes philosophisches System aufbaut, so führt ihn sein Kampf gegen die klassizistischen Regeln in ganz anderem Maße zu neuen originellen Gesichtspunkten. Er erkennt ganz klar, daß die künstlerische Individualität über jede Regel erhaben ist: „... la poesia non nasce da le regole, se non per leggerissimo accidente; ma le regole derivano da le poesie: e però tanti son geni e specie de vere regole, quanti son

[307] Vgl. A. Graf, Attraverso il cinquecento. Torino 1926, 36.

[308] Della Poetica di F. Patrici, la Deca Istoriale. I. Ferrara 1586, 3.

[309] Vgl. o. S. 97.

geni e specie de veri poeti".[310] Die Regeln, die sehr wohl zur Erklärung der Kunstwerke dienen, von denen sie abgeleitet sind, können aber als Vorschriften zum Dichten nur für kleine Geister in Frage kommen: „A chi non potesse come Omero, Exiodo, Orfeo ed altri, poetare senza le regole d'Aristotele; e che, per non aver propria musa, volesse far l'amore con quella d'Omero".[311] Die wahren Dichter erkennt man „Dal cantar de' versi",[312] sie schaffen nicht auf der Grundlage der Nachahmung, sondern kraft ihres eigenen Gefühls und ihrer eigenen Erfindungsgabe.

Originalität ist auch das wesentliche Merkmal von Brunos schriftstellerischer Tätigkeit. Der philosophische Gehalt seiner Werke steht hier nicht zur Diskussion, wohl aber ihr Stil. In seiner Stiltheorie berührt er sich mit Pietro Aretino [313]: „Qua Giordano parla per volgare, nomina liberamente, dona il proprio nome a chi la natura dona il proprio essere; non dice vergognoso quel che fa degno la natura; non cuopre quel ch'ella mostra aperto; chiama il pane, pane; il vino, vino; il capo, capo; il piede, piede; ed altri parti, di proprio nome".[314] Aber neben dem derbsten Naturalismus verschmäht er auch die Künste der geschraubtesten an den Secentismo erinnernden Eloquenz nicht, was seinem Stil eine bizarre Sprunghaftigkeit und Ungleichmäßigkeit verleiht. Seine Komödie „Il Candelaio" ist in Inhalt und Form gleichfalls eine durchaus originelle Schöpfung, über deren künstlerischen Wert man allerdings geteilter Meinung sein kann. Ein Meisterstück ist die groteske Satire des zeitgenössischen gelehrten Literaten in der Gestalt des „Pedante", in der Brunos antiklassizistische Geisteshaltung ihren dichterisch lebendigen Ausdruck gefunden hat.

Wenngleich auch seine künstlerische Veranlagung mitgesprochen haben mag, führt Bruno doch letzten Endes seinen Kampf gegen den auf den klassizistischen Regelkodex pochenden Pedanten von der hohen Warte des Philosophen aus, dem sich ein neues Weltbild offenbart hat. Pietro Aretino bekämpfte die Pedanterie rein intuitiv als Künstler, weil er jede Einschränkung der Freiheit des Dichters als eine unerträgliche Beeinträchtigung des künstlerischen Schaffens empfand. Er selbst hatte, ohne eine humanistische Bildung genossen zu haben, eine einzigartige literarische Machtstellung erreicht, ein Grund mehr, um ihm die Nachahmung der antiken Autoren auf dem Wege über das aristotelische Regelsystem als überflüssig und nicht mehr zeitgemäß

[310] Degli eroici furori, in Opere italiane. A cura di G. Gentile, Bari 1907—1908, II, 310 f. Wenn B. Croce, Estetica. 6a ediz. riveduta. Bari 1928, 496, hierin auch eine Aufhebung der Gattungen erblickt, so scheint uns das eine zu weitgehende Interpretation des Textes.

[311] Ibid. 311.

[312] Ibid. Bruno fährt allerdings dann in Anlehnung an Horaz fort: „con questo, che cantando o vegnano delettare, o vegnano a giovare, o a giovare e delettare insieme."

[313] Vgl. u. S. 193 f.

[314] Spaccio de la bestia trionfante, Epistola esplicatoria in Opere italiane a. a. O., II, 5.

erscheinen zu lassen: „Io porto il viso de l'ingegno smascarato, e il mio non sapere un'acca insegna a quelli che sanno la elle e la emme" schreibt er in einem seiner zahllosen Briefe [315], die die wichtigste Quelle für seine kunsttheoretischen Ansichten bilden. Im Prolog zu einer seiner Komödien bringt er es dem Hörer ausdrücklich zu Bewußtsein, daß man nicht in der von der Antike überlieferten Weise schreiben könnte: „non vi maravigliate se lo stil comico non s'osserva con l'ordine che si richiede, perchè si vive d'un'altra maniera a Roma, che non si vivea in Atene".[316] Das gleiche wie für die blinden Anbeter der Antike gilt für die Nachahmer Petrarcas und Boccaccios. An einer anderen Stelle des oben angeführten Briefes heißt es: „Io non mi son tolto dagli andari del Petrarca né del Boccaccio per ignoranza, ché pur so ciò che essi sono, ma per non perder il tempo, la pazienza e il nome ne la pazzia del volermi transformar in loro, non essendo possibile".[317] Sein Spott richtet sich vor allem gegen den zur literarischen Mode ausgearteten Petrarkismus: „... se la selva di Baccano fosse tutta di Lauri, non basterebbe per coronar i crocifissori del Petrarca, i quali gli fanno dir cose con i loro comenti, che non gliene fariano confessare diece tratti di corda." [318] In einem Brief ruft er den zeitgenössischen Dichtern mahnend zu: „Sterpate da le composizioni vostre i ternali del Petrarca; e, poichè non vi piace di caminare per sí fatte strade, non tenete in casa vostra i suoi ‚unquanchi', i suoi ‚soventi' ed il suo ‚ancide', stitiche superstizioni de la lingua nostra, e, nel replicare l'istorie ed i nomi discritti da lui, allontanativigli, piú che potete, perché son cose troppo trite." [319]

Gegenüber dem unfruchtbaren Prinzip der Nachahmung betont Aretino, daß das Wesen des Dichters in seiner Originalität liegt. Künstlerisches Genie ist ein Geschenk der Natur, es schafft frei aus sich heraus seine Werke: „io ti dico e ridico che la poesia è un ghiribizzo de la natura ne le sue allegrezze, il qual si sta nel furor proprio, e, mancandone il cantar poetico, diventa un cimbalo senza sonagli e un campanil senza campane." [320] Dichterische Begabung ist etwas Angeborenes „chi vuol comporre e non trae cotal grazia da le fasce, è un zugo infreddato." [321] Das Dichterische ist nicht nur angeboren, es kann auch jenseits der Sphäre des klaren Bewußtwerdens liegen. Wie eine von Vossler [322] angeführte Briefstelle zeigt, erkennt Aretino als

[315] Al Fausto Longiano, in P. Aretino, Il primo libro delle lettere. A cura di F. Nicolini. Bari 1913, 369.

[316] La Cortigiana, in Teatro italiano antico. Milano, Classici Italiani. 1809, VI, 294 f.

[317] Al Fausto Longiano a. a. O., 368 f.

[318] La Cortigiana. Prologo a. a. O., 291.

[319] A Messer Giovanni Pollastra, in P. Aretino, Il primo libro delle lettere a. a. O. 215.

[320] A Messer Nicolò Franco, in P. Aretino, Il primo libro ... a. a. O., 187.

[321] Ibid.

[322] K. Vossler, Pietro Aretino's künstlerisches Bekenntnis, in Neue Heidelberger Jahrbücher 10 (1900), 62.

einer der ersten die Rolle, die dem Unbewußten in der Dichtung zufällt: „Ma certo è, che quegli, che sono Poeti da senno, e non Compositori da beffe dicano alcuna cosa tal'volta, che anchor'che sia, e mirabile, e conveniente al suggetto; non ci han' pensato una iota. Onde si agguagliano a i fonti, i quali scaturiscano l'acque vive, limpide, e dolci; non sapendo, perchè, nè in che modo." [323] Aretino nimmt damit eine Erkenntnis voraus, die erst Jahrhunderte später Allgemeingut des kunsttheoretischen Denkens werden sollte.

Das Ziel des Dichters ist die Wiedergabe der natürlichen Wirklichkeit: „La natura istessa, de la cui semplicitá son secretario, mi detta ciò che io compongo." [324] Dieses Kunstideal fand Aretino in der Malerei der Hochrenaissance verwirklicht. Diese Beziehung zur Malerei hat De Sanctis treffend gekennzeichnet, wenn er von Aretino sagt, er schaue die Natur mit den Augen Tizians an (a traverso il pennello di Tiziano).[325] Die Naturwahrheit stellt er im Prolog zu seiner Tragödie „Orazia" der Kunst im Sinne von Unnatur gegenüber. Das Publikum soll der Tragödie aufmerksam folgen:

Acciò chiaro s'intenda
Se più mertano in se lode di gloria
De la Natura i discepoli o vero
Gli scolari de l'arte.[326]

K. Vossler hat mit Recht darauf hingewiesen,[327] daß Aretinos Kunstauffassung sich bald dem Subjektivismus der Romantik, bald der Objektivität des Realismus nähert, ohne daß sich Aretino dieses Widerspruchs bewußt geworden ist.

Ein Widerspruch dagegen, um den er sehr wohl wußte, bestand zwischen seiner Dichtungslehre und dem größten Teil seines dichterischen Schaffens. Abgesehen davon, daß er einerseits seine Tätigkeit als Schriftsteller als eine Verdienstquelle ansah, die er häufig ohne irgendwelche künstlerischen Rücksichten bedenkenlos ausnützte, hat er sich auch anderseits oft nicht von der literarischen Manier seiner Zeit freizumachen vermocht. So unterliegt auch er in einigen seiner fünf Komödien dem Einfluß des lateinischen Theaters, indem er Plautus und Terenz nachahmt. Seine Tragödie „Orazia", die zwar zweifellos zu den bestgelungensten des 16. Jahrhunderts gehört, weicht in ihrer inneren Struktur doch nur wenig von den anderen Werken dieser Gattung ab. Aretinos künstlerische Originalität kommt am stärksten in seiner von der Nachahmung antiker Vorbilder freien Komödie „La Cortigiana" und im Stil seiner „Dialoghi", seiner „Ragionamenti" und seiner Briefe zum Ausdruck. Der Stil aller dieser Werke zeichnet sich durch seine außerge-

[323] Ai Pedanti, in P. Aretino, Lettere. Parigi 1609, V, 299.

[324] A Messer Nicolò Franco a. a. O., 187 f.

[325] Storia della letteratura italiana. Bari 1912, II, 126.

[326] Orazia. La Fama parla, in P. Aretino, Le Commedie e l'Orazia Tragedia. Milano 1875, 374.

[327] K. Voßler a. a. O.

wöhnliche Lebendigkeit aus; der Dichter gibt die Eindrücke, so wie er sie vom Leben empfängt, unmittelbar wieder, meist unter Verzicht auf irgendwelche stilistische Ausarbeitung. Dadurch erhält der Stil etwas Fragmentarisches, man möchte sagen Impressionistisches, das ihm im Jahrhundert der klassisch abgewogenen Form einen eigentümlichen Reiz verleiht.

Ein ähnlich bewegter Stil findet sich im Cinquecento nur noch in der „Vita" des Benvenuto Cellini.[328] Die Autobiographie des berühmten florentinischen Goldschmieds wirkt unmittelbar wie die gesprochene Rede. Der Verfasser schreibt seine Eindrücke nieder, gerade so wie sie seine überreiche Phantasie vor ihm erstehen läßt, wodurch eine Fülle von syntaktischen Unregelmäßigkeiten hervorgerufen wird. Dabei lag es aber gar nicht in der Absicht Cellinis, einen solchen von der klassischen Norm abweichenden Stil zu schreiben. So groß sein Selbstbewußtsein auch war, so hatte er doch vor der klassischen Bildung, die er selbst nicht besaß, eine große Hochachtung. Nicht nur daß er sich selbst an manchen Stellen seines Werkes vergeblich bemühte, die zeitgenössische Rhetorik nachzuahmen, er wünschte sogar, daß ein Humanist von Ruf wie Benedetto Varchi die „Vita" auf ihren Stil hin überprüfen und verbessern sollte, was dann zum Glück nicht geschehen ist. Bei Cellini liegt also der interessante Fall vor, daß „poetica in potentia" und „poetica in actu" in unüberbrückbarem Gegensatz zueinander stehen: In der Theorie sah Cellini im Klassizismus die erstrebenswerte Norm; in der Ausführung erwies sich sein antiklassizistischer Subjektivismus als stärker und bestimmte den Charakter seines Werkes.

Eine antiklassizistische Theorie, aber ohne das entsprechende dichterische Schaffen, finden wir bei Ortensio Lando.[329] Ihm ist an der klassischen Literatur nichts heilig; seine satirische Kritik scheut vor keinem der gefeierten Vorbilder des Jahrhunderts zurück. Den Streit um den Ciceronianismus verspottet er in seinem „Cicero relegatus"; in den „Paradossi" greift er neben Cicero[330] und Boccaccio[331] den Abgott des Zeitalters, Aristoteles an. Mit erbarmungsloser Schärfe hält er den Zeitgenossen ihr sklavisches Abhängigkeitsverhältnis zu dem griechischen Philosophen vor: „noi spontaneamente, come se l'intelletto nostro del tutto ocioso fusse, habbiamo messo il collo sotto il giogo ponendo in catedra questo animalaccio di Aristotele, dalle sue determinationi, come da un'oracolo dependendo, nè accorgendoci ch'egli sia un buffalaccio, ignorantone, al tutto indegno di tanta riverentia, di tanto

[328] Vgl. K. Vossler, Benvenuto Cellinis Stil in seiner Vita, in Festausgabe für Gröber, Halle 1900, 414—451 u. T. Parodi, La „Vita" del Cellini, in Poesia e letteratura. Opera postuma. A cura di B. Croce. Bari 1916, 199—238.

[329] Vgl. I. Sanesi, Il cinquecentista Ortensio Lando. Pistoia 1893.

[330] Vgl. Paradossi cioè sententie fuori del comun parere, II, 30: Che M. Tullio sia non sol ignorante de Filosofia, ma di Retorica, di Cosmografia e dell'Istoria. Venetia 1545, fol. 81 ff.

[331] Vgl. Paradossi II, 27: Che l'opere del Boccaccio non sieno degne d'esser lette, ispetialmente le dieci giornate a. a. O., fol. 71 ff.

rispetto quanto gli è stato da sciocchi havuto." [332] In der „Sferza di scrittori antichi e moderni" erreicht Landos Literaturkritik ihren Höhepunkt. Von Homer angefangen sucht er bei fast allen bedeutenden Dichtern des Altertums und der italienischen Nationalliteratur die schwachen Punkte, wo sein Spott einsetzen kann. Obwohl er erklärt, daß er die zeitgenössische Dichtung nicht behandeln will, kann er es doch nicht unterlassen, Kritik an ihr zu üben: „se io non havessi timore di provocarmi contro il vespaio, vi porrei in odio una gran parte di questi altri rimatori e prosatori della più fresca età: non vi accorgete voi con questo vostro divino intelletto come alcuni ve ne sieno c'hanno le carte loro tutte piene de furti di maniera che se ciascuno si ritogliesse la parte sua; rimerrebbero le carte bianche e rinoverebbesi la favola della cornacchia." [333] Im folgenden wendet er sich dann besonders gegen Ariost, aber auch mehr oder weniger versteckt gegen andere Dichter des Cinquecento, um zum Schluß sich selbst zu kritisieren, bezw. zu ironisieren. Es mag dahingestellt sein, ob und wie weit dadurch die Kritik an den anderen Autoren an Wert verliert. Die Freude am Paradoxen hat sicher Landos Urteile wesentlich beeinflußt, ließ er doch auf jedes seiner Werke ein weiteres mit umgekehrtem Vorzeichen folgen." [334] Wie dem auch sein mag, so bleibt bezeichnend, daß man jetzt mit der „alma poesis", die der Humanismus als lebensgestaltende Kraft gefeiert hatte, seinen Spott treiben konnte; es ist eine Geisteshaltung, wie sie uns noch deutlicher bei Francesco Berni entgegentreten wird.

Eine mit Ortensio Landos Einstellung verwandte Haltung gegenüber der klassischen Literatur und deren Nachahmern nehmen Anton Francesco Doni, Niccolò Franco und Ludovico Domenico ein, ohne jedoch ein so ausgedehntes kritisches Werk zu hinterlassen. Im Mittelpunkt ihrer Kritik steht wie schon bei Aretino der Petrarkismus. Ein erklärter Antipetrarkist ist auch Castaldi da Feltre. Er möchte sich mit seinen Versen von dem hohlen Wortgepränge der Petrarkisten fernhalten:

> Che vo' far io di stili alti e canori,
> che fanno quattro dotte orecchie attente,
> e non han forza da pungere cuori? [335]

Leider reichte aber seine künstlerische Begabung nicht aus, um Dichtungen von bleibendem Wert zu schaffen.

Wir haben bei Aretinos „Cortegiana" und auch schon vorher bei Bibbienas

---

[332] Paradossi II, 29 a. a. O., fol. 77.

[333] La sferza de scrittori antichi et moderni. Vinegia 1550, fol. 20.

[334] Auf den „Cicero relegatus" folgte der „Cicero revocatus", auf die „Paradossi" ihre „Confutazione" und auf die „Sferza" „Una brieve essortatione allo studio delle lettere nella quale si mostra l'eccellentia de'molti illustri scrittori e dell'Antica e dell'età moderna".

[335] Cornelio Castaldi da Feltre, Poesie volgari e latine. London 1757, Son. XXIX; zit. nach B. Croce, Poesia popolare e poesia d'arte. Bari 1933, 342.

„Calandria" [336] gesehen, daß die Auflehnung gegen die klassische Poetik u. a. in den Komödienprologen in Erscheinung getreten ist. Diese Vorreden, in denen meist der Dichter vor dem Publikum zu seinem Werk Stellung nimmt, werden im Laufe des Jahrhunderts geradezu ein Ausstrahlungszentrum der Kritik am Klassizismus.[337] Das Gefühl, daß man von den alten Schemata loskommen und etwas Neues bieten müßte, ist der Ausgangspunkt; immer wieder beteuern die Autoren, daß sie eine neue Komödie, „una commedia nuova", bieten wollen. Francesco Belo spottet im Prolog zu seinem „Pedante", der ja schon dem Gegenstand nach einen Angriff gegen den im Formalismus erstarrten Humanismus bedeutete, über die Vorurteile gewisser Kreise gegen eine von den antiken Vorbildern abweichende Komödie: „La comedia è nova ... Ecco ch'io sento già sollevati i murmuratori che non possono star più cheti. Diavolo, crepagli! Che avete? Che vi manca? di che borbottate? Perché ho detto „nova", eh? Che volévivo forsi ch'io vi dicessi „vecchia"? Dio me nne guardi ch'io presenti alle Signorie Vostre cose che vi facessino stomacare! O non sapete voi che le cose vecchie vengono in fastidio e sanno di vieto?" [338] Ein schon bei Aretino gebrauchtes Argument zugunsten der neuen Komödie kehrt häufig wieder: Wie sich die Zeiten seit der Antike geändert haben, so muß sich auch die Komödie mit ihnen wandeln. Im Prolog der „Bernardi" des Francesco D'Ambra heißt es:

> A' dotti abbiamo a dir che non aspettino
> una comedia grave e copiosissima
> di sentenzie, come una di Terenzio
> o d'altro antiquo; ma tal qual producano
> i nostri tempi che, non sendo simili
> a quelli antiqui, non è anco miracolo
> se non son simil gli uomini e le favole
> da lor composte.[339]

Ähnlich drückt sich Annibal Caro im Prolog seiner Komödie „Gli Straccioni" aus.

Agostino Ricchi begnügt sich nicht mit einer allgemeinen Ablehnung der antiken Komödie, sondern kritisiert im einzelnen ihre Struktur, so wie sie die klassizistische Poetik verstanden hatte: Es geht um die Wahrung der Einheit der Zeit, die Ricchi als eine in der Gegenwart überholte Regel zurückweist. Der Prolog sagt von der Komödie:

> Ma, perché ben sappiate la sua mente,
> gli è piaciuto scostarsi cosí alquanto
> dal modo e da l'usanze degli antichi:
> ché, dove han sempre usato essi che il caso
> e tutto quel che pongono in comedie

[336] Vgl. o. 167 f.
[337] I. A. Symonds, Renaissance in Italy. New York 1888, V, 124 ff. u. 533 ff. gibt einen zusammenfassenden Überblick über diese Vorreden.
[338] Il Pedante, in Commedie del Cinquecento. A cura di I. Sanesi. Bari 1912, I, 86.
[339] I Bernardi, in Commedie del Cinquecento a. a. O., II, 303.

possa essere in un tempo o in un di solo,
questi ora vuol che la presente scena,
sicondo che richiede la sua favola,
servi a piú giorni e notti in fine a uno anno.
E, benché si potesse aperto dire
che gli è cosí piaciuto, ha pur in vero
qualche ragione in sé: perché, sí come
si vive con la vita del dí d'oggi
e non di quegli che fûrno già un tempo,
e son vari i costumi, pare onesto
con questi le poesie, le prose, i versi,
li stili e l'uso anchor del recitare,
sicondo i tempi, si mutino e innovino.[340]

Die modernen Komödiendichter können den alten ohne weiteres gleichkommen, ja vielleicht sie sogar übertreffen. Im Prolog zu den „Duo Fratelli Rivali" rechnet Giambattista Della Porta mit dem auf die aristotelischen Regeln pochenden Pedanten ab: „Ché se non fossi cosí cieco degli occhi dell'intelleto come sei, vedresti l'ombre di Menandro, di Epicarmo e di Plauto vagar in questa scena e rallegrarsi che la comedia sia gionta a quel colmo e a quel segno dove tutta l'antichità fece bersaglio." [341] Die neue Komödie hat mit Aristoteles nichts zu schaffen, dessen Ansicht von der Komödie von zweifelhaftem Wert erscheint: „Or questo è altro che ... regole di Aristotele, il qual, se avesse saputo di filosofia o di altro quanto di comedia, forse non arebbe quel grido famoso che possiede per tutto il mondo."[342]

Besonders stark ausgeprägt ist dieser antiklassizistische Protest in den Prologen der Komödien von Anton Francesco Grazzini, genannt Lasca, der uns noch als einer der bedeutendsten Vertreter der parodistischen bernesken Dichtung begegnen wird.[343] Im Prolog der „Strega" schreibt er: „Aristotele e Orazio viddero i tempi loro, ma i nostri sono d'un'altra maniera: abbiamo altri costumi, altra religione e altro modo di vivere e però bisogna fare le comedie in altro modo: in Firenze non si vive come si viveva già in Atene e in Roma." [344] Der gleiche Gedankengang kehrt im Prolog zur „Gelosia" wieder. Der komische Dichter soll seinen Stoff getrost der Gegenwart entnehmen und braucht nicht immer ängstlich nach Plautus und Terenz schielen: „il senno, e la prudenza degli uomini è sapersi accomodare ai tempi." [345] Ebenso entschieden wie die Nachahmungstheorie wird auch die pädagogische Kunsttheorie des Klassizismus abgelehnt: „l'arte vera è il piacere e il dilettare." [346] Dabei argumentiert

---

[340] Tre tiranni, in Commedie del Cinquecento a. a. O., I, 171 f.

[341] Gli Duo Fratelli Rivali, in G. Della Porta, Le Commedie. A cura di V. Spampanato. Bari 1910—1911, II, 198.

[342] Ibid.

[343] Vgl. u. S. 201 f.

[344] La Strega, in A. Grazzini detto il Lasca, Commedie. A cura di P. Fanfani. Firenze 1859, 173.

[345] La Gelosia, in Commedie a. a. O., 6.

[346] La Strega a. a. O., 172.

Lasca ganz ähnlich wie Guarini.[347] Wer Belehrung sucht, mag erbauliche Bücher lesen oder Predigten hören, die Dichtung, d. h. in diesem Fall die Komödie, dient anderen Zwecken: „... chi vuole imparare la vita civile o cristiana, non va per impararla alle comedie, ma bene leggendo mille libri buoni e santi che ci sono, e andando alle prediche, non pur tutta la quaresima, ma tutto quanto l'anno." [348]

Fragt man sich nun, in wie weit die genannten Autoren dann in ihren Stükken tatsächlich originelle von dem Muster der gelehrten Komödie abweichende Werke schufen, so ergibt sich, daß ihnen dies bei weitem nicht immer gelang. Gerade Lasca, dessen Protest am lautesten klang, ist durchaus nicht so originell wie es seine programmatischen Äußerungen vermuten lassen könnten. A. Ricchis „Tre tiranni" sind zwar ziemlich frei von der klassischen Nachahmung, aber ihr künstlerischer Wert ist gering. Zu den bestgelungenen Komödien des Cinquecento gehören dagegen A. Caros „Straccioni".

Aus dem Bemühen um eine neue Form der Komödie erwächst auch die sogenannte „commedia seria", deren bestes Beispiel die „Prigione d'amore" des Sforza degli Oddi ist. Im Prolog verkündet der Autor in Gestalt eines Zwiegesprächs zwischen der Komödie und der Tragödie seine Grundsätze. Auf die Frage der Tragödie, ob die Komödie das Gefällige und Lächerliche aufgeben wollte, antwortet dieselbe: „I miei Ministri ingegnosi san mescolare col buono essempio della favola grave, e di virtù piena tante facetie, e discorsi piacevoli, che chi m'ascolta, utile, e diletto insieme ne riporta." [349] Das Wesen der neuen Komödienform liegt in der Mischung beider Elemente, des tragischen und des erheiternden. Wenn der Autor meint, daß selbst in den Tränen die Ergötzung verborgen ist — „Et nell'amarezza delle lagrime ancora sta nascosta la dolcezza del diletto" [350] — so mag er uns wie ein ferner Vorläufer der „comédie larmoyante" des 18. Jahrhunderts erscheinen.

Wenn auch Sforza degli Oddi keine ausgesprochen antiklassische Haltung einnimmt, so liegt doch in der von ihm vorgeschlagenen Vermengung tragischer und komischer Elemente eine Tendenz, den ursprünglichen Charakter der Komödie als eines erheiternden Schauspiels zu zersetzen.

Eine Zersetzung der Komödie sozusagen auf Grund der entgegengesetzten Tendenz kam von Seiten der volkstümlichen Farse, wie sie u. a. vor allem in Siena von der „Congrega dei Rozzi" gepflegt wurde. Volkstümliche Elemente finden sich natürlich auch in den Komödien eines Aretino, eines Lasca und anderer Autoren. Aber erst bei Angelo Beolco, mit dem Beinamen il Ruzzante (der Scherzende), gewinnen diese Elemente einen entscheidenden Einfluß auf die Gestalt der Komödie. Der gelehrten Tradition des Humanismus stellt Ruzzante — wie vor ihm Leonardo da Vinci — das „buon natu-

---

[347] Vgl. o. S. 170 f.

[348] La Strega a. a. O., 173.

[349] Prigione d'amore. Prologo. Venetia 1592, fol. 8.

[350] Ibid.

rale", das „gute Naturell" gegenüber, was nicht ausschließt, daß er trotzdem in seinen Komödien klassische Motive übernimmt.

Ruzzante und andere Verfasser ähnlicher Stücke waren nicht nur Autoren, sondern zugleich auch Schauspieler, die den festen Schauspielertruppen angehörten, die sich allmählich überall zu bilden begannen. Diese Dichter-Schauspieler spielen bei der Weiterentwicklung der volkstümlichen Komödie eine wichtige Rolle. Sie erleichtern den Übergang zur Stegreifkomödie, der „Commedia dell'arte".[351] Ihr liegt kein feststehender Text mehr zu Grunde, sondern nur ein „Scenario", in dem der Gang der Handlung in großen Zügen aufgezeichnet ist. Innerhalb dieses Rahmens improvisieren dann die Schauspieler vielfach im Dialekt das eigentliche Stück. Einen Hauptbestandteil der „Commedia dell'arte" bilden darin die sogenannten stehenden Figuren, bestimmte immer wiederkehrende Masken wie Pantalone, Arlecchino und Pulcinella, um nur die bekanntesten zu nennen. Die Stegreifkomödie hat eine große Bedeutung für die technische Fortentwicklung des italienischen und darüber hinaus des europäischen Theaters. Eine künstlerische Bedeutung kommt den uns überlieferten „Scenari" nicht zu. Eine literarische Komödie von Rang schafft in Italien erst wieder Carlo Goldoni.

Die „Commedia dell'arte" bedeutete praktisch eine völlige Negierung der überlieferten Form der klassischen Komödie; an die Stelle des vom Dichter vorher verfaßten Textes trat das im Augenblick der Aufführung improvisierte Gespräch. Der Mangel an Ehrfurcht vor dem geschriebenen Dichterwort, ohne den diese Entwicklung gar nicht möglich gewesen wäre, äußert sich auch in der zunehmenden Neigung zur Parodie der Dichtung. Nicht nur einzelne Formen der Dichtung, sondern die Dichtung als solche wird nicht mehr ernst genommen. Francesco Berni wendet sich in seinem „Dialogo contro i Poeti" gegen die berufsmäßigen Dichter, deren ganzer Lebensinhalt die Dichtung ist. Es ist die Reaktion auf die humanistisch-klassizistische Überbewertung der Poesie als der führenden Geistesmacht, durch die allein die menschliche Existenz ihre höchste Sinngebung erfährt. Es ist — wie Spingarn[352] richtig erkannt hat — eine Vorwegnahme der rationalistischen Einstellung eines Boileau, der in seiner „Art Poétique" vom Dichter fordert:

Que les vers ne soient pas votre éternel employ.
Cultivez vos amis, soyez homme de foy.
C'est peu d'estre agréable et charmant dans un livre;
Il faut sçavoir encore et converser et vivre.[353]

Zu erklären ist diese Reaktion gegen die Dichtung aus deren Niedergang, aus deren Erstarrung im leeren Formalismus, demgegenüber die hochtrabende

[351] „arte" bedeutet in dieser Zusammensetzung „Beruf"; die „Commedia dell'arte" ist eine von Berufsschauspielern aufgeführte Komödie. Zur Entwicklung der „commedia dell'arte" vgl. E. Petraccone, La Commedia dell'Arte: Storia, tecnica, scenari. Napoli 1927; C. Mic, La commedia dell'arte. Paris 1927 (Editions de la Pleiade).

[352] La Critica letteraria nel Rinascimento a. a. O., 148.

[353] Art Poétique IV, 121—124, in N. Boileau-Despréaux, Epîtres. Art Poétique. Lutrin. Texte établi et présenté par Ch.-H. Boudhors. Paris 1939, 113.

Theorie von der Allmacht der „alma poesis“ um so grotesker wirken mußte. Für Berni ist Dichten eine Laune, ein fröhlicher Zeitvertreib. Wenn die Dichter auf Grund der theologischen Poetik sich berechtigt glauben, Jesus Christus Jupiter und die Heiligen Merkur, Herkules und Bacchus zu nennen und zu behaupten wagen, daß die Propheten und die Verfasser der Heiligen Schrift Dichter waren, so fordert das Bernis Widerspruch heraus.[354] Die meisten Dichter sind Diebe, die ihre Vorbilder bestehlen: „Che sieno anche ladri non ne voglio altro testimonio che da lor stessi. Essi si tengono a gloria il rubare, e lo portano per impresa, dicendo che chi non ruba non può essere buon poeta.“ [355] Sein besonderer Spott gilt natürlich den Petrarkisten, die in immer wiederkehrenden abgeschmackten Bildern den großen Meister nachzuahmen suchen, ohne daß sie sich an einem eigenen Erleben inspirieren. Dem Wortstil der phrasenhaften Verse der Petrarkisten stellt er den Sachstil der aus echtem Empfinden erwachsenen Sonette Michelangelos gegenüber:

> Tacete unquanco, pallide viole,
> E liquidi cristalli e fiere snelle;
> E' dice cose, e voi dite parole: [356]

In seinem eigenen Schaffen parodiert dann Berni den Petrarkismus, wobei er an die volkstümliche burleske Dichtung des Quattrocento, vor allem an Burchiello anknüpft. Es gelingt ihm, die burleske Dichtung zu einer formvollendeten Kunst zu entwickeln, so daß er eine wahre Dichterschule begründete, was seinen eigenen Absichten gänzlich fern lag; war ihm doch sogar die Herausgabe seiner eigenen Werke völlig gleichgültig.[357] Die Zahl der bernesken Dichter ist fast ebenso groß wie die der Petrarkisten, ohne daß aber auch in dieser neuen Gattung irgendwelche überragende Talente aufgetreten wären.

Der begabteste unter Bernis Nachahmern ist der uns schon als Komödienschreiber bekannte Lasca. Die gleiche Abneigung gegen die klassische Dichtung wie in seinen Komödienprologen beherrscht seine Lyrik. Von den neuen Komödien ausgehend, die ohne die Regeln der Alten geschrieben sind, feiert er die Befreiung der gesamten volkssprachlichen Dichtung vom Joch der Gelehrten und der Pedanten:

> Ben doverresti Cristo e tutti i santi,
> Lasca, divotamente ringraziare,
> ché fuor di man de i dotti e de'pedanti
> uscita è l'alma poesia volgare.

---

[354] Dialogo contro i Poeti, in F. Berni, Poesie e Prose. A cura di E. Chiorboli. Firenze 1934, 269 ff. Vgl. A. Sorrentino, F. Berni poeta della scapigliatura del Rinascimento. Firenze 1933.

[355] Ibid. 278.

[356] Poesie e Prose a. a. O., LXIII, 29—31.

[357] In Bezug auf die Literatursprache als solche huldigte Berni durchaus dem klassischen Ideal; ein Beweis ist seine Umarbeitung von Boiardos „Orlando Innamorato“ in akademisch geglätteten Versen.

Or si vedranno mascherate e canti,
chiari ed allegri, per Firenze andare;
tal che la plebe, le dame e gli amanti
piú non s'aranno il cervello a stillare.

Allegrezza, piacer, diletto e spasso
aran delle commedie gli uditori:
e le regole antiche andranno a spasso.

Giuochi diversi e travagliati amori,
la speranza e 'l timore, or alto, or basso,
guideran lieti e tormentosi i cuori:

e dopo usciran fuori
intermedi giocondi, che daranno
gioia e contento, e non pena ed affanno:

per ch'a veder s'aranno
stravaganti non già, scuri, o terribili,
ma chiari, belli, vaghi e conoscibili;

tal che quasi invisibili
rimarranno i poemi ascosi e piatti,
alla Latina, od alla Greca fatti.[358]

Die Dichtung erscheint ihm ganz ähnlich wie Berni als eine lustige Torheit. Trotzdem kann nicht jeder den Dichter spielen; wer nicht die innere Berufung dazu hat, wird sich vergeblich mühen:

Il poetare, o ver la poesia,
è un furore, anzi piú tosto un vizio,
anzi una dolce e lieta malattia,
che dà di pazzi a tutto il mondo indizio;
e chi drento vi pon la fantasia,
e non lo chiama il cielo a tale ufizio,
sia dotto pure, o ricco, o bravo, o bello,
che dove gli è, fia sempre mai l'uccello.[359]

Der größte Meister der Parodie, den das Cinquecento hervorgebracht hat, ist Teofilo Folengo. Er beherrscht die Kunst, das Erhabene lächerlich zu machen, in einzigartiger Vollendung. In der „Zanitonella" parodiert er den Petrarkismus und die Schäferdichtung; im „Baldus", seinem Hauptwerk, das ritterliche Heldenepos. Die Parodie richtet sich sogar einmal grundsätzlich gegen jede humanistische Dichtung: Apoll hat verschiedene Metalle an die Dichter zu verteilen: Gold, Silber, Zinn, Blei und Eisen. Das Gold jedoch haben bereits Homer und Virgil erhalten, so daß nichts mehr davon übrig geblieben ist und die modernen Dichter sich der Alchimie ergeben haben, also der Kunst, aus unedlen Metallen edle zu machen:

... solos per Homerum, perque Maronem
scattola vodata est auri, nec dragma remansit.

[358] Le Rime burlesche edite e inedite. A cura di C. Verzone. Firenze 1882, CXXXIX, 112.

[359] Ibid. CIX, 441.

Illi poltrones sicophantae cuncta vorarunt,
nec migolam fini liquere nepotibus auri.
Si mihi Pontanum proponis, Sanque Nazarum,
si Fracastorium, si Vidam, sive Marullum,
crede mihi, alchimia est quidquid dixere moderni.[360]

Eine komische Wirkung liegt bereits in der Sprache als solcher, denn Folengo schreibt diese Werke in makkaronischem Latein, einer Mischung von klassisch-lateinischen mit italienischen und mundartlichen Formen. Folengo gibt selbst eine scherzhafte Definition dieses „Nudellateins": „Ars ista poëtica nuncupatur ars macaronica a macaronibus derivata, qui macarones sunt quoddam pulmentum farina, caseo, botiro, compaginatum, grossum, rude et rusticanum; ideo macaronices nil nisi grassedinem, ruditatem et vocabulazzos debet in se continere." [361] Schon vor Folengo hatten sich auch andere Dichter dieser Sprache bedient — so war z. B. am Ausgang des Quattrocento die „Macaronea" des Tifi Odasi erschienen — aber erst bei Folengo wurde das makkaronische Latein zu einer Dichtungssprache im eigentlichen Sinn des Wortes, einer Sprache, die nicht mehr nur Parodie des Lateins war, sondern eine eigene innere Struktur hatte.[362]

Auch in der Metrik ist der Dichter nicht willkürlich, sondern folgt bestimmten Regeln. In seiner Selbstverteidigung verwahrt sich Folengo gegen den Vorwurf, er habe die Silbenlänge nicht beachtet. Wie das makkaronische Latein in allen übrigen Punkten vom klassischen Latein abweicht, so natürlich auch in der Regel der Silbenlänge, was aber keineswegs bedeutet, daß es darüber keine Regeln habe: „Iterum obiurgaris me non sillabarum quantitatem observasse; respondeo iterum quod veluti summopere differt orthographia vulgaris et toscana latinitati Ciceronis et Vergilii carminibus, ita macaronices regula differt a latina sicut inferius videbis." [363] Tatsächlich hat der Dichter auch eine besondere „Normula Macaronica de sillabis" aufgestellt.[364] In dieser neuen Dichtungssprache überwindet Folengo an vielen Stellen seiner Werke, vor allem im „Baldus", das eigentlich Polemisch-Satirische und erhebt sich zu den Höhen einer echten großen Kunst. Nicht zu Unrecht hat man deswegen seinen „Baldus" zuweilen neben die größte Dichtung des Cinquecento, Ariosts „Orlando Furioso", gestellt.

Fragen wir abschließend nach der Bedeutung, welche die Auflehnung gegen das klassizistische Regelsystem für den weiteren Verlauf der italienischen Dichtungsgeschichte gehabt hat, so scheint es, als ob alle diese Proteste gegen den Klassizismus ohne unmittelbare Wirkung geblieben wären. Im 17.

[360] Baldus XXII, 73—79, in Le Maccheronee. A cura di A. Luzio. Bari 1911, II.

[361] Merlin Cocai Apolegetica in sui escusationem, in Le Maccheronee a. a. O., II, 284.

[362] Vgl. die Bemerkungen zu Folengos Sprache von U. E. Paoli, in T. Folengo. Il Baldus e le altre opere latine e volgari. Passi scelti e commentati. Firenze 1941.

[363] Merlin Cocai Apologetica in sui escusationem a. a. O., II, 285.

[364] Vgl. Le Maccheronee a. a. O., II, 286.

Jahrhundert erreicht der von Italien ausgehende Klassizismus in Frankreich seinen Höhepunkt und strahlt von dort nach Italien zurück, wo im 18. Jahrhundert erneut eine klassizistische Strömung weite Bereiche des literarischen Lebens beherrscht. Der Glaube an die absolute Vorbildlichkeit der antiken Literatur schien unerschütterlich in der klassischen Grundhaltung des italienischen Geistes verwurzelt zu sein.

Aber diese angeborene Neigung zum Klassizismus barg die Gefahr der Erstarrung des dichterischen Lebens in einem toten Akademismus in sich. Gegen diese Gefahr reagierten jeweils die schöpferischen Kräfte des italienischen Geistes mit der Auflehnung gegen die Fesseln der Tradition. Die erste dieser Reaktionen erfolgt bereits im Cinquecento gleichzeitig mit der Ausbildung des klassizistischen Regelsystems; m. a. W. die Kritik am Klassizismus begleitet denselben von Anfang an als ein Korrektiv, das schon die Keime einer neuen den Klassizismus ablösenden literarischen Bewegung in sich schließt.

Kolibri 360 GmbH
Ferdinand-Jühlke-Straße 7
99095 Erfurt, Deutschland
produktsicherheit@kolibri360.de